UN SIÈCLE
POUR RIEN

JEAN LACOUTURE
GHASSAN TUÉNI
GÉRARD D. KHOURY

UN SIÈCLE POUR RIEN

*Le Moyen-Orient arabe
de l'Empire ottoman
à l'Empire américain*

Itinéraires du savoir

Albin Michel

© Éditions Albin Michel S.A., 2002
22, rue Huyghens, 75014 Paris

www.albin-michel.fr

ISBN : 2-226-13483-2

Avant-propos

Trois hommes se rencontrent, au printemps 2001, concernés à des titres divers par l'extrême désarroi du monde arabe : un dirigeant politique libanais de stature internationale, Ghassan Tuéni ; un historien franco-libanais disciple de Georges Duby, Gérard D. Khoury, et un écrivain français auteur de plusieurs livres sur le monde arabe et les relations arabo-israéliennes, Jean Lacouture.

Les définir ainsi, c'est bien marquer dès l'origine que leurs situations et leurs implications dans le débat sont différentes – l'un est acteur, l'autre impliqué, le troisième spectateur, mais non neutre.

Ces différences de responsabilités et d'engagement ne sauraient ni imposer des contradictions ni surtout définir des attitudes : elles n'en supposent pas moins les distinctions de point de vue et de risques affrontés, qui donnent le ton à l'entretien, et en font, entre autres, l'intérêt.

Il ne s'agit pas à proprement parler d'un débat comme il s'en organise – parfois bons, et enrichissants – dans les universités, dans les salles de rédaction, sur les plateaux de télévision ou à la radio.

Aucune de ces trois personnes ne prétend défendre un pouvoir, une école de pensée, une organisation. Si dissemblables soient les trois histoires, et les trois tempéraments – les références religieuses mêmes entre ces trois catholiques, un orthodoxe, un maronite et un latin –, les positions et les tendances s'entrecroisent, d'une question à l'autre, celui-ci plus flexible sur tel point, celui-là plus rigoureux sur tel autre.

Il s'agit enfin d'un échange de questions souvent sans réponses, qui pourraient se résumer à celle-ci : comment et pourquoi le monde arabe, qui rayonne sur le monde pendant six à sept siècles avant de s'assoupir du XVIe au XXe siècle, n'a connu encore qu'élans éphémères et brusques retombées, et pourquoi, doté de ces trois atouts qui forgent les destins communs : une histoire, un territoire, une langue, il stagne toujours dans une morosité crispée...

La part faite ici aux affaires du Liban pourra paraître à certains démesurée. Mais, indépendamment du fait que ce pays a été le plus constamment martyrisé par les guerres en 1958 puis de 1975 à 1990, et que Beyrouth a été la plate-forme, le théâtre où se sont exprimés tous les courants de la Nahda et où se sont combattus tous les régimes qui ont prétendu s'en réclamer, il se trouve aussi que deux des trois auteurs sont libanais et que le troisième a obtenu, à la fin de la période des troubles, la citoyenneté d'honneur libanaise, d'où cette concentration d'attention particulière.

On trouvera ici plus de rétrospectives angoissées que de projets, même timides. La pluralité des voix sert mieux la recherche que la conclusion. Les auteurs, ardents partisans de la paix au Proche-Orient, ne prétendent pas proposer une solution, seulement quelques clartés.

J. L.
(août 2002)

1.
La Renaissance arabe ou Nahda avant 1914

LES DERNIÈRES DÉCENNIES DE L'EMPIRE OTTOMAN
ENTRE ISTANBUL ET LE CAIRE

Jean Lacouture: Avant d'évoquer les événements qui ont marqué le siècle passé au Moyen-Orient, il serait bon de donner quelques repères chronologiques.

Ghassan Tuéni: L'histoire moderne du Moyen-Orient date selon moi de l'émergence de Mohammed Ali, qui assimile l'influence française consécutive à la conquête de Bonaparte, et non pas de la chute de l'Empire ottoman, comme on dit souvent; pourtant, au moment des Réformes de l'Empire ottoman, ou Tanzimat, au XIXe siècle, l'Égypte est encore une province de l'Empire ottoman, mais néanmoins une nation qui a sa culture et son riche patrimoine.

Avant cette ouverture sur le monde moderne, avant les réalisations de Mohammed Ali, l'Empire ottoman était clos et interdit à l'Occident. Certes il y avait eu les Capitulations, le commencement des guerres de libération balkanique et la guerre grecque, source d'inspiration immense, qui s'est prolongée très longtemps. Mais le grand événement qui a bouleversé l'Empire ottoman demeure l'émergence de Mohammed Ali et d'Ibrahim Pacha, leur conquête de la Syrie, leur alliance avec la France, puis l'entrée en jeu de la Grande-Bretagne au secours de l'Empire ottoman et l'affirmation de la rivalité franco-anglaise, enfin l'«alliance des cinq puissances» – la France, l'Angleterre, la Russie, l'Autriche, l'Allemagne – puissances auxquelles s'est rajoutée en 1864 une sixième, l'Italie.

J.L. : On pourrait préciser que si Mohammed Ali, venu d'Albanie dans les fourgons des forces anglaises opposées à Bonaparte, a fondé l'État égyptien moderne en s'entourant de conseillers français, son fils Ibrahim, lui, avait véritablement une «conscience arabe». Un diplomate européen étant venu le voir pendant sa campagne en Syrie et lui ayant demandé: «Mais où vous arrêterez-vous, Ibrahim Pacha?», il avait répondu: «Là où on cessera de parler arabe!»

G.T. : À Istanbul, donc.

J.L. : Proclamation assez extraordinaire de préarabisme.

G.T. : C'est d'ailleurs ce qui a distingué l'Égypte des autres provinces turques. Si les Libanais ont émigré en Égypte, au milieu du XIXᵉ siècle, c'est non seulement pour pouvoir s'exprimer, mais aussi pour apporter leur contribution à la renaissance égyptienne. La presse arabe a trouvé son berceau en Égypte, presque entièrement publiée par des Libanais. De même, la presse en langue française, au Caire, à Alexandrie et même à Mansourah, était publiée par des Libanais qui avaient, au préalable, créé leurs petits journaux au Liban ou à Istanbul avant de venir s'installer sur les bords du Nil. L'assiette démographique de l'Égypte a contribué à la diffusion d'organes à grands tirages qui sont devenus par la suite pan-arabes et qui ont été les véritables citadelles de la libre pensée. C'est en Égypte, du mariage de la renaissance égyptienne avec les libres penseurs syro-libanais et turcs, qu'est né le mouvement de la Renaissance arabe ou Nahda.

J.L. : Observons que des intellectuels juifs ont joué un rôle important dans la Nahda arabe.

G.T. : Absolument. Il y avait aussi bien en Égypte qu'en France des Juifs favorables à la cause arabe dans les milieux qui militaient à Paris au début du XXᵉ siècle...

Gérard Khoury : Le mouvement en faveur de la cause arabe s'affirme au moment du Congrès arabe de Paris en 1913.

G.T. : Il se trouvait aussi des intellectuels juifs à Istanbul dans les sociétés secrètes ottomanes, à la fin du XIXᵉ. Car, parallèlement à la Nahda, il y avait des sociétés secrètes plus révolutionnaires encore, comme la junte turque, la Turquiya-al-Fatat.

J.L. : Qu'on qualifie souvent de mouvement touraniste, c'est-à-dire turc. Celui qu'évoque Malraux dans *Les Noyers d'Altenburg*.

G.T. : Touraniste et non islamiste, avec très peu d'Arabes. Par contre, tandis que Mohammed Abdo était arabe, Jamal Eddine al-Afghani, auteur du premier texte de réforme de l'islam, était tenu pour persan, alors qu'il était probablement afghan comme son nom l'indique.

LES PROVINCES ARABES DE L'EMPIRE ET LE MONT-LIBAN

J.L. : Ainsi donc, pour vous, l'histoire du Moyen-Orient moderne s'ouvre au milieu du XIXᵉ siècle avec le déclin de l'Empire ottoman provoqué par la poussée arabe ?

G.T. : Précisons qu'avant tout cela avait surgi au XVIIᵉ siècle le phénomène très important de la principauté du Liban : en fait, une province ottomane, mais qui avait ses propres relations avec l'étranger. Des relations qui n'étaient pas diplomatiques à la lettre, mais qui l'étaient de fait par leur déroulement et leur contenu. Cette principauté entretenait des relations culturelles et commerciales indépendantes de l'autorité impériale ottomane, donc contre elle. Ce sont là, dès le XVIIᵉ siècle, les titres de noblesse de l'État du Grand Liban et de la République libanaise. L'émir Fakhr Ed-Dine, en donnant à son émirat cette dimension unique et en poursuivant non seulement son gouvernement autonome, mais aussi ses conquêtes, comme Beyrouth, se vit accuser par la Sublime Porte d'avoir outrepassé ses pouvoirs, et fut contraint à l'exil. Ainsi alla-t-il à Venise, puis vécut pour un temps à Florence chez les Médicis, où il fut reçu comme un prince. Il avait créé un émirat reconnu internationalement, donc un État indépendant. On ne le nommait pas ainsi en droit, mais il l'était *de facto*.

G.K. : Il a gouverné la Montagne, comme on appelait alors le Mont-Liban, de 1595 à 1634, avec une interruption lorsque Fakhr Ed-Dine dut partir en exil à Florence. Il revint au Mont-Liban et reprit une politique adroite à l'égard de la Sublime Porte, jusqu'au moment où, redevenu trop puissant aux yeux des Ottomans, il fut d'abord emprisonné avec ses deux fils, pour être ensuite exécuté…

G.T.: L'émirat du Liban était donc une Nahda avant terme, parce que cette émergence politique s'est accompagnée d'une grande ouverture intellectuelle sur l'Europe, sur les arts, le commerce et surtout les langues étrangères, non pas exclusivement dans les sérails du pouvoir, mais également au niveau du peuple. De ce moment datent, dans la langue parlée libanaise, les termes italiens qui ont survécu depuis et qui concernaient surtout la vie quotidienne. Sans parler des arts, de la peinture et de l'architecture dont on découvre l'importance aujourd'hui. Il y eut surtout les grands Libanais partis pour Rome et Paris, dès ce moment-là, le fameux Gabriel Sionita (Jebraïl el-Sahyouni), et tous ceux qui étaient venus enseigner les langues orientales.

G.K.: Sahyouni était professeur au Collège de France à l'époque où grandissait le rôle de « l'éminence grise » de Richelieu, le célèbre Joseph du Tremblay, dit le père Joseph, dont l'influence s'exerçait entre Paris et Rome, après la fondation du Collège maronite de Rome, en 1584.

G.T.: Pour comprendre les origines de la Nahda, il ne faut pas négliger des éléments tels que la modernisation de la langue arabe, les traductions, les premières imprimeries, les premières publications, et ce mouvement culturel va s'accentuer au XIXe siècle.

G.K.: Peut-être faudrait-il insister, parlant du XIXe siècle, sur l'influence française en Égypte consécutive à la conquête napoléonienne. Les idées révolutionnaires, les idées égalitaires, celles de la franc-maçonnerie ont certainement influencé Mohammed Ali et Ibrahim Pacha. Il ne faut pas oublier que c'est au cours de cette période qu'opèrent, en Égypte, les saint-simoniens, et notamment le père Enfantin, disciple du comte de Saint-Simon. Ce mouvement a contribué parmi beaucoup d'autres, aussi bien en Égypte que dans l'Empire ottoman, à faire évoluer les idées.

G.T. : Cela nous conduit au troisième pôle qui est Istanbul, où se développait alors un mouvement de réforme de l'Empire et, dialectiquement, un mouvement de réforme de l'islam par l'indépendantisme arabe. J'entends par là aussi bien l'indépendantisme libano-syrien que l'indépendantisme égyptien qui s'était affirmé avec Mohammed Ali et Ibrahim Pacha. Assumant son caractère de très vieille nation, l'Égypte développait par la Nahda un nationalisme dormant qui la ramenait vers ses racines pharaoniques. C'est l'Occident qui enseignait à l'Égypte son histoire ancienne, histoire distincte de celle de l'Empire ottoman, lequel signifiait alors l'Islam, sa civilisation et son pouvoir.

Il y avait des soubresauts aussi dans la Presqu'île arabique où s'affirmaient les wahhabites, dont l'importance était confinée à l'Arabie proprement dite, bien que, parallèlement au wahhabisme, la Syrie ait connu, aux environs de 1840, son propre intégrisme islamiste.

Pour assurer leur succès auprès des tribus, les wahhabites ont commencé par proclamer une volonté réformatrice inspirée de l'islam le plus pur. Une des principales réformes promises était l'enseignement – proclamé comme *al-tanouir* (littéralement « l'éclairement ») – aux Arabes qui baignaient alors dans l'ignorance la plus absolue. Cette révolte se plaçait donc, en quelque sorte, sous le signe des « Lumières ». Il est difficile de comprendre comment une éducation de Bédouins peut avoir mené au conservatisme le plus absolu par un strict enseignement de la religion. De là à l'intégrisme, il n'y avait qu'un pas que les wahhabites ont franchi aisément en justifiant leur opposition aux Ottomans par la dénonciation des pratiques impures, voire impies, prévalant dans l'Empire. La dynastie séoudienne, émanant de la victoire wahhabite, a été l'héritière d'un islamisme fondamentaliste rigoureux qu'elle continue, d'ailleurs, de protéger.

Le parti islamiste s'était constitué à Damas, le cœur même du réformisme, pour résister aux Tanzimat, les édits de réforme de la Sublime Porte, jugés d'un libéralisme excessif. Certains historiens vont jusqu'à considérer que les massacres religieux qui eurent lieu à Damas en 1840, puis en 1860, n'étaient que l'expression différée de cet intégrisme.

C'est bien contre celui-ci que se déclara la Révolte arabe de 1877-1878, menée à Damas par un groupe de jeunes nationalistes syro-libanais de tendances laïques et progressistes, qui se réclamaient de l'émir Abd el-Kader el-Djazaïri (l'Algérien), l'adversaire de Bugeaud exilé en Syrie, présumé appartenir à la franc-maçonnerie. Les conjurés de 1877 voulaient proclamer Abd el-Kader roi de la province de Syrie (Bilad el-Cham), une fois celle-ci libérée. Cette entreprise tourna court et la révolte fut sauvagement écrasée par les Ottomans.

Il faut parler enfin du Yémen qui menait sa vie propre et évoluait très lentement. Quoique théoriquement conquis par les Ottomans, le Yémen n'a jamais été effectivement gouverné par la Sublime Porte et n'a jamais cessé d'être un foyer d'effervescence anti-ottomane.

G.K. : Pour revenir un instant sur les propositions faites à l'émir Abd el-Kader, il faut noter que c'est Napoléon III qui le premier a proposé à l'émir – qui avait sauvé chrétiens et juifs au cours des massacres de Damas en 1860 – de prendre la tête d'un Royaume arabe, ce qui aurait permis à la France de pratiquer une grande politique arabe au Maghreb en reconnaissant l'« arabité » de tous les Algériens, Kabyles compris, et d'initier une politique audacieuse au Machrek.

Il faut remarquer ensuite que, malgré les phénomènes de résistance et les révoltes en Turquie auxquelles on vient de

faire allusion, la libéralisation du sultanat par les Tanzimat
s'est accomplie. Les Tanzimat (les réformes) interviennent en
1839 et en 1856, précédant la Constitution de 1876, interrompue au bout d'un an et rétablie en 1908.

J.L. : Pouvez-vous donner de Tanzimat une traduction
plus évocatrice ?

G.T. : C'est un terme turc à composante arabe. En arabe,
on aurait dit *al Anzimat. Tanzimat* veut dire les Règlements.
Mais tandis que l'Empire ottoman tente de se moderniser,
l'Europe du XIXe siècle se prépare à devenir colonialiste, à
partir de son implantation dans les comptoirs commerciaux
du Levant.

La Méditerranée n'est plus une frontière, mais un moyen
de communication entre une Europe et « son » Moyen-
Orient. Certes, depuis la conquête de Bonaparte, l'Europe se
retient d'intervenir, mais elle en trouve l'occasion en 1860,
pour pacifier le Mont-Liban à la suite des massacres entre
Druzes et chrétiens.

G.K. : Ces massacres interviennent à l'issue de vingt
années de troubles qui ont agité le Liban entre 1840 et 1860
après la chute de l'émir Béchir Chéhab II, et l'établissement
d'un double *caïmacamat,* avec deux gouverneurs, l'un druze
et l'autre chrétien. Le Mont-Liban vit des années troublées et
difficiles en matière sociale et politique, ce qui rend plus aisé
les jeux régionaux entre l'Égypte de Mohammed Ali et la
Sublime Porte.

L'action des « Grandes Puissances », l'Angleterre et la
France, s'appuie sur les rivalités des communautés religieuses en présence, druze et chrétienne, pour faire pression
sur l'Empire ottoman. Les massacres de Deir-El-Kamar, en
1860, ont fait entre 8 000 et 10 000 morts, tandis qu'à

Damas, une folie meurtrière se déchaînait au même moment contre les juifs et les chrétiens. La conjonction de ces doubles massacres détermina l'Europe à intervenir, en confiant à la France l'envoi d'un corps expéditionnaire sous la responsabilité du général Beaufort d'Hautpoul. C'est dans ce contexte que Napoléon III, comme je le signalais plus haut, proposa à l'émir Abd el-Kader de devenir roi des Arabes.

G.T.: À partir de 1860-1861, l'Empire ottoman réagit pour reprendre en main le Mont-Liban, par le biais des gouverneurs que la Sublime Porte nomme, avec l'agrément – il est vrai – du concert européen...

G.K.: C'est en tout cas le sens du compromis intervenu à Beyrouth, puis à Istanbul, après des mois de négociations entre les délégués européens et Fouad Pacha, le ministre des Affaires étrangères de la Sublime Porte.

J.L.: Les puissances européennes rivales se « marquaient », comme on dit au football : la France ne s'avançait que pas à pas, freinée par l'Angleterre, l'Allemagne progressant par la voie turque et la Russie du fait de l'orthodoxie.

G.K.: Il est de fait qu'à la fin du XIXe siècle, l'Empire ottoman s'offre à tous les coups...

J.L.: C'est alors que la colonisation turque expirante va céder le pas à la colonisation de l'Occident. Le phénomène est-il perceptible sur-le-champ ?

G.T.: Le visage de l'Occident n'était pas alors celui d'une puissance coloniale mais d'une *puissance libératrice*.

J.L. : Libératrice vraiment, bien qu'affichant tant d'appétits ?

G.T. : Absolument. Reportez-vous à tous les écrits du temps : c'était ainsi. Peut-être à tort, mais c'était ainsi.

G.K. : Pour les Ottomans, l'Occident offre le modèle qui va permettre à l'Empire de se régénérer et, pour les Arabes, de chercher leur autonomie... sous forme d'une décentralisation.

G.T. : Régénérescence qui, en définitive, n'a pas eu lieu, qui est demeurée à l'état de projet et de rêve.

G.K. : Elle n'a pas eu lieu, mais elle a été amorcée avec les réformes, avec le renouveau des idées, avec la presse aussi, même si elle est timide, beaucoup plus timide à Istanbul qu'en Égypte où elle était plus libre. Mais l'influence libératrice de l'Europe est certaine. On parle alors d'européanisation, d'occidentalisation, dans un sens positif...

G.T. : Surtout dans les sociétés urbaines.

G.K. : Les codes napoléoniens, le code civil, le code de commerce fleurissent au sein même de l'Empire ottoman, avec un début d'égalité des droits. Par rapport à la majorité sunnite, le statut des minorités s'améliore.

G.T. : Un système très particulier s'élabore auquel on revient *de facto* aujourd'hui au Liban : celui des *millets* (au singulier, *milla* signifie en arabe « communauté ») ou « nations », auxquelles l'Empire accordait une autonomie interne. Ce système d'autonomie n'a pourtant pas empêché les Arabes de se révolter.

L'évolution de l'Empire ottoman est un peu différente dans les provinces d'Europe, du fait de la poussée des nationalités, le cas le plus important étant bien évidemment la Grèce (où d'ailleurs le système d'autonomie des *millets* n'était pas appliqué). Le passage de Bonaparte avait provoqué un phénomène de contagion : c'est alors que fut prononcé le terme de nation dans le monde arabe, alors que le concept même n'existait pas. Même les Libanais ne se désignaient pas comme nation.

J.L. : N'avez-vous pas indiqué que c'est la notion de communauté, plutôt que celle de nation, qui s'appliquait dans l'Empire ottoman ?

G.T. : Certes, mais le mot communauté avait une connotation religieuse. Le propre précisément du mouvement central de la Nahda, fut de passer de la notion de communauté ou de *millets* au concept de nation ; mais celui de nation arabe n'allait pas sans une certaine confusion que recouvrait le terme *oumma* : s'agissait-il d'une *oumma* sans connotation religieuse ou de la *oummat el-Islam* suivant le terme coranique, donc strictement musulmane ? Une nation musulmane intégrant des chrétiens, mais excluant les Turcs, quoique musulmans ! Même l'émir Chakib Arslane, un grand prophète du nationalisme arabe jusque dans les années 30, ainsi que bien d'autres, mélangeait constamment les deux légitimations, arabe et islamique, de la nation arabe !

J.L. : Chakib Arslane était druze, non ?

G.T. : Il était né druze, mais il s'est fait musulman sunnite, une conversion qui rendait son arabité encore plus crédible !

G.K. : On a tendance à oublier qu'au Moyen-Orient, hier comme aujourd'hui, le politique est au premier plan et que le religieux relève du politique. Il faut bien se rendre compte de ce que représente au XIXᵉ siècle l'Empire ottoman au point de vue de son étendue géographique : il englobe encore une partie des provinces européennes et toutes les provinces asiatiques qui vont du Taurus jusqu'à l'Arabie, avec des zones de plus ou moins grande autonomie. Parmi ces zones autonomes, nous trouvons le Mont-Liban, certes agité comme nous l'avons dit depuis 1840 après le deuxième émirat autonome de Béchir Chéhab II et jusqu'à l'établissement de la *moutassarifiyya* ou gouvernorat autonome en 1861 ; enfin il y a l'Égypte de Mohammed Ali.

Dès avant la guerre de 1914-1918, les diverses provinces européennes obtiennent progressivement leur libération. Ce qui reste alors dans l'Empire ottoman à la veille de la guerre, ce sont principalement les provinces arabes.

G.T. : À tous ces facteurs de changement issus des idées nationalistes et de progrès, il faut ajouter une composante très importante qui est l'ouverture sur les sciences. Il est intéressant de lire certaines publications de l'époque. L'énorme curiosité scientifique provoque la création, surtout en Égypte, de revues spécialisées, quoique de seconde main, piochant à volonté dans les périodiques européens du même genre. On y parlait de l'invention de l'électricité comme du commencement d'un nouveau monde... Ces revues traitaient de physique, de chimie, de biologie, de botanique, autant de sciences quasiment ignorées dans l'Empire ottoman, nonobstant la contribution des Arabes à ces sciences jusqu'à la période andalouse.

G.K. : À la veille de la Première Guerre mondiale, le gouverneur de Beyrouth Ismaïl Hakki Bey fait publier une sorte de bilan pour montrer la qualité de sa gestion et les mérites du système ottoman. Deux tomes qui résument l'état des arts, des sciences, de la littérature, de la démographie, du tourisme à Beyrouth et au Mont-Liban. Ismaïl Hakki Bey avait confié la rédaction de ces textes à des auteurs de l'Université américaine et de l'Université Saint-Joseph, des jésuites – comme le père Cheikho par exemple. C'est là qu'apparaît pour la première fois le slogan « Liban, Suisse du Moyen-Orient ».

G.T. : Il est important de comprendre que toutes les idées dont les mouvements littéraires se nourrissent alors sont celles de la Révolution française. Les articles chantaient la prise de la Bastille bien après la Commune et l'empire de Napoléon III, comme symbole de la libération des peuples. Nous avons continué à apprendre des poèmes à la gloire de l'événement, dans les classes secondaires, jusqu'à très récemment.

J.L. : Pourtant certains mouvements européens de libération comme le Risorgimento italien de Mazzini auraient dû, parce que plus récents, être encore plus inspirants...

G.T. : On ne les connaissait pas assez.

J.L. : C'est donc la France révolutionnaire qui est à l'origine de tous ces mouvements de libération nationale ?

G.T. : La France certainement, mais il y a aussi l'Amérique, avec ses missionnaires dès la première moitié du XIXᵉ siècle. La mission américaine d'alors était simplement venue pour « christianiser les infidèles ». En fait, les conversions au protestantisme ne se sont faites que dans les communautés chrétiennes décrites comme *nominative Christians* (pseudo-chrétiens). Elles ont créé une mutation culturelle de première importance. Plusieurs traductions de la Bible paraissent, les premières versions modernes depuis les textes arabe et syriaque du Moyen Âge. Ces nouvelles traductions sont encore en usage. Les Américains se sont trouvés en rivalité avec les Français pour traduire en arabe les textes scientifiques. C'est de cette époque que date le premier manuel de médecine moderne, écrit en arabe par un Américain, le Dr Van Dyck, qui enseignait la médecine en arabe, ce qu'on ne fait plus maintenant, au Syrian Protestant College, devenu l'Université américaine de Beyrouth.

Et cette modernisation était telle qu'Istanbul encouragea même la création de jardins à l'européenne, dont témoigne la place centrale de Beyrouth aménagée en 1890, connue plus tard sous le nom de place des Canons.

G.K. : On l'appelait alors ainsi, parce qu'en 1860 les canons du corps expéditionnaire français s'y trouvèrent placés ! Une autre illustration de la modernisation de Beyrouth, c'est l'architecture rococo des palais de la colline d'Achrafié.

G.T. : Il ne faut pas oublier les orientalistes qui sont venus au Levant et qui, en expliquant l'Orient à l'Occident, ont eux-mêmes éveillé, en Orient, une curiosité énorme. Ils ont tous laissé leur empreinte sur un mouvement littéraire naissant. Ainsi trouve-t-on des traductions « ridicules » des pièces de Racine, éditées en 1830 !

G.K. : L'intérêt des orientalistes se marque d'abord avec *Le Voyage en Orient* de Volney (1787), et ceux, initiatiques, de Lamartine en 1832-1833 et de Nerval en 1840. Par la suite, des auteurs moins connus, sans parler des dessinateurs et des peintres, font leur voyage en Orient.

G.T. : N'oublions pas les voyageurs-écrivains, américains et anglais. Pour les visiteurs occidentaux, des hôtels à l'occidentale ont été construits, des khans traditionnels aménagés, et des moyens de locomotion développés pour leurs déplacements... C'est le commencement de ce qu'on appelle aujourd'hui le « tourisme culturel ».

G.K. : On publie à Beyrouth, au Caire, et surtout dans les capitales européennes, des guides de voyages, on développe les services des drogmans (de l'arabe *turjman*, « traducteur »), on crée des sociétés notamment pour l'aménagement des routes, comme celle des Pertuis, juste avant 1860, ou pour la construction des lignes de chemin de fer ou des ports.

G.T. : La manifestation de la France et de la Grande-Bretagne comme puissances économiques, en Égypte et dans l'Empire ottoman, a précédé le colonialisme. Certaines thèses, classiques, démontrent ainsi la véracité de l'adage anglo-saxon : « Le commerce arrive d'abord, le drapeau suit » *(Trade first, then comes the flag)*.

Il ne faut pas oublier que c'était la route de la soie : les relations entre les Libanais et les Lyonnais dataient des XVIIIe et XIXe siècles. Les Libanais fournissaient leurs vers à soie, et leur fil était acheté à Lyon. Des boîtes en métal datant de cette époque, dans lesquelles on envoyait des échantillons de cocons, circulent encore chez les antiquaires ; elles portent les noms des familles soyères de la montagne libanaise, particulièrement les maronites. Certaines magnaneries existent encore, magnifiques vestiges, mais hors d'usage. Il faut donc se rappeler l'importance de l'industrie de la soie dans la transformation non seulement de l'économie mais des structures sociales du Mont-Liban et de Beyrouth.

G.K. : Des premières décennies du XIXe siècle à la veille de la Première Guerre mondiale, il faut retenir non seulement le mouvement des idées mais le développement économique, lié à la deuxième révolution industrielle qui recherche une ouverture au Proche-Orient. (Observons d'ailleurs, qu'à cette époque, on ne dit ni Proche-Orient ni Moyen-Orient, mais Levant.)

G.T.: C'était l'âge des « Échelles du Levant ».

G.K.: Les marchés du Levant, de Beyrouth et du Mont-Liban, étaient soumis, au milieu du XIXe siècle, à la concurrence franco-anglaise, à Beyrouth comme centre portuaire, donc commercial et financier, aussi bien qu'au Mont-Liban comme société agricole et artisanale.

J.L.: Mais que signifie exactement l'expression « les Échelles du Levant » ?

G.T.: Ce sont les établissements commerciaux implantés dans diverses villes. Les « Échelles du Levant », spécifiquement commerciales, existaient déjà sur la route des Indes, sur la route des épices, avant la route de la soie qui allait, à travers le Liban, de l'Europe vers la Chine. Parallèlement, l'Europe développait alors un « clientélisme » politique en Syrie et au Liban qui n'était pas sans rapports avec les intérêts économiques et l'effort éducatif et religieux. Comme les maronites étaient pro-français, les druzes pro-anglais, les grecs catholiques pro-autrichiens, les orthodoxes s'affichaient pro-russes. Devenue indépendante, la Grèce a joué un rôle religieux du fait de son église, orthodoxe elle aussi, mais avec des intérêts différents, ce qui a provoqué une rivalité avec l'église de Moscou, appuyée par l'empire des tsars. La Grèce, elle, ne pouvait pas, ou pas encore, avoir une politique coloniale, ni les moyens dont disposaient les empires. À peine pouvait-elle consolider sa propre indépendance.

J.L.: Sa propre Nahda...

G.T.: Sa propre Nahda, c'est très juste. L'Empire mosco-
vite était plus préoccupé par la création d'établissements
scolaires que d'échelles commerciales. Sans parler des
conflits politico-militaires que Saint-Pétersbourg avait avec
l'Empire ottoman, lui disputant sa souveraineté sur les
Provinces d'Europe et d'Asie. Les Russes comme successeurs
de Byzance − Moscou étant, à leurs yeux, la troisième Rome
− ambitionnaient quant à eux de « reprendre » Constantinople, qui ne leur avait jamais appartenu ! L'Empire
ottoman, pluri-communautaire et pluriculturel, en perdant
progressivement ses provinces européennes au XIXe, se replie
sur son identité islamique. Un autre islam continuait certes à
se développer, celui de l'Afrique du Nord, mais le plus
important était l'islam d'Asie.

Quant à l'Iran, il était devenu, à la fin du XIXe siècle, une
puissance musulmane chiite. Les Arabes − musulmans
sunnites en grande partie − n'avaient pas encore pris
conscience du fait qu'ils n'étaient pas la majorité du monde
musulman et que déjà les musulmans non arabes étaient
plus nombreux que les musulmans arabes.

J.L.: L'islam indien, indonésien, était marginalisé…

G.T.: Il y a, en effet, l'islam persan et afghan jusqu'aux
confins de l'Asie. Un paradoxe à signaler, qui complique les
relations entre les peuples, est que ceux qui parlent turc dans
les provinces musulmanes de l'Asie centrale sont souvent
chiites, tandis que ceux qui parlent persan sont souvent
sunnites… Les langues et les religions étaient toujours, plus
que les ethnies, facteurs de complications.

L'ÉMERGENCE DES PREMIERS MOUVEMENTS NATIONAUX

J.L. : Revenons, si vous le voulez bien, à la Nahda.

G.T. : Ce mouvement qui est parti, pour les besoins de la cause, de Mohammed Ali et Ibrahim Pacha, sympathisants des idées européennes, s'est quelquefois « mis en ménage » avec le colonialisme lié aux intérêts économiques, intérêts activés par le percement du canal de Suez.

Pour nous Libanais, malgré l'expérience de Fakhr Ed-Dine et son influence déterminante aux XVIe et XVIIe siècles, c'est après Ibrahim Pacha que nous avons commencé à nous exprimer, d'abord en Égypte, je l'ai dit, pour réformer l'Empire, pour libérer les Arabes et pour faire prévaloir le principe de nationalité arabe, qui assurait aux minorités une égalité avec leurs compatriotes musulmans, à distinguer des musulmans non arabes.

G.K. : Valeur importante, qui permettait de trouver une égalité entre majorité et minorités et de les fédérer.

G.T. : Il faut signaler ici que les écrivains et publicistes chrétiens qui ont propagé la thèse de la nationalité arabe – on a été jusqu'à les accuser d'avoir « inventé l'arabité » pour les musulmans – se réclamaient de souches chrétiennes d'avant l'islam, qui sont demeurées majoritaires dans les provinces de Bilad el-Cham jusqu'après les croisades.

J.L. : On peut comparer ce phénomène à celui de la Révolution française, qui permit aux protestants – et à un degré moindre aux juifs – de se rééquilibrer par rapport aux catholiques. On est même tenté de dire que la révolution est un mouvement protestant (dans tous les sens du mot), par rapport à la majorité catholique conservatrice appuyée sur le trône et l'autel.

G.K. : Voilà une parenthèse qui en dit long sur le fonctionnement interne des monothéismes. On gagnerait à réfléchir aux ressorts des idéologies qui passent des légitimations religieuses aux légitimations laïques dans le cadre des changements insufflés par la Révolution française. Les sociétés à partir de là ne sont plus structurées verticalement − le rôle de l'autorité hiérarchique a été battu en brèche −, mais horizontalement. Les nouvelles valeurs de la démocratie citoyenne en sont l'expression. Ainsi peut-on mieux saisir le rôle des protestants ou encore celui des francs-maçons au cours de la Révolution française. Qu'en est-il des francs-maçons au Levant ?

G.T. : La composante maçonnique existe certainement, mais reste secrète ou prétend l'être. On n'en finira jamais de chercher tous les fils conducteurs pour savoir qui était franc-maçon et qui ne l'était pas. Ce sont les petits mystères de la grande histoire. Il y a des leaders que l'on sait avoir été affiliés à des loges maçonniques. Certains se réclamaient de la grande loge d'Écosse, il y avait aussi les loges françaises, sans aucune rivalité entre elles.

J.L. : N'est-il pas plus facile pour les musulmans que pour les chrétiens d'aller vers la franc-maçonnerie, que l'on peut considérer comme une église par elle-même, dans la mesure où il n'y a pas d'église islamique ?

G.T. : Dans la réunion d'une loge, on ne se signale pas par la religion à laquelle on appartient, on se contente de proclamer sa « foi en la religion de la raison ».

G.K. : C'est le motif de mon insistance : il y avait au Levant un courant rationaliste issu des idées des Lumières et qui trouvait un écho dans cette région du monde, aussi bien dans l'Empire ottoman qu'en Égypte ou au Liban. Ce que l'on peut appeler « le mouvement de la Raison » est quand même un mouvement qui va à l'encontre d'une identité à base uniquement religieuse, d'où l'intérêt qu'il représente dans cette région et son actualité encore aujourd'hui.

J.L. : Ce qui nous ramène à la Nahda, et à son relatif échec...

G.T. : La Nahda a échoué, car elle aurait dû déboucher sur une réforme de l'islam qui ne s'est pas produite. C'est bien là que se situe la pierre d'achoppement !

J.L. : Mais la Nahda était largement chrétienne...

G.T. : Oui, en apparence. Mais la réalité des chiffres est tout autre. La majorité des penseurs et écrivains de la Nahda était musulmane. Je pense à Abdel Rahman el-Kawakibi (1849-1903) qui est bien entendu le plus grand de tous les journalistes de son époque. Dès le premier numéro de son journal *Al Shahba* (une épithète d'Alep signifiant « la grise »), il entra en conflit avec les autorités ottomanes qui suspendirent le journal. Il en publia un autre qui eut le même sort, laissant la ville sans presse aucune. Mais l'importance de Kawakibi va au-delà : c'est un grand prêtre de la liberté. Ses textes littéraires, notamment son *Traité sur le despotisme, Tabai' al-Istibdad*, sont des classiques du genre.

G.K. : Mais puisque nous parlons de la presse, ne devons-nous pas discuter ici de la presse arabe publiée en France dès le milieu du XIXe siècle ? D'autant plus qu'elle constitue un volet majeur de l'influence qu'exerça la France sur les événements qui nous préoccupent.

G.T.: Dans ce chapitre, presse et lettres se mélangent. Le Paris d'alors, capitale culturelle aux yeux des Arabes, particulièrement des Syro-Libanais, était devenu la principale capitale intellectuelle de la Nahda, autant sinon plus que Le Caire. Suffoquant dans leurs villes natales, les journalistes – mais aussi les écrivains et penseurs libanais et syriens – se sont exilés à Paris, à Londres et jusqu'à New York où fleurit un grand mouvement littéraire, avec, en figure de proue, Gibran Khalil Gibran qui écrivait davantage en anglais qu'en arabe.

Mais, à cause de sa relative proximité, des relations constantes avec le Levant et de l'amour de la langue française, Paris devint le centre de ce que l'on nomme la presse arabe apostolique, ancêtre de la presse arabe moderne. Pas simplement une presse d'opinion (par opposition au journalisme d'information), mais des publications multiples – au-delà de la centaine –, toutes engagées dans un apostolat de la liberté. Il ne s'agit pas tant de défendre la liberté que de lutter pour l'indépendance. On prêchait à Paris, par la presse mais aussi par les écrits littéraires et historiques, et jusqu'au théâtre (*Antar* de Chékri Ganem, à l'Odéon, en 1910), les causes du nationalisme et de la fraternité des citoyens, bref toutes les idées du siècle des Lumières, de l'héritage européen venues s'épanouir en France.

G.K.: La France avant la Première Guerre mondiale est par excellence le lieu où les idées nationalistes trouvent un écho favorable ; c'est une tribune pour la propagation d'une action intellectuelle et politique. Negib Azoury, par exemple, y publie chez Plon, en 1905, *Le Réveil de la nation arabe dans l'Asie turque*. Faut-il rappeler aussi la tenue à Paris, en juin 1913, du Congrès arabe syrien ?

G.T.: Bien avant la guerre et les traités qui ont suivi, lors de la Conférence de la paix, c'est en France que nos intellectuels menaient les grands combats de l'indépendance et de l'unité arabe. Plus encore, la réforme de l'Islam, sa renaissance y étaient souvent plus intelligemment discutées qu'ailleurs. L'interactivité entre la France et le monde arabe nous conduit à constater que Paris n'était pas que le vivier d'une sorte de diaspora d'intellectuels et plus tard d'émissaires politiques – ce qui, en soi, est déjà beaucoup –, mais qu'il allait aussi au cœur de l'Orient arabe pour lui révéler son patrimoine, donc ses droits historiques! Un environnement idéal était né pour les sociétés secrètes, les revues d'études et les livres de religion et d'histoire, que ni Istanbul ni Beyrouth, ni même Le Caire ne pouvaient tolérer. S'agissant des Libanais, par exemple, deux ou trois générations de Solh se mouvaient entre Istanbul, Damas, Beyrouth et Paris. De même pour Mohammed Abdo, la figure centrale du mouvement réformiste islamique.

G.K.: Paris accueillait des intellectuels moins connus comme Nadra Moutran, ou Mohammed Roustom Haïdar, élève avant guerre à l'École des Sciences politiques, membre de la société secrète Al Fatat et futur secrétaire de l'émir Faysal Ibn Hussein à la Conférence de la paix, ou encore Aouni Abdel Hadi, etc.

G.T.: Ce sont des musulmans syro-palestino-libanais qui prônaient des idées décrites modestement comme « avancées ». Disons plutôt progressistes. Il y eut aussi des Égyptiens, tel le grand Taha Hussein venu terminer ses études supérieures de lettres en Sorbonne, où il connut son épouse française. On lui reprocha, à son retour au Caire, d'avoir osé dire que la langue de la poésie et de la littérature pré-islamique n'était autre que la langue du Coran!

J.L. : Le scandale était grand : c'était remettre en question l'idée que l'arabe était la parole inventée par Dieu pour être dictée au prophète ! Suggérer que Dieu parlait la langue des hommes...

G.T. : La première réaction rigide de l'islam contre ce progressisme ou ce questionnement de l'islam nous est venue précisément par la querelle dite « des Anciens et des Modernes », au Caire même. Taha Hussein était honni pour avoir mis en doute la pure sacralité de la « Langue de Dieu ».

J.L. : Ceci se passe dans les années 20. Une brutale réaction va suivre...

G.T. : C'est alors que naissent et s'organisent au Caire des mouvements islamistes conservateurs désignés par le terme générique de « Frères musulmans ». Cette mise en accusation de Taha Hussein prouvait la rigidité de l'attachement au Coran, langue et substance à la fois.

À cette même époque, les Libanais continuaient de prêcher la tolérance. En 1926, Évelyne Bustros – née Tuéni ! – publiait à Paris un roman intitulé *La Main d'Allah*. C'était la toute première romancière à chanter l'unité des musulmans et des chrétiens sous l'empire omeyyade. Elle dédiait son livre « Au cher et lumineux pays, mien. Chroniques d'un temps où les drapeaux islamiques et chrétiens fraternisèrent ».

G.K. : Une pensée nationale transreligieuse.

Les débuts du sionisme

J.L. : Ayant donné le « coup d'envoi » de cette longue histoire, tournons-nous vers celle du sionisme qui est convergente : les premières *aliyas* juives ne sont-elles pas contemporaines de la Nahda ? Entre 1860 et 1880, ne voit-on pas apparaître une sorte de pré-sionisme ?

G.T. : Oui, le pré-sionisme était déjà bien présent sur le terrain. Dès cette époque se dessinait un sionisme non avoué, qui s'exprimait par le départ de juifs de certains pays arabes vers la Palestine. Ce qui n'empêche pas qu' aujourd'hui des « juifs arabes » souhaitent que règne au Moyen-Orient une paix leur permettant de revenir en Syrie ou en Irak. Ils se sentaient chez eux dans ces villes et en ont encore la nostalgie aujourd'hui.

J.L. : Villes d'où les ont chassés certains pouvoirs arabes...

G.T. : L'attitude de ces juifs exprime la continuité d'une fraternité dont les symboles sont les deux philosophes Maïmonide et Averroès (Ibn Rushd). Leurs statues se trouvent face à face sur la place principale de Cordoue. Les témoins vivants de cette continuité sont les petits groupes de juifs qui sont restés en Andalousie puis en Afrique du Nord, avec leur contribution non seulement à la philosophie, mais également à la finance, à l'architecture, aux beaux arts et à l'artisanat de ces pays. Ce fut le cas aussi à l'autre bout du monde arabe, au Yémen, jusqu'à l'établissement d'Israël.

J.L. : Des juifs de ces pays furent quelquefois ministres. Il y a longtemps qu'ils ne le sont plus...

G.T. : En effet, ils l'ont été souvent, tout comme il y avait des ministres chrétiens chez les Omeyyades. À propos de la Syrie, à majorité chrétienne jusqu'aux Croisades, il est un fait qu'il faut signaler : ceux qui ont incité, quelquefois contraint, les Arabes chrétiens à se faire musulmans, après la victoire de Saladin sur les Croisés, n'étaient pas des souverains arabes. Les conversions obligées ont eu lieu sous les régimes musulmans qui ont suivi l'accession au pouvoir de Saladin, qui, sans être arabe, n'en est pas moins devenu un héros, le mythe principal de l'imagerie arabe, sans distinction de frontières ou d'appartenance. Notons que Saladin a non seulement maintenu les chrétiens à Jérusalem, mais qu'il a autorisé les juifs à revenir y vivre en 1187 après la reconquête de la ville. Il reste qu'après cette victoire, les chrétiens arabes ont souvent payé l'amalgame que l'on faisait entre chrétiens d'Orient et Croisés. Cette situation n'est pas sans rapport avec ce qui advint à l'époque des rois catholiques d'Espagne, après la chute du régime arabe en Andalousie. Faut-il rappeler qu'il y avait dans cette région des Arabes chrétiens avant l'islam ?

J.L. : L'empereur romain Philippe l'Arabe, par exemple, au IIIe siècle (244-249)…

G.K. : Oui, l'arabité n'était pas liée à l'islam.

G.T. : Il faut citer ici un homme tout à fait oublié aujourd'hui : Jurjî (Georges) Zaydân, le grand historien de l'islam à la fin du XIXe siècle. Ce Libanais chrétien, émigré en Égypte, a fondé Dar el Hilal, la grande maison d'édition de revues scientifiques et littéraires, mais il a surtout publié une infinité de livres décrits comme littérature populaire. Zaydân a raconté sous forme de contes, de nouvelles et de romans la vie des héros de l'islam, en leur donnant un parfum presque séculier, en soulignant leur ouverture aux chrétiens. Il a été jusqu'à parler d'une princesse ghassanide (Fatât Ghassan), la dernière avant l'islam, qui est demeurée chrétienne tout en épousant celui qui devint le conquérant de Damas, puis le calife Omar.

Les derniers princes ghassanides chrétiens, dont la capitale était Bosra (au sud de la Syrie), se reconnaissent, plus ou moins théoriquement, vassaux de leurs coreligionnaires les *basileis* de Byzance – avec lesquels ils rompirent pour s'allier aux conquérants musulmans, par solidarité arabe. On lit dans le livre de Zaydân une description de l'accueil, au son des cloches des églises, réservé au calife Omar et à son épouse chrétienne, par les prélats de Damas, vêtus de leurs tenues liturgiques, tissées de gloire byzantine !

Tout cela a été romancé pour produire ensuite une imagerie populaire qui est restée vivace jusqu'à l'émergence des Frères musulmans, c'est-à-dire jusqu'à l'affirmation d'un islam réactionnaire. En réislamisant les Arabes, les Frères musulmans bloquaient l'accès de l'arabité aux chrétiens ou aux autres minoritaires. L'arabité devenait ainsi un isolat. Je ne sais pas dans quelle mesure les Ottomans n'ont pas aussi joué un rôle semblable.

G.K. : Ils l'ont fait ! À la fin du XIXe siècle, les Ottomans valorisent l'islam comme élément fédérateur de l'Empire, face à l'influence croissante de l'Europe qui profite aux minoritaires chrétiens, juifs ou grecs. Ainsi voit-on apparaître des mouvements de décentralisation et non pas d'indépendance.

G.T. : Il y avait les deux courants, nous l'avons dit, dont l'un militait pour l'indépendance...

G.K. : Mais les mouvements de décentralisation étaient beaucoup plus importants.

G.T. : Certains éléments nationalistes voulaient un Liban, une Syrie, un Irak, une Égypte indépendants, mais au sein de l'Empire réformé et libéral – lequel demeurait à leurs yeux très «utile» vis-à-vis de l'Occident, et dont certaines puissances firent leur allié.

J.L. : L'Empire ottoman transformé en une sorte de Commonwealth...

G.K. : S'agissait-il alors, pour les pays périphériques, d'indépendance ou d'autonomie?

G.T. : Il s'agissait en effet davantage d'autonomie que d'indépendance. Ce qui faisait dire à Kamal Joumblat, bien plus tard, avec un semblant de nostalgie, et ces dernières années à son fils Walid devenu le leader des Druzes : «Au fond l'Empire ottoman nous arrangeait davantage, nous les minoritaires!» Il y avait en effet des avantages pour ces minorités jouissant d'une petite autonomie au sein d'un Empire protecteur des minoritaires, et qui craignaient de la perdre dans un État-nation où l'islam deviendrait religion d'État. C'était l'arrière-pensée, jamais avouée et presque inavouable, de beaucoup de Druzes tout autant que de certains chrétiens!

Signalons ici que les Libano-Syriens d'Égypte, parallèlement à leur contribution à la Nahda à Paris, œuvrèrent au Caire et à Alexandrie en vue de la libération de l'Égypte, sitôt que les successeurs de Mohammed Ali furent devenus des potentats aussi impérieux vis-à-vis de leur peuple que les Ottomans. Mais ces potentats maintenaient quand même une ouverture à l'Occident, ce qui encouragea les Libano-Syriens à demeurer en Égypte afin de poursuivre leurs efforts pour libérer le Liban et la Syrie...

Avant la Première Guerre mondiale, ces *chawams* – c'est ainsi qu'on les appelait – ont commencé à revenir, au Liban surtout, et se sont introduits dans la politique locale, entretenant des relations licites et illicites avec les Français ainsi qu'avec les représentants de la Grande-Bretagne.

G.K. : Votre père ne faisait-il pas partie de ces *chawams* ?

G.T. : Je tiens en effet de mon père les souvenirs de ce très long parcours de Beyrouth à Paris en 1906, puis du séjour en Égypte avant le retour à Beyrouth vingt ans plus tard. Un parcours qui était parallèle à celui de dizaines de ses camarades, les journalistes de l'époque, pour qui le journalisme était – répétons-le – un apostolat en exil !

Je suis issu d'une famille de minoritaires grecs orthodoxes qui a précisément été engagée de plain-pied dans la Nahda, non pas par le haut, mais par le bas. Mon père a fait ses débuts comme ouvrier typographe dans un journal de langue arabe publié à Paris où il était venu tout jeune, en 1906, avec des libres penseurs qui avaient quitté l'Empire pour défendre l'indépendance libanaise autant que la liberté de pensée en France et en Égypte. Puis il est devenu correcteur d'épreuves, ensuite rédacteur et correspondant de presse.

La guerre ayant éclaté, il est parti vers l'Égypte, s'est installé à Mansourah, y a travaillé dans le journal que dirigeait Enkiri, *Al Delta*. Il en est devenu le rédacteur, tout en étant correspondant de l'*Ahram* et du *Mouqattam*. La franc-maçonnerie libano-syrienne et les *chawams*, les gens du pays de Cham, s'entraidaient en vue de contribuer à la libéralisation de l'Égypte.

Mon père avait épousé une Libanaise d'Égypte à Mansourah : lettres de noblesse, car c'était là que se trouvaient certaines élites libanaises qui étaient devenues de riches propriétaires. Revenu au pays en 1923, mon père y fonda un premier quotidien en 1924, et par la suite, un second, *An Nahar (Le Jour)*, dont j'ai hérité à mon retour d'Amérique.

G.K. : Dès cette époque, votre père, Gebran Tuéni, a pris des positions à l'égard des mouvements sionistes.

G.T. : En effet. Voyageant d'Égypte vers Beyrouth, en 1923, mon père a évidemment traversé la Palestine où il a visité des colonies juives qui s'établissaient déjà. Son instinct de journaliste le poussa à envoyer au journal *Al Mouqattam*, dont il était le correspondant, une série d'articles où il décrit l'immigration juive et parle déjà du « péril sioniste » et de l'«État juif» qui se construisait. Un journal juif à tendance sioniste, *Al Alam el Israili*, paraissant à Beyrouth, prit à parti mon père, l'accusant de nuire à « la fraternité entre Juifs et Arabes ».

À ce moment-là, c'est-à-dire au début du XXᵉ siècle, le sionisme était déjà né, mais sa stratégie était encore assez confuse. Les réactions arabes ne l'étaient pas moins, tant sur le plan idéologique que sur le plan pratique, face aux premières immigrations juives, dont les habitants de Palestine percevaient encore mal les conséquences.

J.L. : Généralement, quelle était l'origine de ces immigrants ?

G.T. : Ils venaient de l'Empire russe et d'Europe orientale.

J.L. : Les pays où ils étaient le plus maltraités…

G.K. : Maltraités, c'est peu dire ! Il faut rappeler ici les pogroms d'Europe centrale auxquels les juifs ont réagi en constituant le mouvement sioniste.

G.T. : Derrière le mouvement sioniste, il y avait la culture occidentale qui ne se trompait pas sur les intérêts des nations, sur l'intérêt colonial, qui savait ce qui était de l'ordre du réalisme ou de l'innocence culturelle en politique. Les

Arabes eux ont hélas continué à parler un langage romantique qui n'était plus celui du siècle.

J.L. : Les Arabes, en effet, se dégageaient du vieil impérialisme d'Orient, le turc, alors que les sionistes arrivaient en Orient, avec dans leurs bagages l'Occident, souvent antisémite, mais moderne... Mais revenons, si vous le voulez bien, à l'histoire de la concomitance ou convergence des renaissances arabe et juive à la fin du XIXe siècle. Les Arabes reprennent fortement conscience d'eux-mêmes au moment où les juifs, autrement mais également ranimés, retournent en Palestine.

G.K. : N'y a-t-il pas une grande différence entre l'installation de quelques colonies juives à la fin du XIXe siècle et le « foyer national juif » de la lettre de Balfour à lord Rothschild, qui cache à peine le projet d'un État juif, en 1917, et qui est de l'ordre d'un projet colonial ?

J.L. : La différence que l'on voit entre un fœtus et un homme...

G.T. : Tout dépend de l'interprétation que l'on donne à la Déclaration Balfour du 2 novembre 1917. Y a-t-il eu disparité, contradiction entre les petites colonies juives qui s'établissaient en Palestine pour fuir les pogroms de Russie et de Pologne, et la stratégie ultérieure ? Étaient-il des signes avant-coureurs du mouvement sioniste qui allait trouver dans cette déclaration une justification à leur démarche ?

J.L. : Il faut aussi rappeler qu'en 1917, dans l'ouragan de la guerre, les Anglais ont besoin de toutes sortes d'alliés et qu'ils misent, en l'occurrence, sur le judaïsme, comme ils le feront en 1940-1945. Il y a là un élément de stratégie en temps de guerre.

G.T.: Oui, mais les Anglais ont joué sur deux tableaux, ils ont promis parallèlement l'indépendance aux Arabes par l'intermédiaire du colonel Lawrence et ils ont donné aux Juifs la promesse Balfour!

G.K.: D'où les nationalismes concurrents arabe et juif. Avant l'émergence du nationalisme juif, à la fin du XIXᵉ siècle, les mouvements sionistes sont d'abord des mouvements nourris de socialisme, celui qui trouvera son application dans le kibboutz: l'implantation sur la terre de Palestine doit permettre une régénérescence par le travail. Parallèlement se manifeste, au congrès de Bâle de 1897, le mouvement sioniste qui va se développer au début du XXᵉ siècle Ajoutez à cela les intérêts que vous évoquiez, ceux des Anglais durant la guerre s'imaginant que le judaïsme américain allait faciliter l'appui de l'Amérique à la cause des Alliés: les Juifs n'allaient-ils pas faire pression sur Wilson pour le décider à entrer en guerre contre l'Allemagne? À cela, qui est très connu, je voudrais apporter une précision complémentaire: dès avant la Déclaration Balfour, à la fin de 1916, le rabbin Gaster approcha le diplomate français François Georges-Picot à Londres pour lui demander que la France soutienne un projet d'État juif. On peut lire, aux Archives de Nantes, le télégramme que Georges-Picot adressa à Alexandre Ribot le 5 mai 1917.

J.L.: Alors que la Déclaration Balfour date du 2 novembre 1917.

G.T.: Au nom des Arabes, l'émir Faysal, fils du chérif Hussein de La Mecque, était prêt à s'accommoder d'un foyer national, mais non d'un État-nation.

J.L.: Les concepts sont, en effet, assez différents, celui de « foyer » paraissant se référer à l'accueil de réfugiés, c'est-à-dire des minorités opprimées, notamment dans l'Empire russe. Mais déjà le mot « national » donne une autre coloration. Le mot « foyer » est primordial, mais le mot « national » en dit déjà long... Faysal devait le comprendre.

G.T. : Je voudrais insister aussi sur l'idée que derrière les objectifs de la guerre, derrière les grandes idées politiques et nationales, derrière les courants nationalistes et réformateurs, il y avait une guerre d'arrière-pensées, et surtout les stratégies des chancelleries qui se situaient à un tout autre niveau que les courants populaires. Les alliés de Lawrence, les fils du chérif Hussein, malgré leur éducation politique, ont rêvé d'une liberté arabe et d'un royaume chérifien. Tout cela était très vague. On ne connaît pas de texte où ils auraient défini, en termes précis, leur relation avec les Anglais, ou encore le système pour lequel ils se battaient, ni en quoi consistait ce royaume auquel ils aspiraient.

J.L. : Si Lawrence avait été français, féru de définition, il y aurait eu probablement plus de précisions. Mais Lawrence étant britannique, l'utile flou diplomatique a été préservé...

G.T. : Oui, une nébuleuse politique.

J.L. : Fondée sur une profonde intelligence de la situation !

G.T. : Si on lit les documents, même des services secrets, les câbles, les archives des uns et des autres, on voit qu'on se gardait bien de toute précision !

J.L. : Nous avons parlé de colons, de colonisation, de colonie en tout cas, au sens primordial du mot. Mais comment vivaient les populations juives dans le monde arabe, à l'époque de la Déclaration Balfour ? Je sais qu'il y avait des populations juives en Égypte, à Damas, à Bagdad et bien sûr à Jérusalem. N'y avait-il pas au début du XXᵉ siècle, en Palestine, une forte présence juive?

G.T.: Elle est moins importante à Jérusalem qu'à Constantinople.

G.K.: Les statistiques ottomanes compilées par le démographe McCarthy indiquent qu'en 1914-1915 la population totale de Palestine est de 722 143 personnes, avec 602 377 musulmans, 38 754 juifs et 84 012 chrétiens[1].

G.T.: Il y a plus important que les chiffres : la présence et l'efficacité des juifs influents politiquement et financièrement, dans les coulisses des sérails, là où se trouvait le pouvoir réel. Mais il n'y avait pas de pouvoir à Jérusalem. Il y avait ce qu'on appelle en arabe la *hara*, un quartier juif qui s'ajoute aux quartiers chrétiens. Des quartiers qui rappellent les ghettos de certaines villes d'Europe où l'on a son école, sa synagogue ou son église, où l'on se sent protégé.

J.L.: C'est le statut de « Dhimmis » ?

G.T.: En effet, dans ces quartiers, *hara* ou ghettos, les Dhimmis, ou gens du Livre « protégés », jouissent d'une vie propre donc autonome. Les Dhimmis chrétiens ont eu une plus grande autonomie que les Dhimmis juifs. Mais cette différence n'a pas pour autant protégé les chrétiens. Au contraire, cela les a mis davantage en vedette et en péril.

---

1. Selon d'autres sources, le nombre de juifs est différent et « le chiffre, écrit Henry Laurens, repris de livre en livre » (de 80 000 juifs en 1914) est probablement exagéré. On peut estimer plus raisonnablement qu'ils sont environ 60 000 en 1914. Le groupe connaissant le plus grand accroissement naturel est la population chrétienne.

Il ne faut pas oublier que, si la guerre de religion qui a éclaté à Damas en 1860, et que nous avons évoquée plus haut, a commencé par un conflit entre juifs et chrétiens, les deux communautés ont été par la suite victimes des menées musulmanes qui ne faisaient pas la différence. Les uns et les autres étaient à ce moment-là tenus pour des ennemis par les masses qui ont assassiné beaucoup plus de chrétiens que de juifs durant cette guerre. Ces événements n'ont pas d'explications unanimement admises, malgré le nombre important de « témoignages » – qui sont plus ou moins fiables car tous, ou presque, sont de parti pris. Il est difficile de faire la part des diverses culpabilités.

Les investigations ont mis en accusation un responsable druze, Saïd Joumblat, qui s'est laissé entraîner par les Turcs à mener les massacres du Chouf. Condamné par ses alliés d'hier, il n'échappa à la pendaison que grâce à l'intervention de l'armée française, et mourut de tuberculose l'année suivante.

Relevons, pour l'histoire, que nombre de chrétiens, à Damas en particulier, furent protégés et défendus par des musulmans contre les hordes qui voulaient les massacrer.

G.K. : Le soutien de l'ambassadeur anglais, lord Dufferin, a été, me semble-t-il, plus déterminant que le rôle de l'armée française...

G.T. : Dès avant les événements, les Anglais courtisaient les Druzes, particulièrement les Joumblat, dont plus d'un était emmené en frégate jusqu'en Grande-Bretagne pour y parfaire son éducation, alors que les Français pour leur part accueillaient les bourgeois maronites à Paris, intégrant ces héritiers dans leur système d'enseignement. C'est le même clientélisme.

J.L. : Pour en revenir à l'implantation juive au Levant, vous estimez que, de la frontière turque au Nil, elle est petite quant au nombre, mais importante quant à l'influence. À combien évalueriez-vous son importance numérique, au-delà des frontières de la Palestine ?

G.T. : Je n'ai pas de statistiques. Mais, chose intéressante pour ce qui concerne le Liban, le premier conseil municipal beyrouthin, à la fin du XIXᵉ siècle, était divisé en deux groupes : six musulmans et six non musulmans – à savoir cinq chrétiens et un juif. Il est évident que c'était une représentativité socio-politique plutôt qu'arithmétique qui était recherchée. Rien n'a changé depuis, quant à la règle générale, même au sommet de la pyramide constitutionnelle, puisque les représentants à tous les niveaux du pouvoir ne correspondent pas à une représentativité démographique proportionnelle.

J.L. : Les juifs forment, en somme, au Levant du début du siècle, la douzième tribu…

G.K. : L'Empire ottoman, avec ses provinces, comptait au début du siècle 21 à 22 millions d'habitants. La population du Mont-Liban près de 600 000 âmes.

G.T. : Mais il y a eu, concernant les juifs du Mont-Liban, des changements démographiques qui ne sont pas explicables. Deir-El-Kamar, en particulier, avait une très importante communauté juive qui a disparu sans avoir été victime d'une agression particulière. En témoignent une synagogue désaffectée et deux familles émigrées récemment.

G.K. : Il faut rappeler que, au milieu du XIXᵉ siècle, les premiers événements de Damas, qualifiés de crimes rituels, ont d'abord visé les juifs avant les chrétiens : la communauté damascène imputait aux juifs des crimes rituels de sang…

G.T. : En fait les juifs ne se sentaient pas protégés, comme les chrétiens par les *Capitulations*. Ce qui légitime, aux yeux de certains d'entre eux, la volonté de créer un État hébreu souverain.

J.L. : Leur différence de statut avec les chrétiens était considérable : non seulement ils étaient moins nombreux, mais ils n'avaient pas d'États protecteurs. Les chrétiens pouvaient quand même compter sur les puissances européennes...

G. K : Ce n'étaient que des protecteurs étrangers, et qui arrivaient toujours trop tard... D'ailleurs, d'après les révélations des archives diplomatiques maintenant disponibles, et les analyses historiques que l'on connaît, les étrangers, à savoir les Français et les Anglais, ne sont venus que parce que leurs intérêts stratégiques dans la région fondaient pareilles interventions.

G.T. : Certains commentateurs et hommes politiques vont jusqu'à dire, avec plus ou moins de crédibilité, qu'ils n'étaient pas moins innocents que les Turcs eux-mêmes des provocations qui ont mené aux massacres de 1860. « Le pyromane pompier » est une vieille histoire.

J.L. : Pour protéger les juifs, qui y avait-il ?

G.K. : Il y avait quand même la France ainsi que l'Empire ottoman qui protégeaient les chrétiens autant que les juifs.

J.L. : Quels moyens avaient les Français, si tant est qu'ils l'aient voulu, de tendre aux juifs une main protectrice ?

G.T. : Peu de moyens, il est vrai. Les juifs étaient surtout dans l'entourage du sultan et comptaient sur lui. Il y a eu également un courant juif qui n'a pas été suffisamment étudié : son but était de faire accepter au sultan l'idée de la création d'un foyer national juif protégé par la Sublime Porte. Demander donc une protection européenne aurait causé un préjudice majeur à leur crédibilité de juifs auprès du sultan.

J.L. : Il y a eu des tractations entre des émissaires sionistes comme Zangwill et la Sublime Porte...

G.K. : Parallèlement au judaïsme ottoman, deux courants du judaïsme européen étaient importants à la veille de la Première Guerre mondiale : celui de l'émancipation des juifs français et anglais, dans la mouvance de la Révolution française et des révolutions anglaise et américaine, et, parallèlement, le mouvement de révolte des juifs des empires centraux ayant été victimes de pogroms à la fin du XIXᵉ siècle.

Souvenons-nous que les communautés minoritaires, qu'elles soient juives, chrétiennes ou druzes, bénéficiaient d'une certaine protection dans l'Empire ottoman : le multi-communautarisme, le multiculturalisme, le multilinguisme sont l'expression d'une reconnaissance et d'une protection ; elles vivaient alors avec un statut auquel elles songent aujourd'hui avec une certaine nostalgie...

Si la Nahda et les débuts du sionisme ont coïncidé temporellement et ont constitué l'idéologie du mouvement national arabe naissant et du mouvement national juif, les impasses actuelles de la renaissance arabe et du sionisme expriment bien la crise profonde que nous traversons et ses dérives religieuses, confessionnelles et communautaires. À cet égard, il faudra se demander en quoi la Révolte arabe a été le catalyseur de l'alliance des Arabes avec les Alliés, comment Arabes et Juifs ont fondé tous leurs espoirs sur des mouvements nationaux qui allaient se révéler contradictoires et, pour l'instant encore, incompatibles.

(Entretien du 17 mars 2001, Paris)

2.

La Révolte arabe : 1916-1920

DE LA RÉVOLTE ARABE À LA CONSTITUTION DES ÉTATS DU MOYEN-ORIENT

Jean Lacouture : Nous avons abordé l'apparition d'un mouvement arabe accélérant le déclin de l'Empire ottoman – la Nahda ou renaissance – ainsi que les premières manifestations du sionisme, les premières *aliyas*, ou « montées » vers la Terre promise. Nous pourrions en venir maintenant à la Révolte arabe impulsée entre autres par le colonel Lawrence. Cette « révolte » mérite-t-elle bien l'adjectif « arabe » que l'histoire lui donne ? S'agit-il d'une simple façade ? Se fait-elle au bénéfice des Arabes ? Est-elle ressentie par les Arabes comme vraiment arabe, comme débouchant sur une histoire indépendante ? Ou bien est-ce une splendide ruse, un *trick* de l'impérialisme anglais ?

Ghassan Tuéni : Comme jeune homme ayant pour ainsi dire pris conscience de la politique à l'ombre de cette révolte, ma perception première est celle d'un phénomène hautement romantique. Était-elle une ruse britannique ? Quels que soient les documents que l'on évoque parfois pour tenter de le prouver, je ne le crois pas. Je continue de penser sérieusement que la révolte était là, à l'état latent, depuis bien avant la guerre, que les Anglais l'ont encouragée quand la conjoncture internationale rendait la révolution possible, et que

47

Lawrence est venu contribuer à sa cohérence militaire. Mais Lawrence, réalité et légende confondues, ajoute lui-même à la perception romantique plutôt que le contraire.

J.L. : Le Risorgimento italien du XIXe siècle ? L'enfant grec ?

G.T. : Je voudrais signaler trois aspects de ce romantisme. D'abord, l'influence de Mazzini, de Garibaldi et autres révolutionnaires européens, des Grecs notamment, etc., et ajouter que les Arabes s'étaient déjà révoltés à plusieurs occasions, et cela dans des pays – le Yémen et le Hedjaz – où il n'y avait jamais vraiment eu de présence ottomane pesante, ni administrative ni militaire, et où on ne connaissait pas la littérature révolutionnaire d'Occident. Le Yémen et le Hedjaz étaient théoriquement des provinces ottomanes, mais c'était le désert des bédouins, en état de guerre et de révolte perpétuelle, des luttes tribales aux racines ancestrales. On peut enfin mesurer l'authenticité du mouvement à la frustration que son échec infligea à Faysal, et plus encore à Lawrence.

La légende de Lawrence peut avoir amplifié la mythologie de la machination, ou du complot. Depuis 1860, et même bien avant, rien n'arrivait tout seul au Levant. C'était ou du fait des Anglais ou de celui des Français ! On avait le sentiment qu'il y avait toujours une manipulation de l'histoire. Nos aînés parlaient de Lawrence, mais pour nous les jeunes, la parution de son livre et sa mort énigmatique ont accentué son caractère aussi romantique que mystérieux. Y avait-il eu un complot ? Nous ne pouvions pas croire qu'une révolution ait été le fruit d'un complot. Certes les Anglais avaient aidé à son succès, mais cela n'entamait pas l'authenticité de la révolte.

Cette Révolte arabe est arrivée en fait dans la foulée de la pensée révolutionnaire qui prévalait au XIXe siècle ; elle nous semblait donc logique et légitime. Légitime, elle l'était, puisque l'Empire ottoman était mis en cause non seulement par les Arabes mais aussi par les Jeunes-Turcs, les hommes du Comité Union et Progrès : Turquiah al-Fatat. Après les Tanzimat, ces premières tentatives de réforme, il devenait naturel d'espérer une révolte arabe.

Gérard Khoury : Comme tous les faits que l'on étudie avec le recul de l'histoire, ceux-ci sont toujours plus complexes que ne le révèle l'observation du moment. Vous parliez de la frustration de Faysal et de Lawrence : s'il y a eu frustration c'est qu'il y avait eu promesse faite aux Arabes de reconstituer un empire arabe dans la correspondance échangée en 1915 entre McMahon, le haut-commissaire anglais au Caire, et le chérif Hussein de La Mecque, sans qu'un territoire précis ait été prévu ni un système politique retenu. C'est en fonction de cette correspondance que le chérif Hussein a accepté de lancer la dite Révolte arabe en juin 1916 – dont les origines dans l'Empire ottoman sont bien celles décrites ci-dessus – et à laquelle Lawrence a donné toute son impulsion, persuadé, de bonne foi semble-t-il, de la valeur des promesses faites par les Anglais.

Mais voilà : parallèlement à cette correspondance, des accords secrets entre Alliés – Anglais, Français, Russes, puis Italiens – allaient se négocier en 1915 et 1916 pour le partage des zones d'influence entre ces puissances en cas de démembrement de l'Empire ottoman après la guerre. Ces accords, négociés à Londres par François Georges-Picot – ancien consul de France à Beyrouth – pour les Français et sir Mark Sykes pour les Anglais, tenaient compte, dans le découpage des provinces arabes de l'Empire, du contenu de cette correspondance. Ces accords dits Sykes-Picot furent signés le 9 mai 1916 à Londres par Paul Cambon, ambassadeur de France à Londres, et sir Edward Grey, responsable du Foreign Office.

G.T. : Mais l'application de ces accords n'a pas été aisée après la guerre...

G.K. : En effet, deux séries d'événements allaient modifier l'application de ces accords et de ces promesses, après la guerre et à la Conférence de la paix : la révolution bolchévique et l'entrée en guerre des Américains, d'une part, et les conditions de la négociation entre Anglais, Français et Arabes dans un rapport de force inégal, d'autre part.

Les Russes n'étaient plus partie prenante aux accords, mais les Américains, très renforcés compte tenu de leur rôle dans l'achèvement et le financement de la guerre, ont d'abord voulu peser sur les règlements de la paix. C'est le fameux discours du président Wilson à Mount Vernon de janvier 1918, proclamant le droit des peuples à disposer d'eux-mêmes, critiquant la diplomatie du secret et lançant son projet d'une Société des Nations. Discours qui marque l'entrée des Américains sur les scènes européenne et orientale. Frustration des Arabes ? Oui. « Complot » ? Non, dans la mesure où les responsabilités furent partagées entre Français et Arabes dans la violation des accords, même si proportionnellement la part française dans ces responsabilités est prédominante.

J.L. : Revenons-en aux origines de cette révolte et aux rapports entre Turcs et Arabes aux derniers temps de l'Empire ottoman, c'est-à-dire à l'époque de la révolution des Jeunes-Turcs. Sait-on si les Jeunes-Turcs, les hommes de 1908, avaient une pensée coloniale par rapport au monde arabe, ou s'ils étaient prêts à respecter la personnalité arabe ?

G.T. : Il y a eu au début un parallélisme entre les sociétés secrètes turques, et les sociétés secrètes arabes qui étaient anti-ottomanes. Mais peu de temps après, quand les Jeunes-

50

Turcs et les sociétés secrètes strictement ottomanes se sont rapprochés du pouvoir pour exécuter leurs premières réformes, il y eut soudain à nouveau un divorce entre les Arabes et le ressaisissement turc, puis une accentuation de cette opposition avec le pantouranisme.

J.L. : Le pantouranisme ne visait-il pas plutôt à la domination de l'Asie qu'à celle du Moyen-Orient ?

G.T. : Des Arabes ont siégé à la Chambre des députés, au Majless ottoman, mais cela n'a pas duré longtemps. La constitution de 1876 a été suspendue. D'où un retour vers l'ottomanisme, qui coïncidait avec le pantouranisme et l'émergence de nouveaux mouvements secrets qui ont, après la guerre, produit Kamal Atatürk.

L'armée ottomane vaincue par les alliés en 1918, puis victorieuse avec Atatürk dans sa guerre de libération nationale entre 1918 et 1923, avait des racines intellectuelles qui plongeaient dans les sociétés secrètes. On ignore encore beaucoup de choses au sujet de l'armée. Le divorce entre les Arabes et les Turcs, précipitant la Révolte arabe, semble être dans la logique des choses.

J.L. : Celle de l'effondrement de l'Empire ottoman ?

G.K. : Elle remonte plutôt au temps de l'affaiblissement de l'Empire, car l'effondrement est la conséquence de la victoire des Alliés contre l'Allemagne et ses alliés turcs en 1918.

G.T. : J'aimerais rappeler, à ce propos, que les Arabes s'étaient enthousiasmés avant la guerre de 1914, pour le poème, devenu chant de guerre, du Libanais Ibrahim El-Yazigi, « Attention, réveillez-vous ô Arabes ! » *(Tanabahou wa istafikou ayouha el arabou).* C'était déjà un appel à la révolution, bien avant que les Anglais soient en mesure de l'exploiter durant et après la guerre.

Des historiens de la Révolution française, comme d'autres révolutions d'ailleurs, se sont souvent posé la question : l'esprit révolutionnaire précède-t-il la révolution ou est-il né de la révolution ? Pour nous, Arabes, l'esprit révolutionnaire était là, il a précédé la révolution. Mais l'idéologie de la révolution était floue, on parlait à la fois de nation islamique, de nation arabe, de nation libanaise, de nation syrienne, de nation égyptienne, avec pour cette dernière une volonté de valoriser l'histoire « pharaonique ».

J.L. : Qui donnait à beaucoup d'Égyptiens, mais pas à tous, un juste sentiment de fierté.

G.T. : En effet, un sentiment de grande fierté qui, malheureusement, fut interprété par la suite comme étant anti-arabe et anti-islamique. De même qu'il y a eu au Liban une querelle à propos des Phéniciens et des Arabes, il y avait en Égypte la querelle pharaoniste et panarabe. Dans les années 40, Mustafa Nahas Pacha, leader du Wafd (le parti nationaliste égyptien), après son accession au pouvoir, fut pris dans des toiles d'araignées d'explications et d'hypothèses dont certaines allaient jusqu'à prétendre que les Égyptiens des époques pharaoniques étaient des Arabes de l'ère ante-islamique...

De même, beaucoup d'écrivains et de publicistes libanais ont voulu prouver que les Phéniciens étaient les premiers Arabes. Que les Phéniciens soient venus de la Presqu'île arabique, en vagues successives, du Golfe jusqu'à la Méditerranée, puis au-delà, c'est possible. Cela n'en fait pas pour autant nos ancêtres ! Pas plus que les Égyptiens de l'antiquité première n'étaient les seuls ancêtres des Égyptiens « arabisés » à partir du VIIe siècle.

G.K.: Cette recherche de racines identitaires lointaines vise à légitimer des formations nationales en cours et correspond bien au mouvement d'idées de la fin du XIXe et du début du XXe siècle qui se concrétise dans des Comités secrets, des associations occultes qui commencent, à la fois du côté arabe et du côté ottoman, à miner le pouvoir du sultan Abdel Hamid II (1876-1909). Était-ce une révolte à l'origine ou une pression des Arabes pour obtenir des Ottomans une décentralisation, une reconnaissance de la culture et de la langue arabes ? L'importance de l'identité islamique, de la légitimation par l'islam, s'accentue dans les dernières décennies de l'Empire, diminué de ses provinces européennes pluri-ethniques, pluricommunautaires et pluriculturelles, et c'est dans ce contexte que se développent contestation et révolte.

G.T.: Dès avant la Grande Guerre, à Beyrouth déjà, en 1880, on a retrouvé, glissés sous les portes, des tracts qui appelaient à la révolte. Elle sourdait. C'était l'époque où les journaux tiraient à 200 numéros ; mais toute la poésie, tout le mouvement littéraire, tous les éditoriaux appelaient à la révolte. Témoin, cette dépêche du Consul anglais de 1880, qui disait exactement ceci : « Tracts et dépêches révolutionnaires distribués hier à Beyrouth. Mais la ville est calme. » Ah, ce « mais » ! Était-ce l'esprit occidental du consul qui ne pouvait pas supposer qu'une ville demeurât calme, quand on l'appelait à la révolte ? Ou était-ce son *wishful thinking* ?

J.L.: Peut-on dire alors que la révolte qui éclate en 1916-1917 est une récupération très habile par Lawrence et les Anglais du sentiment national arabe ? Les Français ne préparaient-ils pas de leur côté une opération concurrente ?

G.T.: Je dirais plutôt qu'il y a eu, de la part des Alliés, à la fois un phénomène de récupération et d'insertion. C'est une méthode très classique de la politique anglaise qui, moins inventive que la politique française, moins « latine », n'établit pas d'avance un plan stratégique qui déterminerait le jour « J » d'une révolution.

G.K. : L'idée d'une révolte arabe est une idée qui, avant 1914, émanait autant des Français – ceux du ministère de la Guerre – que des Anglais. Les Français – mais ils devaient tenir compte de leurs intérêts en Afrique du Nord – ne voulaient pas être à la traîne des Anglais, soucieux des leurs en Inde.

G.T. : Depuis le XIXᵉ siècle, au Levant, les Anglais analysent les courants politiques et s'y insèrent ; ils placent leurs hommes, cultivent une clientèle, etc. Si on lit les livres du colonel Charles Churchill au XIXᵉ siècle sur le Mont-Liban, on voit que le clientélisme druze des Anglais ne fut pas une affaire préméditée. Churchill ne fut pas envoyé pour « angliciser » les Druzes, mais plus probablement pour étudier ce que l'Angleterre pouvait faire... Aux prises avec les « petites guerres », depuis 1840, les maronites étaient déjà clients des Français. Aux Anglais restaient les Druzes et les sunnites. Les sunnites n'étaient pas intéressants, étant donné leur attachement quasi religieux au califat de la Sublime Porte. Ils ont donc choisi les Druzes !

J.L. : Les Anglais savent jouer avec ce qu'ils ont, que ce soit au XIXᵉ siècle ou en 1917.

G.T. : En 1917, ils ont joué un cheval qui courait déjà. Lawrence est venu structurer la Révolte arabe en espérant ainsi l'orienter vers les intérêts britanniques. Et c'est bien ainsi que les choses se sont passées, dans la mesure où les Anglais avaient la suprématie militaire au Levant, les Français étant plus occupés à défendre leurs frontières.

J.L. : Lawrence travaillait depuis longtemps déjà dans les bureaux du Caire, où son opération fut soigneusement préméditée...

G.T. : Ce qui était prémédité, c'était de tenter de faire quelque chose sur le terrain pour s'opposer aux forces ottomanes. Au Cairo Office, on avait conscience de l'état d'esprit « révolutionnaire » qui commençait à s'exprimer dans le monde arabe. Mais je ne pense pas que Lawrence et les siens aient pour autant enrôlé le chérif Hussein et ses partisans dans la Révolte arabe.

En fait, les Anglais avaient surtout travaillé du côté du Koweit. D'après les correspondances qui sont maintenant connues, Ibn Séoud aurait reçu, à la frontière koweitienne, quelques avances assorties de modestes versements des Anglais, mais sans engagement aucun. Il semblait surtout préoccupé par l'unification du Hedjaz et du Nejd. Les Anglais avaient repéré ainsi un certain nombre de petits chefs de tribus à qui ils envoyaient, de temps à autre, un officier qui les aidait à entretenir les querelles tribales que l'on connaît. Il leur arrivait même de subventionner tour à tour des clans adverses.

J.L. : Mais ce qu'on peut dire d'Ibn Séoud s'applique-t-il également aux Hachémites, au grand chérif Hussein et à son fils Faysal ?

G.K. : C'est différent, car les Hachémites relevaient de l'Empire ottoman et jouissaient d'une reconnaissance qu'Ibn Séoud, lui, cherchait à gagner. Le chérif Hussein et toute la famille hachémite étaient souvent à Istanbul. Gardiens des lieux saints de La Mecque, ils étaient reconnus comme tels par la Sublime Porte.

G.T. : Faysal parlait davantage le turc que l'arabe, et aussi le français que l'on parlait beaucoup à Istanbul. D'ailleurs nombreux sont ceux qui, ayant étudié l'ancien turc pour lire les archives d'Istanbul, furent déçus quand ils ont découvert que dépêches et rapports diplomatiques étaient rédigés en français !

J.L. : Au centre de ce formidable nœud d'intrigues, il y a deux sentiments profonds, national et religieux. De ce mélange passablement explosif, les Anglais sauront se servir. Mais le peuple arabe, lui, a-t-il vécu, en acteur, les grandes marches de 1917 et 1918 ?

G.T. : Le peuple était prêt à la révolte, enflammé par la littérature déjà évoquée. N'oublions pas que des journaux paraissaient à La Mecque et à Médine, dès le début du XIXᵉ siècle, tel *Oum El Qoura*, qui prêchaient la libération et surtout l'unité.

Quels que soient les plans élaborés par le Cairo Office ou les officines du ministère de la Guerre français, leur mode de pensée n'était pas le nôtre, celui des Arabes. Nous étions des romantiques, des révoltés en quête de la liberté pour laquelle, en 1915, au Liban et en Syrie, quarante martyrs furent pendus, dont une majorité d'écrivains et de journalistes. On ne manipule pas des gens prêts à aller jusqu'à la potence. Nous étions des poètes de la liberté, et c'est peut-être pour cela que nous avons échoué. Ainsi, quand nous sommes devenus indépendants, nous ne savions pas quoi faire de l'indépendance ou plutôt comment gouverner sans reproduire les vices de l'administration mandataire.

J.L. : En tout cas, la majorité des patriotes arabes parlent, à propos de 1917-1918, de Révolte arabe sans aucun ricanement ?

G.T. : Certes non. C'était une marque de bravoure et d'honneur que nous nous soyons soulevés contre l'Empire turc, que les Arabes soient devenus en 1916 les alliés des Alliés, mais aussi qu'ils aient refusé plus tard d'être dominés par ces mêmes Alliés.

J.L. : Et cette fierté n'est en rien affaiblie par les références aux exemples français, italien, et anglais ?

G.T. : Il n'y a pas de mouvement de libération qui n'ait recherché une inspiration étrangère ou accepté, sans pour autant trahir, un appui de l'étranger. Les Grecs révoltés contre l'Empire ottoman avaient attendu très longtemps un tel appui qui les avait incités à la révolte. Bien que les Français soient venus en traînant les pieds et que les Anglais n'aient été représentés que par Byron, quand il fallut donner le coup de grâce à l'occupant, en 1831 et 1836, une flotte anglaise et française se tint près des côtes grecques.

G.K. : On peut prendre aussi l'exemple de l'indépendance italienne et du soutien que lui a apporté Napoléon III.

G.T. : Certes. En ce qui concerne la Révolte arabe, on peut dire qu'il y avait le romantisme arabe face au réalisme des Alliés, qui avaient bien perçu l'existence d'un ferment révolutionnaire et compris que l'on pouvait l'utiliser comme arme.

G.K. : Détail qui a son importance : les Anglais, militairement forts sur le terrain, ont été en première ligne avec Lawrence qui a pu mener cette révolte à sa guise. Les Français n'ont pas réussi à imposer le capitaine Massignon qui souhaitait collaborer avec Lawrence et qui était bien plus compétent que lui en matière de culture et de civilisation arabes ; Lawrence l'a soigneusement écarté pour agir seul. L'un et l'autre avaient acquis avant la guerre une expérience personnelle et forte de l'Orient, Massignon au cours d'un voyage en Mésopotamie en 1907-1908, d'où date l'expérience mystique de sa vie, reliée à El Hallaj, et Lawrence en Syrie du Nord, pendant l'été 1911, où il est venu photographier les châteaux des Croisés pour illustrer sa thèse d'archéologie, période au cours de laquelle il s'était familiarisé avec le mode de vie et les valeurs arabes, comme en témoigne son journal de 1911.

La mission de soutenir l'émir Faysal et la révolte avait été donnée par les deux ministères : le Foreign Office et le ministère des Affaires étrangères français. Massignon avait été promu capitaine pour pouvoir être l'émule de Lawrence. Mais, dans la mesure où les forces militaires anglaises étaient considérables, comparées au petit « détachement français de Palestine et de Syrie », qui représentait six à huit mille hommes face aux dizaines de milliers de soldats anglais, Lawrence était en position de force. Alors pourquoi s'encombrer d'un Français, fût-il Massignon ! Et surtout Massignon !

J.L. : Et les Arabes, concernés au premier chef, comment ont-ils perçu cette rivalité ?

G.K. : Je pense que les récriminations des Arabes à l'égard des Anglais sont aussi fondées qu'à l'égard des Français. Les Alliés sont perçus comme coresponsables de ces accords. Mais, après la bataille de Mayssaloun livrée par Gouraud contre Faysal le 24 juillet 1920, les Arabes et les Anglais – qui faisaient là une diversion par rapport à leur politique en Palestine – ont voulu faire jouer à la France le mauvais rôle : celui de la grande puissance qui a failli aux promesses des accords Sykes-Picot après avoir promis l'unité et l'indépendance arabes. Une fois encore, la réalité est plus complexe : Clemenceau avait donné sa chance à Faysal qui, faute de savoir affronter ses partisans extrémistes à Damas, n'a pas pu la saisir.

G.T. : Très tôt apparaissent des signes visibles de la trahison anglaise à la cause arabe : dans les lettres échangées entre McMahon et Hussein, la promesse de l'empire arabe est brutalement remise en cause par la révélation soudaine, en 1917, de la déclaration de lord Balfour qui, lui, promettait un « foyer national juif » en Palestine !

Entre 1913 – donc avant la guerre – et 1915, le chérif Hussein de La Mecque, sommé par la Sublime Porte de mener le *jihad* contre les puissances occidentales, avait pris, par l'entremise de son fils Abdallah, et avec l'appui des sociétés secrètes, des contacts avec les représentants britanniques en Égypte. Et c'est au Caire, début 1914, que l'émir Abdallah rencontrait lord Kitchener et sir Ronald Storrs afin de savoir ce que ferait l'Angleterre dans le cas où les Ottomans décidaient de déposer son père si ce dernier n'appelait pas à la guerre sainte.

G.K. : Et c'est en septembre 1914, la guerre ayant commencé en Europe, que Storrs, avec l'accord de Londres, entame une correspondance avec Abdallah. Il s'agissait avant tout de savoir si les Arabes seraient avec ou contre les Anglais. Mandaté par son père, Abdallah avait demandé une promesse écrite à la Grande-Bretagne l'engageant à s'abstenir de toute intervention en Arabie et lui assurant en échange une garantie contre toute agression « extérieure », ottomane en particulier.

Si Henry McMahon adressa bien une lettre au chérif Hussein le 24 octobre 1915 – lettre qui sera suivie par d'autres en novembre 1915 et en janvier 1916 –, aucune promesse territoriale précise n'y était faite, en raison de la nécessité – avait fait valoir le Britannique – de consulter les Français, notamment au sujet du Mont-Liban, de la Syrie et de la Palestine. Il était indiqué aussi qu'il serait plus aisé de traiter ces questions territoriales quand la situation militaire serait moins critique.

G.T. : Quand l'opinion arabe eut vent de l'échange de lettres entre McMahon et Hussein, promettant qu'en contrepartie de la Révolte arabe les Alliés favoriseraient la création d'un empire arabe, on découvrit que Londres avait déjà promis aux Juifs de les installer dans ce même empire ! Ô la trahison ! On n'a pas crié à une trahison française à l'époque, parce qu'elle ne s'est produite que plus tard, à Mayssaloun, la première bataille contre les Arabes, qui détruisit sinon leur rêve d'empire, du moins un royaume déjà proclamé.

G.K. : Les Anglais ont été plus habiles : il n'y a pas eu de Mayssaloun anglais, il y a eu des combats en 1936 en Palestine, mais les Anglais tiraient autant sur les Juifs que sur les Arabes. La vraie trahison anglaise s'est manifestée quand ils ont fait le vide en mai 1947, après le vote du partage et la fin du mandat, sachant très bien que c'étaient les sionistes qui allaient prendre en main la Palestine !

J.L. : Rappelons que les accords Sykes-Picot étaient des textes secrets destinés à établir le partage d'influence entre l'Angleterre et la France, au Moyen-Orient : ce qui aboutira, après les décisions de la Conférence de la paix, à la mise sous tutelle anglaise de la Palestine et de l'Irak, et française de la Syrie et du Liban. L'ère des « mandats » commence.

G.K. : Les accords Sykes-Picot n'ont pas été aussi secrets que cela. D'abord parce que les Russes les ont dévoilés après la révolution bolchevique, ce qui permit, par exemple, au Turc Djemal Pacha de les brandir pour faire pression sur les Arabes, en leur démontrant que les Alliés les avaient trahis. À l'époque, Lawrence a prétendu n'en avoir pas été informé, ce qui n'est pas exact. Son dernier grand biographe, Jeremy Wilson, a démontré que Lawrence les connaissait et avait informé l'émir Faysal de leur existence dès l'hiver 1917...

En quoi consistaient ces accords, fruits de pourparlers franco-anglais, après ceux intervenus entre Français et Russes, et qui tiennent compte des promesses faites par les Anglais au chérif Hussein ? Il s'agissait de créer un État arabe indépendant dans la zone d'influence française (zone A) prévue dans l'accord et dans la zone d'influence anglaise (zone B), sous réserve que chaque puissance désigne les conseillers qu'elle souhaitait dans sa zone. L'Angleterre prévoyait pour elle une zone d'influence, la zone rouge, et la France l'équivalent, la zone bleue. Elle avait obtenu du chérif Hussein une liberté d'action – le choix d'une administration directe – dans la zone rouge, c'est-à-dire dans les provinces de Bagdad et de Bassorah. Londres avait indiqué au chérif qu'il devait en être de même pour les Français dans la zone bleue, correspondant aux régions côtières de la province de Beyrouth, au Mont-Liban et à une partie de la province d'Alep. Pour la Palestine et Jérusalem enfin, et en raison, d'une part, du protectorat des lieux saints et, d'autre part, du rôle spirituel de Jérusalem pour les trois religions monothéistes impliquant plusieurs pays, principalement la Russie et la France, les accords stipulent que « dans la zone brune sera établie une administration internationale dont la forme devra être décidée après consultation de la Russie et ensuite d'accord avec les autres Alliés et les représentants du chérif de La Mecque ». Il est à noter que cette zone brune correspondra à la Palestine sous mandat anglais, avec la création du foyer national juif.

G.T. : Ces accords s'inscrivaient donc dans les plans manigancés par les officines politiques et les états-major avant, durant et après la guerre. Cet esprit est celui, naturel, de la stratégie occidentale. Nous, Arabes, ne l'avions pas. Je ne sais si nous l'acquerrons un jour ! Nous nous engageons dans la révolution sans vraie préparation, comme nous entrons en poésie, en nous disant : nous aviserons après !

61

J.L. : Napoléon qui disait « S'engager d'abord, réfléchir ensuite ! » n'était pourtant pas arabe... Mais venons-en à la Déclaration Balfour, du 2 novembre 1917, qui promet aux sionistes un foyer national juif en Palestine. Peut-être jugerez-vous que je fais de la « provocation », mais en quoi ce foyer national juif est-il contradictoire avec un empire arabe ?

G.T. : En ce que nous pressentions, que nous savions, même avec des idées simples, que cela allait faire boule de neige et nous créer des problèmes majeurs. Quand la Déclaration Balfour a été connue après la guerre, il y avait des Arabes, dans les couloirs de la Conférence de la paix, qui étaient prêts à signer avec Chaïm Weizmann, et qui ont effectivement signé. Dans l'esprit des signataires arabes, les sionistes allaient installer un foyer national juif, mais il n'était pas question que ce soit un État, ni que l'immigration juive prenne l'ampleur qu'elle a eue dès les premières années de l'après-guerre, puis avec le mandat britannique. Pourtant, nous le savons aujourd'hui, dans l'esprit sioniste ce *devait* être un État ; les sionistes avaient écrit, disserté et proclamé que ce serait un État. Pendant longtemps, on a continué à se quereller sur le nombre d'immigrés juifs qu'on autoriserait. Il y eut par la suite trois crises successives à propos du nombre à autoriser, la dernière lors de l'annonce du plan Bevan en 1946. Mais, rappelons que, si certains étaient prêts à accepter l'existence d'un foyer national juif, c'était dans le cadre d'une Palestine unie, à prédominance arabe.

G.K. : On peut se demander qui pouvait être informé, à l'époque, des vraies intentions des Alliés ? Nous savons depuis quelques années seulement, grâce à l'ouverture des archives françaises, que lord Curzon au Foreign Office et Philippe Berthelot, secrétaire général au Quai d'Orsay,

parlaient déjà d'un État juif dès février 1920, en faisant ...
projections numériques sur l'évolution de la population
juive.

G.T.: Les projections numériques, nous ne les avons
jamais connues.

J.L.: Donc la question sioniste se pose à partir de 1921.

G.T.: Plutôt dès 1919. Preuve en est une brochure publiée
à cette date à Genève par Negib Moussali. D'autres Libanais
furent les premiers à signaler le danger que pouvait représenter le sionisme pour le nationalisme arabe et l'homogé-
néité de notre société. Le Libanais qui fut le plus explicite, et
qui sonne le signal d'alarme avant même les Palestiniens, est
cheikh Youssef El-Khazen. Dans son petit livre publié en
1922 à Paris, intitulé *L'État juif en Palestine. Opinion d'un
indigène,* il parlait déjà du péril que représentait l'établissement de cet État, non seulement pour les Arabes, mais aussi
pour la paix dans toute la région.

J.L.: Le mot d'État n'est-il pas prématuré? Ne parlait-on
pas plutôt d'un foyer autonome?

G.T.: L'expression « foyer national » *(national home),* qui
est utilisée dans la Déclaration de lord Balfour, avait dans le
contexte de l'époque une connotation de « nation-État ».
C'est ainsi qu'elle a été perçue par les nationalistes arabes,
dès après Versailles. Et donc, en contradiction totale avec les
projets d'indépendance nationale encouragés par les Alliés.

G.K.: Il faut préciser que ce texte d'El-Khazen est écrit en
français, et qu'il est de trois ans postérieur au dialogue entre
Chaïm Weizmann et l'émir Faysal Ibn Hussein. Dans les

années vingt, il y a déjà des musulmans et des chrétiens à Jérusalem qui font des pétitions, des *mazbata*, qu'ils remettent au consulat de France avec encore l'espoir que la France, dans la tradition de la protection des Lieux saints, soit le mandataire en Palestine. Mais la Commission King-Crane, envoyée par le président Wilson pour faire une enquête sur les souhaits des populations des Provinces arabes de l'Empire ottoman — c'était un moyen de mettre en pratique le droit des peuples à disposer d'eux-mêmes —, a montré que celles-ci, à l'exception du Mont-Liban, ne voulaient pas de la France. En raison de l'éclipse politique de Wilson, il ne reste de cette commission d'enquête que son rapport, une recherche socio-politique qui n'a pas eu d'effet ! L'essentiel de ses conclusions peut se résumer ainsi : la majorité des populations des provinces arabes de l'Empire se prononçaient pour un État unitaire et contre un mandat français ou anglais, se disant en faveur d'un mandat américain s'il fallait en accepter un. Les populations du Mont-Liban souhaitaient transformer l'autonomie qu'elles avaient sous l'Empire ottoman en indépendance et réclamaient l'agrandissement de leur territoire.

J.L. : Y a-t-il des textes de Faysal qui nous éclairent sur cette période ou un accord entre Faysal et Weizmann ?

G.K. : Faysal et Weizmann se sont rencontrés à Londres en janvier 1919 sous l'égide du colonel Lawrence et des responsables du Foreign Office. Faysal a accepté de signer un accord avec Weizmann, mais il a ajouté de sa main, en arabe, une clause suspensive : « À condition que les sionistes appuient l'indépendance arabe et que celle-ci ait bien lieu. »

J.L. : Est-ce qu'on sait si Weizmann a répondu à cette condition ? s'il a fait une promesse à ce moment-là ?

G.K. : Ce que l'on sait, c'est qu'il a accepté la clause manuscrite de Faysal. Mais on peut imaginer que chacun ait pensé dans son for intérieur qu'il tournerait l'accord à son avantage !

J.L. : C'est un type de clause avec des sous-entendus de part et d'autre, du genre : « nous les grignoterons ! »

G.T. : Comment comprendre la position de Faysal ? On peut faire l'hypothèse que Faysal acceptait une telle promesse faite aux Juifs, tout comme certains dirigeants du mouvement nationaliste arabe déclaraient au nom de Faysal qu'ils seraient d'accord pour que les chrétiens, s'ils le désirent, aient une autonomie au Mont-Liban. On peut se demander s'il n'y a pas là une espèce de surenchère. On nous reproche d'avoir tendance à rendre le mouvement sioniste responsable de tous nos maux, mais l'émergence d'un foyer national juif, où le religieux coïncidait avec le national, n'avait-elle pas provoqué l'irruption des thèses en faveur d'un foyer national chrétien ? Et n'avait-elle pas créé une réaction, une antithèse qui allait conduire, au-delà du foyer national, vers un État arabe à coloration islamique, où musulmans et chrétiens coexisteraient à l'ombre d'une prédominance islamique ? Et selon la même logique, l'islamisme ne provoque-t-il pas lui aussi un fondamentalisme, une sorte de nationalisme chrétien, « antithèse » du nationalisme israélien ? Un enchevêtrement bien de l'époque !

J.L. : Ce sont donc les démarches juives et chrétiennes qui auraient ainsi créé dialectiquement la fusion arabo-islamique ?

G.T. : Dialectiquement, il y a une réaction islamique à l'affirmation juive, qui provoque également la revendication de foyer national chrétien.

J.L. : Ne peut-on pas citer des exemples de colonies ou communautés juives qui ont été bien accueillies en Palestine à la fin du XIXe siècle ?

G.T. : Elles ont été bien accueillies tant que les Palestiniens n'étaient pas chassés de leur terre. Dans certains cas, l'Agence juive allait jusqu'à acheter des terres arabes à des propriétaires non résidents. Quand elles s'implantaient en créant une ferme modèle, le danger politique n'était pas apparent. Et c'est pour cela que Faysal avait pensé qu'il pouvait s'accommoder d'un foyer national juif, lequel Faysal d'ailleurs amalgamait lui-même arabité et islam.

G.K. : Le discours de Faysal à Alep en novembre 1918 me paraît pourtant clair en matière de profession de foi arabe. Ne déclarait-il pas : « Je réitère ce que j'ai déjà dit dans plusieurs déclarations : que les Arabes étaient arabes avant Moïse, Jésus et Mohammed, que les religions nous obligent sur terre à suivre les principes du droit et de la fraternité, mais celui qui vise à introduire le désaccord entre le musulman, le juif et le chrétien n'est pas arabe. »

G.T. : Mais ce qui alors était plus important, c'était la non-application des promesses contenues dans les accords Sykes-Picot et surtout la bataille de Mayssaloun. C'est cela qui a brisé l'élan arabe...

G.K. : Avec le recul de l'histoire et la consultation des documents d'archives, on peut nuancer ce jugement. Les promesses n'ont pas été tenues par les grandes puissances, non seulement par ajustement de leurs intérêts après la guerre, mais aussi parce que les Arabes n'ont pas su saisir leurs chances et que ce fut peut-être le début des occasions manquées. Si les conditions d'application après-guerre des accords Sykes-Picot n'étaient plus celles qui avaient présidé à leur élaboration durant la guerre, il y a cependant bien eu une vraie tentative de la part de Clemenceau d'harmoniser les accords et la correspondance McMahon-Hussein. Faysal a sa part de responsabilité dans l'échec qui a suivi l'accord provisoire. Pour comprendre cela, il faut revenir à ses négociations avec Clemenceau. Lawrence avait très vite saisi – dès l'automne 1918 après l'entrée des troupes arabes et alliées à Damas – que les promesses faites aux Arabes pour les pousser dans leur révolte contre les Turcs n'allaient pas être aisées à tenir. En novembre 1918, il sera même prié de regagner l'Angleterre et d'attendre de nouvelles instructions et ne réinterviendra que pour appuyer l'émir Faysal dans ses négociations avec les Français. Il écrit une belle et curieuse lettre à Clemenceau en avril 1919, dans laquelle il se permettra de lui donner des conseils pour traiter avec Faysal. Clemenceau avait confié la première de ses négociations avec Faysal à Robert de Caix, lequel estimait l'émir trop manipulé par les Anglais pour s'entendre avec les Français. La négociation d'avril 1919 n'a d'ailleurs abouti qu'à un échange courtois de lettres entre Clemenceau et l'émir Faysal.

Massignon, à la demande de Philippe Berthelot, principal artisan de la politique de Clemenceau au Levant, fut le deuxième négociateur français face à Faysal et à Fouad al-Khatib en novembre et décembre 1919.

L'accord Faysal-Clemenceau du 6 janvier 1920 harmonisait au mieux, compte tenu de la situation, les aspirations des deux mouvements de libération : le mouvement d'indépendance et d'unité arabe et le mouvement en faveur de l'indépendance du Liban, auquel la France était attachée. Faysal, lâché par les Anglais, accepte que le royaume arabe de Damas n'aille pas du Taurus à l'Arabie, comme le souhaitait le chérif Hussein et comme l'avaient demandé les nationalistes arabes à la Conférence de la paix. Le Royaume arabe n'en comprend pas moins, en revanche, les quatre villes de Damas, Homs, Hama et Alep, citées dans la correspondance McMahon-Hussein. L'acceptation par Clemenceau de l'indépendance et de la souveraineté de la Syrie arabe était ainsi une reconnaissance du premier nationalisme arabe. En contrepartie, Clemenceau fait accepter à Faysal le principe du mandat français, lui expliquant qu'il lui était impossible – bien qu'il fût lui-même anti-colonial – de ne pas tenir compte dans sa politique orientale des intérêts de la France au Levant et des courants commerciaux. Plus que l'acceptation du mandat, il lui fait reconnaître dans l'article 4 de cet accord, non pas l'autonomie du Mont-Liban, mais l'indépendance et la souveraineté du Liban, dont les frontières non définies dans cet accord provisoire devaient être fixées dans le cadre d'un accord définitif.

J.L. : Pourquoi cet accord est-il resté lettre morte ?

G.K. : Quand Clemenceau quitte la vie publique, sa politique est d'autant moins suivie que Faysal, de retour à Damas, ne parvient ni à dire qu'il a signé cet accord provisoire ni *a fortiori* à appliquer la politique qu'il avait dessinée avec Clemenceau. Il n'a pas pu faire face aux éléments les plus extrémistes de son entourage – à des nationalistes, tel que Chahbandar, par exemple. Côté français, Robert de Caix, secrétaire du haut-commissaire français au Levant et membre éminent du parti colonial français, combat quant à lui la politique d'harmonisation si difficilement obtenue par Clemenceau et réussit au bout de six mois, entre janvier et juillet 1920, à en renverser les termes. Au lieu de s'appuyer sur un pouvoir majoritaire, il valorise les minorités dans le cadre d'une politique d'« autonomies administratives fondées sur les communautés religieuses ». Ce faisant, il rompt avec la traditionnelle politique de la France dans l'Empire ottoman qui s'appuyait sur la majorité sunnite : reconnaissant la souveraineté de l'Empire ottoman, la France pouvait soutenir les minorités. De Caix invente et impose ce que j'appellerai « la petite politique française » en Orient. Grâce à Berthelot et à Massignon, Clemenceau avait refondé cette politique majoritaire en appuyant la majorité sunnite arabe, représentée par l'émir Faysal, tout en défendant les chrétiens du Liban, clientèle traditionnelle de la France et en obtenant pour eux la reconnaissance de l'indépendance et de la souveraineté du Liban, selon les souhaits des nationalistes du Mont-Liban formulés du temps de la *moutassarifiya* ou gouvernorat autonome de cette province ottomane au XIXᵉ siècle.

C'est cette « petite politique française », anti-unitaire, qui aboutit à la bataille de Mayssaloun où les forces du général Gouraud brisent celles de Faysal…

On peut regretter aujourd'hui encore que Faysal n'ait pas appliqué l'accord signé – que le général Gouraud a respecté pendant les trois mois qui ont suivi sa signature comme Clemenceau le lui avait recommandé –, et on peut déplorer plus encore le recours des Français à la violence pour régler les questions d'Orient.

G.T. : À Mayssaloun, les forces françaises ont vaincu le mouvement national arabe. Événement symbolique : d'alliée contre l'Ottoman dans le combat pour la libération, la France devient ainsi le nouvel oppresseur !

J.L. : C'est ce que Louis Massignon clamait avec beaucoup d'indignation.

G.K. : Massignon souffrait de voir que la France n'était pas capable de tenir la « parole donnée », alors que Clemenceau avait été sur le point de le faire.

LES QUESTIONS PÉTROLIÈRES :
LES ACCORDS LONG-BÉRANGER

J.L. : Tenez-vous à la fois les accords Sykes-Picot et la Déclaration Balfour pour les causes du « rêve fracassé », selon le titre d'un livre de Benoist-Méchin, *Lawrence d'Arabie ou le rêve fracassé* ?

G.T. : Oui. L'Occident était et pouvait continuer à être considéré, jusqu'à la bataille de Mayssaloun, comme le partenaire du rêve national arabe, et non comme son sacrificateur. Le mandat selon Clemenceau, tel qu'il apparaît dans les travaux de Gérard D. Khoury, pouvait n'être qu'une étape provisoire pour conduire les peuples de la région à l'indépendance réelle. Il y a des Arabes, tant en Irak qu'en Syrie ou au Liban, qui ont accepté le mandat comme un compromis avec la puissance coloniale, se disant qu'ils n'étaient pas assez mûrs pour bâtir seuls un État indépendant.

G.K. : Il s'agissait quand même d'une tutelle, mais elle se présentait comme momentanée…

G.T. : Oui, une tutelle administrative. On devait construire des structures nouvelles, car, du fait des lois ottomanes, les structures dont nous avions hérité étaient tout à fait caduques.

J.L. : Du fait qu'elles étaient figées ?

G.T. : On ne trouvait d'administration bien structurée avec des assises politiques valables qu'en Égypte, où les réformes européennes avaient été intégrées par Mohammed Ali. En

Syrie et au Liban, il n'y avait aucune structure, ou infra-structure politico-administrative moderne.

J.L. : En Irak non plus.

G.K. : L'Irak, c'était encore la Mésopotamie.

G.T. : Et la Mésopotamie, c'était le désert.

G.K. : Il est utile de préciser qu'avant l'armistice de Moudros du 31 octobre 1918, intervenu entre les Alliés et les Ottomans, l'Empire était constitué de simples provinces : il y avait la province de Bagdad, la province de Bassora, la province de Damas, d'Alep, etc. Aucun des pays actuels du Moyen-Orient n'existait alors, ni l'Irak, ni la Syrie, ni la Jordanie. Il n'y avait de structures politiques étatiques qu'en Égypte.

Les mandats étaient précisément supposés aider à établir des structures administratives et politiques. Les partis y ont été calqués sur les partis français ou les partis anglais, et il en a été de même des administrations et de la magistrature. Au Levant, à la chute de l'Empire ottoman, il n'y avait que des mouvements intellectuels et des projets d'indépendance et d'unité. La philosophie de la Nahda, de la renaissance arabe, c'était le renvoi des Ottomans et l'établissement d'une unité et d'une indépendance nationale arabe, avec certaines idées de réformes et de progrès. Comment allait-on gouverner cette nation ? Cela restait à établir. Aurait-on recours aux idées de la Révolution française, aux valeurs de la République ? La question ne s'était pas posée en ces termes. Il y avait les structures héritées de l'Empire ottoman, à détruire et à remplacer. Le mandat pouvait apparaître comme légitime, parce qu'il pouvait permettre d'établir de nouvelles structures administratives et politiques.

Le renoncement de la France à la politique de coopération avec Faysal a fait tomber les masques et montré la difficulté à harmoniser les intérêts français et arabes. Une autre chance en 1936 s'est présentée avec le Front populaire, qui voyait avec une certaine bienveillance le mouvement indépendantiste du fait de certains conseillers de Léon Blum, tel que le grand historien Charles-André Julien. Le Front populaire avait mené des négociations en vue de la reconnaissance des indépendances syrienne et libanaise. Mais les traités signés par les socialistes français avec Beyrouth et Damas n'ont jamais été ratifiés par la Chambre.

G.T. : Je note ici que pour signer le traité franco-libanais, les deux partis libanais qui s'opposaient – suivant une tradition démocratique déjà ancienne – se sont donné la main. Le parti constitutionnel, c'est-à-dire anti-mandataire, et le parti libanais national, celui d'Émile Eddé qui était favorable au mandat. Un gouvernement de réconciliation et d'unité nationale s'était formé pour signer ce traité qui mettait un terme au mandat sans forcer la France à plier bagage.

J.L. : Comment ne pas faire ici le parallèle entre les mandats du Moyen-Orient et les protectorats d'Afrique du Nord, en Tunisie et au Maroc, qui étaient – Lyautey l'a écrit très clairement – « transitoires ». Il s'agissait d'une préparation à l'indépendance, ce qui ne se vérifia pas sur le terrain...

G.T. : Ceux qui ont prétendu apporter la même clarté au Liban, n'ont pas duré. Chose curieuse, ils étaient accusés d'être francs-maçons. Ainsi le général Sarrailh, envoyé par le Cartel de gauche, était accusé d'être franc-maçon parce qu'il voulait abolir la traditionnelle « messe consulaire » et qu'il avait refusé d'aller se présenter au patriarche maronite à Bkerké !

J.L. : On peut donc dire que le monde arabe se nourrit intellectuellement, spirituellement, politiquement de la révolte de 1917-1918 pendant dix, quinze, vingt ans? Il s'agit bien là d'une référence?

G.T. : Oui, pour les Syriens jusqu'en 1945, jusqu'à la fin de l'occupation militaire de Damas, dont le dernier acte fut le bombardement français de la capitale syrienne. La chute de Faysal, point final de la Révolte arabe, est demeurée vivante dans l'imagerie populaire, dans la mythologie politique des Syriens et des Arabes d'une manière générale. La cause indépendantiste avait acquis un caractère révolutionnaire propre. On attendait la revanche de Mayssaloun. Les Libanais étaient un cas à part, vu la division qu'avait provoquée la question du ralliement du Liban au royaume de Syrie proclamé par Faysal.

J.L. : On peut admettre que c'est l'échec de la Révolte arabe qui a animé depuis lors le sentiment national. Sentiment d'enthousiasme pour la révolte, accompagné de colère et de rejet à l'égard de la France?

G.T. : Et de l'Angleterre aussi, en Irak surtout! Mais la France s'est – hélas! – placée dans le droit fil de l'héritage de l'Empire ottoman. Contrairement aux Français qui ont dû assumer les inconvénients des accords de puissance (accords Sykes-Picot), les Anglais ont joué beaucoup plus souplement. Et cela d'autant plus qu'ils connaissaient les ressources pétrolières de Mossoul. Il n'était pas question de les laisser entre les mains d'un roi de Syrie qui allait tôt ou tard s'aligner sur Clemenceau avec lequel il avait déjà signé un traité. Le divorce s'est produit en trois étapes: dans un premier temps, les Anglais et les Français sont nos alliés contre l'impérialisme turc; dans un deuxième temps, ces Alliés deviennent les représentants du nouveau colonialisme, héritant de la haine que nous avions vouée aux Turcs; le troisième temps se situe bien plus tard, à la fin de la guerre de 1939-1945, lorsque le divorce intervient entre les Alliés, l'Angleterre encourageant les Syriens et les Libanais à se libérer d'une France qui s'accrochait au mandat...

Précisons que les révoltes contre les Anglais en Irak et en Palestine ont commencé plus tôt que contre les Français en Syrie et au Liban. En Palestine, 1929 et 1936 sont des dates qui marquent la lutte arabe contre le mandat anglais. En Irak, cette lutte n'a pas attendu la guerre de 1939. Une première tentative de coup d'État fut déclenchée contre le mandat britannique: le traité anglo-irakien qui s'ensuivit, en 1931, n'a pas porté ses fruits. En pleine guerre (avril 1941), Rachid Ali al-Gaylani, porté au pouvoir à la suite d'une mini-révolte, offre des « facilités » aux avions du IIIe Reich contre les Anglais. Ainsi, trois mouvements anti-anglais se succédèrent en Irak, avant que les soulèvements anti-français ne se déclenchent en Syrie et au Liban.

G.K.: Il ne faut pas oublier la révolte druze de 1925-1926, largement soutenue par les nationalistes syriens anti-mandataires, et les manifestations anti-françaises de Tripoli au début des années 30.

G.T.: Cela n'a pas le même caractère que ce qui se passait en Palestine. Les conflits entre sionistes et Palestiniens ont rejailli sur la puissance mandataire anglaise. La révolte arabe de Palestine, quoique provoquée par l'installation sioniste, se dirigeait contre le pouvoir anglais.

J.L.: Comment expliquer cette « antipathie » pour les Anglais qui avaient rendu de si grands services à la cause arabe en 1917, avec Lawrence au centre de l'affaire? Et pourquoi les Français, coupables de la « trahison » de Mayssaloun, sont-ils apparemment mieux traités par le nationalisme arabe?

G.T. : Parce que les Français sont innocents de la Déclaration Balfour. Dès la première révolte palestinienne, surtout dans les années 30, la solidarité arabe commence à se cristalliser autour du sort des Palestiniens et de Jérusalem. La magie de Jérusalem était déjà une réalité. Elle n'a pas été créée par Yasser Arafat!

J.L. : Examinons donc l'autre élément du « rêve fracassé », la Déclaration Balfour. Il faut en revenir à ce qu'était la réalité juive dans cette région, au lendemain de la Première Guerre mondiale.

G.T. : Il y avait beaucoup de Juifs à la cour du sultan d'Istanbul, nous en avons déjà parlé. Face au groupe qui négociait – moyennant finances – un éventuel « foyer national », il y avait un autre courant, celui des Juifs membres des sociétés secrètes arabes, les Juifs arabes (tel Élias Sassoun, à l'époque ami de Riad el-Solh, mais devenu après la création de l'État hébreu ministre de l'Intérieur) qui œuvraient pour une libération des Arabes et qui pensaient pouvoir trouver un rôle dans un empire arabe où ils espéraient accéder à un meilleur statut que sous les Ottomans, et à une meilleure existence que dans un éventuel foyer juif. Peut-être trichaient-ils, ou peut-être étaient-ils simplement là pour s'informer et pour essayer d'orienter les choses? On ne le saura jamais!

J.L. : Peut-être ces Juifs étaient-ils surtout sensibles au droit, attentifs à faire valoir la justice?

G.T. : Oui, mais le fait demeure que parmi les courants juifs déjà analysés, il y avait des Juifs arabes qui ne voulaient quitter leur « pays d'accueil » que pour s'installer en Terre promise.

J.L. : On ne pouvait imaginer une enclave nationale juive dans un vaste État ou empire arabe ? Cela apparaissait-il, dès le début du siècle, comme quelque chose de pervers ?

G.T. : Non, pas pervers. Nous retrouvons cette idée glorifiée et idéalisée dans l'attitude de l'O.L.P., qui demandait une Palestine multinationale, une Palestine des trois communautés, musulmane, chrétienne, juive ! L'O.L.P. a maintenu ce principe dans sa constitution jusqu'aux accords de paix reconnaissant l'État d'Israël.

J.L. : Un certain nombre de Palestiniens comme Edward W. Said ne sont-ils pas enclins à revenir à cette idée ?

G.K. : Ce fut pendant longtemps l'idéologie du Fath. Edward W. Said défend l'idée d'un État binational dont il est le grand théoricien, aboutissement de ce courant d'idées.

J.L. : En Israël même, c'est une idée qui n'est pas abandonnée par tous. Mais peu précisent quelle forme prendrait cette « bi-nationalité »…

G.T. : C'est que certains Israéliens sont conscients de la politique suicidaire de l'État hébreu qui s'érige en citadelle dans cette mer arabe et musulmane ; ils craignent que cette marée arabe et musulmane atteigne un jour le niveau de civilisation et d'armement d'Israël, hérité de l'effort européen et nourri par l'énorme aide américaine. Sans une paix solidement implantée, Israël ne peut survivre face à son environnement, sinon par des artifices précaires, et un équilibre international des plus aléatoires.

D'où le choix entre un Israël intégralement juif, imposé et protégé par l'Amérique face à un environnement hostile, et un Israël inter-communautaire où la paix régionale assure la protection d'une paix interne. La guerre perpétuelle est pour Israël un suicide certain.

G.K. : L'État binational a fait l'objet de l'opposition véhémente des sionistes extrémistes, tels que Jabotinski ou les membres de l'Irgoun ou du groupe Stern, et cela dès l'entre-deux guerres.

J.L. : Alors que la Haganah, intimement liée à la base du parti socialiste de Ben Gourion et Sharrett, combattait parfois à coups de canon l'Irgoun de Begin. C'est l'Irgoun, essentiellement, qui a fait l'opération de Deir Yassine et a pratiqué le terrorisme...

G.T. : Oui, davantage l'Irgoun que la Haganah ; mais tout cela demeure très brumeux. La Haganah a quand même entrepris la marche sur Jérusalem. L'Irgoun et le Stern semaient l'épouvante pour provoquer, comme à Deir Yassine, une « émigration » d'Arabes, les réfugiés de la diaspora d'aujourd'hui.

J.L. : Vous paraissez moins convaincu que moi de la divergence entre ces deux courants, ces deux stratégies...

G.T. : Il y a un débat aujourd'hui, avec l'émergence des nouveaux historiens israéliens. On peut réexaminer l'histoire grâce aux archives disponibles et mettre les faits à plat : est-ce qu'on a légitimé et assimilé à l'armée israélienne régulière, donc à l'État hébreu, les deux brigades qui avaient « nettoyé » les villages arabes, Deir Yassine et les deux ou trois autres totalement effacés de la carte ? Les a-t-on attribués à la Haganah par mesure punitive ou pour les récompenser ? Certains disent que c'était une mesure punitive, qu'ils devenaient trop indisciplinés et qu'on les a intégrés pour les empêcher de poursuivre leur entreprise de « purification ethnique »...

J.L. : Pour Ben Gourion ce serait plutôt la seconde réponse qui serait la bonne. Il voulait tout prendre en main par prudence. Il a fait quand même tirer sur un bateau armé par l'Irgoun qui apportait des armes, à une époque où les accords passés avec les Anglais interdisaient ce type d'importation !

G.T. : Il a fait bombarder aussi un bateau qui transportait des immigrés pour faire incriminer les Anglais !

Ce que craignait Ben Gourion, la levantinisation, c'est un peu ce que Khadafi a proposé lors du dernier Sommet arabe à Amman en 2001 ! Offrir à Israël de devenir membre de la Ligue arabe contre trois concessions :

1. que Jérusalem devienne capitale des deux États de Palestine et d'Israël ;

2. que l'on donne aux Palestiniens les territoires qui leur reviennent d'après les accords de Charm el-Cheikh ;

3. que l'on instaure une unité économique avec Israël, et que l'on bénéficie de sa technologie.

Il l'a dit avec le plus grand sérieux. Il est curieux que ce soient toujours des gens du Maghreb qui viennent avec des propositions saugrenues comme celle-ci ou comme celle de Bourguiba qui voulait signer la paix en pleine guerre !

J.L. : Avec le recul de l'Histoire, considérez-vous que l'échec de la Révolte arabe et la déclaration de Balfour sont des pivots essentiels de l'histoire du Moyen-Orient dans la première partie du siècle ?

G.T. : Absolument. Balfour et Mayssaloun sont les deux grandes déceptions arabes contemporaines. Je continue à penser que 1948, la création de l'État d'Israël, et les « promenades militaires » arabes qui ont suivi étaient une sorte d'examen de passage pour les gouvernements arabes indépendantistes : ils avaient obtenu l'indépendance en 1943-1945, les uns autant que les autres, les Libanais, les Syriens, après les Égyptiens, mais ils ont échoué dans l'exercice de cette indépendance, comme États souverains capables d'affronter les réalités de la guerre et de la paix.

J.L. : Les Égyptiens avaient quand même une plus longue expérience, depuis 1936...

G.T. : Je parle de l'indépendance égyptienne effective, celle qui marqua le renversement du gouvernement imposé par les Anglais au roi Farouk en 1942. L'indépendance de 1936 demeurait fictive, du fait de la présence de l'armée britannique en Égypte.

J.L. : La diplomatie est l'art de combiner les situations fictives...

G.T. : Peut-être. Mais les Arabes négociaient toujours cartes sur table, en toute bonne foi, en se réclamant des grands principes de droit, souvent de droit divin... Alors, quand les événements se sont précipités en 1948, ils n'étaient pas à même de comprendre ce qui se passait, et ils ont piteusement échoué. Le second examen de passage a été la guerre contre Israël...

Les mandats anglais et français
et leurs conséquences

J.L. : Les États arabes disposaient alors pourtant de personnages de qualité comme Riad el-Solh, Jamil Mardam bey... Cependant, il est une donnée qui est bien absente de notre entretien et qu'il nous faut maintenant évoquer : l'irruption du pétrole dans la région au début du XXᵉ siècle.

G.K. : Il est vrai qu'il y a concomitance entre la Révolte arabe et la conscience que prennent les grandes puissances de leurs intérêts concernant le pétrole de Mossoul.

G.T. : Pendant qu'on se battait sur terre, il y avait ceux qui découvraient ce qu'il y avait sous terre. Comme il se devait, les Anglais les premiers, puis les Anglo-Américains, ont repéré non seulement les gisements de pétrole, mais aussi leur importance stratégique et leur signification politique.

J.L. : Cette prise de conscience est-elle antérieure aux accords Sykes-Picot de 1917 ?

G.T. : C'est le sous-entendu de Sykes-Picot. Il n'y a pas un mot sur le pétrole dans ce texte franco-britannique, mais les dessins des frontières allaient faire place à l'insertion à terme de l'Amérique dans le Moyen-Orient. L'Amérique n'a commencé à s'intéresser au Moyen-Orient que lorsqu'elle a proposé de développer le pétrole déjà découvert en Arabie Séoudite !

G.K. : Les premiers à avoir compris l'importance du pétrole moyen-oriental, ce sont les Européens, Allemands, Anglais et Français. La première phase de cette recherche a trait au pétrole de Mossoul. Elle est due à la Turkish Petroleum Company, où opère Calouxte Gulbenkian qu'on appelait « Monsieur 5 % », montant de sa commission pour avoir servi d'intermédiaire entre Ottomans et Allemands. Le partage entre Anglais et Français – les vainqueurs de la guerre – des parts allemandes et turques – les vaincus – et le tracé des oléoducs à travers les territoires sous influence anglaise et française firent l'objet d'âpres tractations entre Clemenceau et Lloyd George, aboutissant à la signature des accords Long-Béranger le même jour que l'attribution des « mandats » à la Grande-Bretagne et à la France. La Turkish Petroleum Company devint ainsi l'Irak Petroleum Company (ou IPC). Sans oublier évidemment les tractations pétrolières parallèles aux confins du monde arabe et la formule des consortiums pétroliers irano-franco-britanniques.

G.T. : Il me semblait pourtant qu'à l'époque de la guerre de 14-18 le pétrole n'avait été encore qu'un enjeu marginal.

G.K. : Bien au contraire, c'était, à mon avis, l'enjeu caché des règlements de paix et de la formation des États. Rien n'a été possible tant que les grandes puissances ne se sont pas entendues sur la répartition de leur part dans le pétrole et sur le tracé des oléoducs. La région de Mossoul se trouvant dans la zone d'influence française, c'est Clemenceau qui, dès le 1ᵉʳ décembre 1918, à l'ambassade de France à Londres, rétrocède à Lloyd George la « région géographique de Mossoul » en contrepartie de l'intéressement français dans la Turkish Petroleum Company, assurant ainsi, contrairement à ce que l'on a répété à tort, l'approvisionnement pétrolier de la France jusqu'à la Deuxième Guerre mondiale.

Il n'y a eu de règlement des questions d'Orient que quand les accords Long-Béranger sur le pétrole ont été finalisés. L'Amérique n'était que très peu concernée par ces accords et par le tracé des oléoducs, tracé à propos duquel Clemenceau s'était « empoigné » avec Lloyd George au cours des séances du Conseil des quatre au printemps 1919 ! Lloyd George et ses généraux voulaient faire aboutir deux pipe-lines à Haïfa et Clemenceau s'est battu pour que l'un arrive à Tripoli, dans la zone du mandat français, tandis que l'autre desservait Haïfa.

J.L. : Nous voyons donc surgir la question pétrolière dans sa dimension stratégique mondiale au cœur même de la fournaise moyen-orientale, ce concentré prodigieux de données nouvelles : la correspondance McMahon- Hussein, la Révolte arabe, les accords Sykes-Picot, l'« Aliya » sioniste et la Déclaration Balfour ! La « pétrolisation » de la politique moyen-orientale s'opère au moment même où cette politique semble concentrer déjà toutes les tragédies imaginables...

G.T. : Elle commence avec la Première Guerre mondiale, s'amplifie pendant la Seconde, est scellée par l'entente Roosevelt-Séoud qui prépare le rôle pétrolier majeur, celui issu du contrôle américain des gisements les plus importants du monde.

Les Américains sont les maîtres du pittoresque ! Tandis que Churchill faisait Yalta, c'est-à-dire l'opération Sykes-Picot revue, corrigée et élargie, Roosevelt presque mourant se donnait la peine de rencontrer sur un bateau un bédouin qui s'appelait Ibn Séoud, qu'on a autorisé à amener ses moutons à bord parce qu'il ne mangeait que de l'agneau que seuls ses hommes pouvaient égorger. Que cela ait follement amusé Roosevelt ou non, toujours est-il que c'est là que s'est conclue l'alliance qui produira, cinquante ans après, en 1991, l'opération Desert Storm ou « Tempête du Désert » !

J.L. : En attendant mieux...

G.K. : Il y a deux phases : celle de la Première Guerre mondiale, puis celle de la revanche des Américains – qui n'avaient pas eu leur part dans les accords Long-Béranger de 1918 – avec l'entente Roosevelt-Ibn Séoud.

J.L. : Pourrions-nous, pour fixer les idées, citer les États reconnus sinon formés par les Anglais et les Français au lendemain de la fin de la guerre ?

G.K. : En partant de la Méditerranée, on trouve pour les pays sous mandat français : l'État du Grand Liban formé le 1er septembre 1920, et, à la place du Royaume arabe de Damas, l'État de Damas, le Gouvernorat d'Alep, le Territoire des Alaouites et, un peu plus tard, l'État du Djebel druze ; pour les pays sous mandat anglais : le Royaume d'Irak et la Palestine, puis, par la suite, l'émirat de Transjordanie. Le royaume du Hedjaz du chérif Hussein va tomber en 1925, ouvrant la voie à la réunion du Nejd et du Hedjaz sous l'égide d'Ibn Séoud : c'est, avec l'émergence de l'Arabie Séoudite, l'entrée en scène des Américains.

G.T. : L'arrivée triomphale des Américains est symbolisée par la rencontre Roosevelt-Séoud. On apprend, en lisant la correspondance du plus grand des agents anglais de l'époque, St John Philby, qu'Ibn Séoud, devenu roi, se laissait courtiser par les Anglais car, en bon bédouin, il s'achetait ainsi une sorte d'assurance « tous risques politiques ».

L'influence américaine se manifeste aussi par l'intervention de sa diplomatie au Liban, précisément en 1943, à l'époque où se joue l'indépendance libanaise contre un mandat français qui venait à expirer. Les Américains envoient pour la première fois un consul général qui a une « qualité diplomatique » exceptionnelle. Ce consul acquiert rapidement une grande visibilité politique, quoique les acteurs principaux, les Anglais et les Français, aient joui d'une présence militaire que l'Amérique n'avait pas dans la région. Lors des manifestations contre les Français, le consul d'Amérique, sans pour autant s'opposer à la France, assumait le rôle de protecteur des manifestants, particulièrement des étudiants de l'Université américaine. C'était la première fois que la Maison Blanche donnait à un consul une mission politique aussi délicate, consignée dans une missive du président. Il était aussi chargé d'établir des relations diplomatiques puisque sa mission consistait à entretenir des relations politiques au-delà du statut consulaire. Le texte des simili-lettres de créance déclare, d'ailleurs, le Liban indépendant alors qu'il ne l'était pas encore !

J.L. : Nous voyons là, au-delà de la stratégie pétrolière, le début d'une implication politique majeure de l'Amérique qui supplantera, après la désastreuse expédition de Suez de 1956, les deux puissances européennes.

G.T. : En même temps que s'affirme l'influence américaine au Moyen-Orient, l'importance du pétrole se fait prédominante, quoique « silencieuse » encore. Très tôt après l'indépendance du Liban, on commence à parler d'un nouveau pipe-line, américain celui-là, qui permettrait d'acheminer le pétrole d'Arabie Séoudite jusqu'à la côte méditerranéenne, au Liban.

J.L. : Doublant celui de Tripoli ?

G.T. : Oui, à Zahrani, près de Tyr. Le pipe-line de Tripoli est l'exutoire du pétrole irakien, celui de l'IPC, établi après la Première Guerre mondiale. L'approvisionnement de Tripoli et Haïfa en pétrole irakien est stratégiquement indispensable aux Français et aux Anglais, tandis que la Deuxième Guerre mondiale conduit à la mise en place de la « carte stratégique » américaine : une raffinerie à Zahrani (Tyr) où débouche le pipe-line transportant le pétrole d'Arabie Séoudite.

Quand les Américains ont débarqué pour construire cet oléoduc, par une compagnie qui devait s'appeler *Tapline* (Trans-arabian pipe-line company), de grands remous ont secoué la presse, l'opinion en général, mais surtout les milieux politiques. Puis, très vite ensuite, une nouvelle clientèle politique libanaise est née : les « pro-américains ». Jusque-là les seuls pro-américains étaient les « protestants ».

J.L. : Ceux de l'A.U.B, l'Université américaine de Beyrouth ?

G.T. : Oui. Mais les nouveaux groupes d'intérêts ont choisi leurs amis et clients dans des milieux plus politisés, donc plus intéressants, comme par exemple Habib Abi Chahla, ou d'autres qui n'étaient pas le produit de l'A.U.B. et parlaient à peine l'anglais.

G.K. : Les hommes de l'A.U.B. sont des protestants, des *quakers* « inintéressants » : ils ne savent pas « vendre »... Les pionniers de l'américanisation ont préféré miser sur des avocats d'affaires, des gens influents dans les cercles du pouvoir après l'indépendance.

G.T. : Ils ont flirté avec Riad el-Solh, Gabriel Murr, avec des hommes d'affaires, des hommes de droite, mais non nécessairement anglo-saxons. C'est plus tard que tout le monde s'est mis à apprendre l'américain !

J.L. : Constituant un vrai lobby américain ?

G.T. : Un lobby américain, oui, dans la mesure où l'on voulait faire avancer à la Chambre des députés la concession de la Tapline et de sa raffinerie. Ce lobby devait promouvoir l'image d'une Amérique qui apportait des avantages économiques aussi énormes qu'inattendus.

J.L. : Y eut-il des heurts à cette époque entre Anglais et Américains à propos de la question pétrolière ?

G.T. : Non, mais il y a des phrases assez méchantes du général Spears à propos du consul d'Amérique. Spears n'appréciait pas beaucoup le fait que le consul d'Amérique, aussi peu ambassadeur que lui – Spears n'était que délégué militaire –, obtienne si vite une dimension qui non seulement le mettait en concurrence directe, mais le dotait du « levier » d'un poids militaire. Certains allaient jusqu'à dire, riant sous cape, que les Américains s'apprêtaient à jouer le même sale tour aux Anglais que les Anglais aux Français lorsqu'ils encourageaient les indépendantistes opposés au mandat français. Lors de l'explosion de la crise de novembre 1943, les Anglais avaient imposé militairement à la France de libérer le président de la République et son gouvernement détenus à Rachaya, de reconnaître leur légitimité et la légitimité des actes constitutionnels votés par la Chambre des députés, enfin de renvoyer le gouvernement provisoire instauré par le haut-commissaire ainsi que le haut-commissaire lui-même. Mais tout cela est une longue histoire qui mérite d'être traitée comme une question en soi.

G.K. : Ce même genre de manœuvre de substitution s'est aussi opéré à propos du mouvement sioniste. Dès 1942, en effet, les sionistes ont commencé à se détourner des Anglais et à s'adresser de préférence aux Américains, par exemple lors de la fameuse conférence de l'hôtel Biltmore, en 1942, à New York.

G.T. : Cependant, il demeurait encore chez les Arabes cette illusion que les premiers à avoir reconnu Israël, après le vote de l'ONU, n'étaient quand même pas les Américains, mais les Russes!

J. L. : À quelques minutes près... Nous avons parlé de la « pétrolisation », de la pénétration du pétrole, de l'« odeur de pétrole » qui imprègne dès lors la région. Comment se manifeste-t-elle dans le comportement des dirigeants politiques arabes? Comment les pétroliers ont-ils agi sur eux?

G. T. : Le pétrole a succédé à deux matières premières, sinon majeures, du moins symboliques : les épices et la soie. Elles avaient caractérisé les Échelles du Levant sans être économiquement déterminantes pour le sort du Moyen-Orient. C'est après bien des découvertes et des innovations, que vint le pétrole!

G. K. : On peut dire que le sort du Moyen-Orient a été « sur-dramatisé » au XXe siècle par la découverte du pétrole. Double arrêt du destin pour les Arabes :
– La richesse que le pétrole représente pour les économies occidentales fait du Moyen-Orient une chasse gardée des Occidentaux – chasse qui implique bien des manœuvres pour en partager le contrôle et déposséder les Arabes de tout pouvoir de décision, dussent-ils en toucher de substantielles royalties...
– La présence et la puissance de l'État d'Israël, en imposant des efforts militaires constants, ruine les économies et les énergies humaines arabes...
Alors que la Révolte arabe a abouti au constat d'un échec cuisant, la Déclaration Balfour et la stratégie du foyer national juif réussissent au-delà de toutes les espérances.

G. T. : Le pétrole a, en effet, corrompu tout le « système » issu de la Révolte arabe et toutes les révolutions ultérieures.

Tel chef politique ou tel général auteur de coup d'État recevait un chèque des pétroliers américains, et il rentrait dans le rang ! Quant à la question d'Israël, ses conséquences dépassent toutes celles du pétrole ! Les Arabes, humiliés et frustrés, se trouvent pris entre le marteau de la compromission et l'enclume de la perversion !

G.K. : Le constat est sévère mais certainement fondé. N'est-ce pas la compromission et la perversion d'un côté, l'humiliation de l'autre ? Les Arabes sont passés, dans le siècle du rêve, de la reconstitution d'un empire et d'une nouvelle légitimité – ce sont les défenseurs de l'unité arabe de Faysal à Nasser – à la politique de préservation des ressources et des intérêts pétroliers, leviers de tous les pouvoirs, mais aussi de toutes les compromissions, qui enterrent tous les projets d'arabité et de laïcité, et favorisent l'affirmation de nouveaux courants islamiques.

(Entretien du 6 avril 2001, Paris)

3.

Le Moyen-Orient entre 1948 et 1958

LA CRÉATION DE L'ÉTAT D'ISRAËL EN 1948

Gérard Khoury: À l'issue de la Deuxième Guerre mondiale, un certain nombre de pays accèdent à l'indépendance et on assiste à la création de l'État d'Israël en 1948. Quels sont les différents facteurs qui ont permis à l'État d'Israël de se consolider, de trouver sa légalité internationale?

Ghassan Tuéni: J'étais présent en novembre 1947 au débat de l'Assemblée générale de l'ONU qui a abouti, ce jour-là, au vote du partage de la Palestine. C'est alors que m'est apparu le décalage culturel, la disparité entre l'approche des délégations arabes et celle, autrement plus pragmatique, je dirais même scientifique, des représentants de l'Agence juive et des délégations occidentales, soviétique comprise. Un sentiment de grande tristesse a envahi les jeunes et les quelques moins jeunes que moi qui, tout en défendant le point de vue arabe, aux côtés d'une vague délégation palestinienne, ou dans le cadre des délégations arabes, s'apercevaient que nous ne parlions pas le même langage, que les orateurs arabes ne semblaient traiter des questions posées à et par l'ONU qu'en des termes désuets marqués par une sorte de nomadisme attardé. Des idées générales et des formules simplistes et surannées, telles que « le monde n'acceptera jamais que les droits légitimes soient violés », etc.

J'observais, en tant qu'étudiant à Harvard, nos délégués et nos dirigeants représenter l'esprit et les aspirations de notre Renaissance, la Nahda : leurs propos me semblaient déjà éculés, dépassés. Ce fut le premier test d'une diplomatie à laquelle nous venions d'accéder. Une sorte d'examen de passage. Il ne fallait pas beaucoup d'intelligence pour pressentir dès avant le vote, et bien avant la création de l'État d'Israël, que nous allions échouer.

Alors la question que je pose est celle-ci : la Nahda avait-elle insuffisamment préparé les États arabes souverains à l'exercice d'une liberté chèrement acquise ? Nous étions libres, mais libres de quoi faire ? Libres d'agir, mais comment ? La succession de l'Empire ottoman contre lequel nos dirigeants s'étaient rebellés et qu'ils avaient, avec leurs alliés d'Occident, aidé à abattre, nous semblait une bien lourde charge. Nous évoquions, en guise d'alibi, une « responsabilité de l'Histoire », comme pour nous en décharger. D'autant plus que le mouvement sioniste avait lui aussi, autant que le nationalisme arabe, émergé de la chute de ce même empire.

Jean Lacouture : Avant tout, je voudrais rappeler qu'au-delà de ces décalages historiques de méthodes, il y a une différence de points de vue absolument radicale entre nous Européens et vous Orientaux : pour les Européens, à ce moment-là, le sionisme c'est le bien, le nécessaire correctif de la Shoah, alors que pour l'Orient, le sionisme c'est le mal, l'invasion du sanctuaire. Pour l'Europe de la deuxième partie des années 40 et des années qui suivent, l'*aliya* des Juifs vers la Terre sainte est un miracle. On estime alors que ces martyrs ont tous les droits. Au lendemain de la guerre, le projet sioniste, si contesté auparavant et par tant de Juifs, est très populaire en Occident. Plus que populaire, il est sacralisé, c'est-à-dire que tout ce qui l'entrave est considéré comme condamnable, même par les antisémites qui se disent enchantés de voir les Juifs s'éloigner de l'Europe. Les Anglais, en freinant le mouvement, se rendent très impopulaires : quand Ernest Bevin met des entraves à telle ou telle vague de départs, il est dénoncé par la presse française... On sait d'autre part qu'à cette époque-là Staline considère qu'il est bon pour l'URSS d'implanter un prolétariat juif au Moyen-Orient, pour préparer la victoire du prolétariat judéo-arabe sur les émirs pétroliers, agents des Anglo-Saxons...

G.T. : C'est là une contribution essentielle au tableau de 1948 : le rôle de l'URSS aujourd'hui oublié !

G.K. : On peut ajouter à cela l'idéologie sioniste qui est une idéologie du travail dans les kibboutzim, avec la part de socialisme que cela comporte ; cet aspect séduisait les socialistes européens, des gens comme Sartre, Clara Malraux ou d'autres intellectuels de gauche. Les Soviétiques pensaient l'utiliser comme élément de pénétration, pour constituer dans le monde arabe une classe qui combattrait les impérialistes.

J.L. : Une classe ouvrière militante, émanant de la résistance au nazisme...

G.K. : Une classe ouvrière, c'est un premier point. Mais il y a surtout la Shoah dont l'Europe prend conscience, alors que, durant la guerre, seule une minorité était informée de cette tragédie. En 1948, se manifeste une mauvaise conscience et le sentiment d'une dette immense à l'égard des Juifs. Pour beaucoup d'Européens, favoriser le sionisme est une manière de faire face à la dette.

J.L. : Qu'il est plus facile de faire payer par les autres !

G.T. : La perception qu'avait l'Europe du conflit judéo-arabe se résumait en cette phrase : « Une terre sans peuple pour un peuple sans terre. »

G.K. : Ce slogan, qui remonte au début du XXᵉ siècle, a tenu lieu d'argument historique en 1948.

G.T. : Il était à l'origine de la promesse de Balfour ! On va vous donner la Palestine, une terre sans peuple, pour que votre peuple sans terre y établisse son foyer national juif.

Ces doubles promesses allaient être lourdes de conséquences. Tous les éléments de la crise sont arrivés à maturation en 1948. Or, de 1917 à 1948, la question palestinienne avait évolué. Plus l'implantation juive suivait son cours, plus les immigrants arrivaient, plus couvait et se manifestait la révolte palestinienne, fût-elle mineure par rapport à ce que nous vivons aujourd'hui ; il y avait des morts, des grèves, des affrontements armés avec la puissance anglaise mandataire, embourbée dans ses promesses contradictoires. Mais, en l'absence d'une prise de conscience des autres peuples arabes et islamiques, la question semblait, pour ainsi dire, soluble.

G.K. : Les Arabes n'ont pas cru réellement à la constitution d'Israël pas plus que certains des membres de l'administration du mandat français non plus. Robert de Caix, par exemple, secrétaire général du Haut-Commissariat, doutait de la possibilité et de la viabilité de ce projet. La plupart des gens, en Syrie et au Liban, étaient persuadés que ce projet avait très peu de chances d'aboutir.

J.L. : Robert de Caix n'était pas le seul « bon spécialiste » à croire que les Arabes n'allaient pas en permettre la réalisation, ou bien encore que les Juifs ne s'acharneraient pas sur cette terre sablonneuse infestée de moustiques...

G.K. : Les deux suppositions sont compatibles. Mais je crois que la deuxième correspond davantage à la position française.

J.L. : L'idée était alors courante que les Juifs n'étaient pas faits pour devenir des colons, des défricheurs militaires, et auraient trop de difficultés d'acclimatation...

G.T. : La prise de conscience générale s'opère avec la création d'Israël. En mai 1948 sonne l'heure de vérité. Six mois plus tôt, en novembre 1947, le vote des Nations unies avait ouvert la voie au partage de la Palestine en deux États. Les Anglais avaient dit aux Arabes : « Vous n'y croyez pas ? Vous ne voulez pas vous entendre avec les Juifs ? Nous nous en allons, débrouillez-vous avec eux... ». Les Israéliens se sont battus et ont créé leur État.

De vos conversations avec Ben Gourion, Golda Meir, Shimon Pérès ou d'autres Israéliens, avez-vous retiré l'idée qu'en créant Israël, les dirigeants juifs croyaient que leur État allait être admis par les Arabes ? Ou bien bâtissaient-ils une citadelle, avec la perspective d'une longue guerre contre leurs voisins ?

J.L. : Les dirigeants d'Israël ont découvert très vite que leur État ne naîtrait qu'au prix d'un conflit militaire. D'où la création par Ben Gourion de la Haganah, opération considérable, où ils ont investi beaucoup de leur énergie, de leur intelligence, des moyens de toute nature mis à leur disposition par l'Est comme par l'Ouest.

Mais beaucoup (l'Irgoun surtout) ont cru que la question palestinienne serait résolue en Jordanie du fait d'un dépla-

93

cement de population sur le modèle de ceux que beaucoup d'entre eux avaient eux-mêmes vécu en Europe. Je crois qu'ils pensaient qu'avec de brèves opérations de terreur comme celle de Deir Yassine, ils arriveraient à faire le vide sur un territoire adéquat et qu'il y aurait seulement des conflits périphériques et spasmodiques. Ils savaient qu'ils auraient à se battre, qu'il y aurait des batailles, mais pensaient qu'assez vite les Arabes se résigneraient à ce que la Palestine s'appelle Jordanie.

Quand on discutait avec Golda Meir, elle vous disait qu'il n'y avait plus de Palestine, que la Palestine c'était eux, les Juifs, que les Palestiniens iraient peupler la Jordanie, une belle terre plus prospère que la leur. Je crois que pour beaucoup d'Israéliens la solution, pour ce peuple qui vivait de Jérusalem à Saint-Jean d'Acre et dont on s'empressait de ne pas parler, serait un simple déplacement de population de deux ou trois cent mille personnes, poussées vers le Nord et vers l'Est.

Mais ce qu'il faut ajouter à cela, c'est que le reste du monde ne « voit » pas les Palestiniens, c'est-à-dire que pour des observateurs européens, comme moi à l'époque (qui vivais au Maroc dans un état d'esprit assez sympathique aux Arabes), la question porte sur les relations d'Israël avec ses voisins, les États arabes, mais guère avec les Palestiniens. On s'apitoie un peu, on se demande si « les Palestiniens, ça existe toujours ? ».

La formule de Golda Meir que je citais exprimait brutalement quelque chose qui était sourdement à l'intérieur de beaucoup de consciences, européennes ou américaines. Sinon de celles du reste du monde. L'évaporation du peuple palestinien a semblé acquise jusqu'en 1967. Car c'est alors qu'en remportant une victoire trop écrasante et en n'évacuant pas les territoires conquis, Israël a mis au jour, on pourrait presque dire a créé, la « question palestinienne ».

À cette époque, qui sont les Palestiniens, pour nous les Européens ? En premier lieu, le grand Mufti, leur chef traditionnel. Or, pour les Occidentaux, il est d'abord celui qu'Hitler a reçu à Berlin. Il est donc disqualifié et de plus, en faisant cela, a peu ou prou disqualifié les siens – bien qu'Abdel-Kader el-Husseini, en combattant bravement à Jérusalem, ait sauvé l'honneur du groupe. Qui le sait, hors les spécialistes ? Et qui va exprimer ensuite le point de vue palestinien ? Ahmed Choukairi, dès qu'il a un micro devant la bouche, dit qu'il faut jeter les Juifs à la mer ! Quelle cause ne serait déconsidérée par un tel homme ! J'ai dit à mon amie Raymonda Tawil, lors d'une émission de télévision, à quel point sa cause avait été affectée par ce Choukairi. Ainsi, si on récapitule, on constate que pendant près de vingt ans après 1948, la cause palestinienne se résume pour les Israéliens à un déplacement de population plus ou moins provoqué ; pour les Occidentaux, c'est un sujet dont on ne parle pas ou, si on en parle, c'est avec le détestable Choukairi ; et pour les Arabes, elle est certes un remords, dont l'évocation est un thème pour les réunions de la Ligue arabe, animée par son Secrétaire général, Azzam Pacha. Je l'ai pour ma part rencontré deux ou trois fois. Je ne crois pas qu'il m'ait parlé une seule fois des Palestiniens, qui faisaient peur et honte à tout le monde.

Quand j'étais au Caire entre 1953 et 1956, j'ai fait deux choses qui ont surpris mes collègues égyptiens. J'ai demandé une interview au grand Mufti qui vivait encore dans la banlieue du Caire et qui m'a reçu aimablement, sans rien me dire d'ailleurs de bien intéressant ; et je suis allé à Gaza, visiter les camps de réfugiés palestiniens. Dans les deux cas mes collègues égyptiens étaient très surpris, ne comprenaient pas ce que j'allais faire avec « ce vieux fou de grand Mufti », ni que j'aille voir les réfugiés palestiniens à Gaza qui « n'intéressent personne, eux qui sont protégés par l'ONU, et dotés par elle d'écoles ». Je ne sais pas comment les Palestiniens étaient vus à Beyrouth ou à Damas, mais en Égypte, en tout cas, la question palestinienne paraissait évacuée. Le consensus pour oublier les Palestiniens et la Palestine semblait à peu près général.

À mon sens, il y a bien eu trois « oublis » : oubli « stratégique » par les Israéliens ; oubli européen par incompétence ou lâcheté ; oubli arabe fait de honte et d'idéologie « panarabe » : les Palestiniens sont un simple appendice du peuple arabe...

G.T. : Ce qu'il faut ajouter, c'est que si on se débarrasse des « Palestiniens », c'est parce qu'on ne veut voir en eux que des « Arabes de Palestine », puisqu'on ne reconnaît pas l'existence d'une nation palestinienne, d'un peuple spécifiquement palestinien. Donc, qu'ils aillent ailleurs dans le monde arabe où la terre ne manque pas. C'est ce que sous-entend d'ailleurs Golda Meir en affirmant : « Les Palestiniens, ça n'existe pas ! »

Alors on expédie les Palestiniens au Liban, en Syrie, en Jordanie surtout, certains dans le Golfe, et un tout petit nombre en Égypte, sans parler, au Sinaï, de Bédouins supposés d'origine palestinienne.

S'agissant des Israéliens, Deir Yassine n'était pas un massacre limité à deux ou trois villages rayés de la carte et oubliés, c'était le début d'opérations systématiques, une stratégie. À quelle échelle cette politique avait-elle été décidée ? Sharon faisait-il partie de l'état-major qui décida de cette politique ? N'était-il qu'un jeune officier obéissant à un instinct personnel ? Le fait est qu'une stratégie était mise en place qui tendait à une exclusion des Palestiniens vers les pays arabes avoisinants. Du coté palestinien, tout le monde partait avec la clé, pensant revenir quinze jours plus tard. Les Israéliens ont découvert que le vide n'existait pas en Palestine, alors ils l'ont créé ! En forçant le peuple de cette terre à aller s'installer ailleurs, dans des terres qu'il pouvait bien faire siennes, puisqu'elles sont arabes.

Il s'agissait bien d'une politique : les émigrations forcées furent le fruit d'une stratégie. Nous nous posions la question de savoir si c'était la Haganah ou l'Irgoun qui avait opéré à Deir Yassine. Si c'était la Haganah, ceci prouve bien que c'était une politique d'État.

G.K. : Les « nouveaux historiens » israéliens comme Benny Morris, Illan Pappé ou Avi Schlaim ont montré très clairement comment le pouvoir israélien a procédé pour vider les territoires.

J.L. : Il y a eu quelque chose comme une « épuration ethnique », sur le modèle de la politique américaine dans l'Ouest.

G.K. : Cela étant, il faut bien relever les graves carences des Arabes, constater que leur politique n'était pas à la hauteur de la tragédie !

G.T. : Une phrase toute simple décrit cette attitude : les Arabes ne savaient pas quoi faire. Ils se sont trouvés en présence de réalités nouvelles et inattendues, et ils ne sont parvenus ni à conceptualiser ni à créer des moyens de réplique. C'est pour cela que les « pauvres Palestiniens » (comme on le disait !) étaient abandonnés sur place, à leur sort. D'où cette période de flottement où ils ont stagné, jusqu'au moment où la diaspora palestinienne a pris conscience de son abandon et a fini par se révolter. Une « diaspora en révolte », telle devenait de plus en plus la réalité souvent ignorée des camps palestiniens, surtout au Liban.

J.L. : Cette résignation dont vous venez de parler ne serait-elle pas due au fait que non seulement les Nations unies, mais aussi les deux superpuissances s'étaient prononcées en faveur de la création de l'État d'Israël? On a rarement vu une course à l'adoption d'une résolution aussi intense qu'entre les États-Unis et l'Union soviétique se disputant pour savoir qui le premier avait reconnu l'État hébreu! On peut imaginer en effet la stupeur des Arabes!

G.T.: Le mot de résignation est le terme juste, mais le plus important est celui de « stupeur ».

G.K.: Les dirigeants arabes sont saisis par quelque chose qui les dépasse...

G.T.: Ils étaient occupés à prendre en main des pays qu'ils ne savaient pas gouverner et ils le faisaient par la corruption, le népotisme, le laisser-aller, tous les vices d'administration qui ont été tant de fois énumérés depuis en guise de réquisitoire par les états-majors militaires quand ils se sont révoltés. Des révoltes qui n'ont d'ailleurs pas abouti à une galvanisation du monde arabe, à l'éruption d'une réelle révolution. D'où la question: la Nahda n'était-elle qu'un mouvement d'intellectuels de certains pays, les plus concernés, et qui échoua à l'épreuve du pouvoir?

G.K.: Le camp arabe était divisé de l'intérieur. Il faudra analyser un jour les racines de cette division interne de l'homme arabe, due notamment à ses structures familiales et religieuses.

G.T.: Divisé, désorienté, incapable de comprendre, de saisir l'importance de cette problématique: pourquoi les Arabes ont-ils aggravé par leur façon d'être la division qu'on leur a imposée? Quelle était la problématique, quel était l'enjeu? Tandis que les Égyptiens et les Syriens étaient hantés par leurs problèmes de frontières avec Israël, ceux qui étaient les plus concernés – les Jordaniens – menaient leur jeu à part, avec en filigrane le rôle aussi imprécis que mystérieux du général Glub Pacha qui s'accommodait de sa double loyauté à la couronne hachémite et à Sa Majesté britannique. Sans oublier les rencontres secrètes de Golda Meir et Ben Gourion avec Abdallah, promu roi, avec une demi-capitale, Jérusalem-Est, en guise de prix de consolation.

G.K. : Plus que jamais on s'aperçoit que les Israéliens sont des Occidentaux, des gens qui sont formés à la même école que les dirigeants européens, qui ont le même langage… Alors que les régimes arabes récemment indépendants ont certes des élites politiques influencées par l'Occident, mais qui n'en partagent pas les codes. Ces gens parlent encore le langage de l'Empire ottoman, celui des communautés, un langage émanant d'autres structures familiales et politiques que celles du monde occidental.

G.T. : Il faut ajouter qu'ils se battaient encore autant pour la consolidation de leurs États que pour l'accession des uns et des autres au pouvoir. C'étaient des luttes intestines dans chaque pays. Malgré tous les discours, la question de la Palestine n'était pas vraiment prioritaire. De plus, nul ne pensait pouvoir contribuer efficacement à sa solution.

J.L. : Mais quand ils entrent en guerre contre Israël, ils semblent quand même prendre les choses au sérieux – fût-ce à l'encontre de leurs intérêts. La négociation mystérieuse entre Golda Meir et le roi Abdallah est dépassée…

G.T. : Attention aux dates. Les États arabes entrent en guerre le 15 mai 1948, à la proclamation de l'État d'Israël. Tout le monde pénètre en Palestine pour la libérer et battre les Israéliens. Après les défaites, ils signent des armistices et se donnent ainsi un temps de réflexion. Mais par quoi ce temps de réflexion est-il rempli ? Par le vide et la poursuite des querelles intestines et inter-arabes. Le fruit de ce « temps de réflexion » mène à des guerres larvées et souvent à des chocs de société. Les armistices sont un test pour l'unité arabe. Cette unité déguisée en Ligue arabe s'écroule sous le poids de la rhétorique d'Azzam Pacha. La Ligue bientôt se décompose. Les Irakiens ne signent pas les armistices, la Syrie signe sans signer. Le roi Abdallah mène sa barque avec un royaume élargi. La Cisjordanie, les terres à l'ouest du Jourdain sont jointes à la Transjordanie, donc avec des problèmes insolubles. Une situation ambivalente à laquelle il fait face avec une politique ambiguë qu'il paiera bientôt de sa vie.

J.L. : Le Liban, lui, a signé carrément, comme l'Égypte.

G.T. : Le Liban signe, mais en disant qu'il n'a pas signé... J'ai révélé les négociations entre le Liban et Israël dans le *Nahar* (février 1948) : « Comment pouvez-vous dire que vous n'avez pas signé ? », avais-je écrit, reproduisant la photo des officiers libanais avec des officiers israéliens, publiée dans un bulletin de l'ONU qui annonçait la signature. Je fus poursuivi en vue d'être traduit devant le tribunal militaire. Ce qui m'eût valu d'aller en prison si je n'avais pris soin de disparaître plusieurs semaines en attendant l'annonce officielle. En définitive, il n'y eut plus alors de procès, juste un vague interrogatoire pour la forme, suivi d'un non-lieu et d'une « mise en liberté ».

J.L. : Les Arabes n'ont-ils pas pensé que s'ils signaient l'armistice, c'était en vue de signer la paix ?

G.T. : C'était en attendant de « régler le sort de la Palestine ». Il faut relire le texte de la convention. L'armistice doit continuer « jusqu'au règlement définitif de la question palestinienne ». Il ne peut donc évidemment être ni violé ni amendé, moins encore annulé sinon par une résolution du Conseil de sécurité. C'est une méthode arabe imparable : on signe un papier, annonçant le sort définitif de la Palestine, puis on classe le dossier et on ne règle plus rien ! Mais, pendant que le dossier était politiquement « classé », des forces agissaient sur le terrain, des forces révolutionnaires de part et d'autre. Les Arabes se posaient ces questions : Quoi faire ? Où aller ? L'histoire suivait son cours, conduite par l'activisme israélien d'un côté et ballotée de l'autre par le discours révolutionnaire des Palestiniens... Si Israël avait consolidé son petit État avec une demi-Jérusalem, signant une paix définitive avec Abdallah et un *modus vivendi* avec Farouk, les réfugiés palestiniens auraient été plus ou moins absorbés, ou ils auraient émigré ailleurs avec l'aide de l'UNRWA (United Nations Relief and Work Agency for Palestinian Refugees in the Near East) chargée de les nourrir en attendant le règlement définitif de leur sort. L'armistice n'était en effet qu'un arrêt des hostilités en attendant le règlement de la question palestinienne. Or, non seulement aucun règlement n'avait lieu, mais on n'essayait même pas de s'occuper des réfugiés entassés dans des camps miséreux, et complètement marginalisés.

J.L. : Vous tenez pour certain que, avant d'être assassiné, le roi Abdallah de Jordanie était en voie de préparer un règlement pacifique avec Israël ?

G.T. : Un *modus vivendi* définitif avec Israël ; oui, c'est ce que l'on dit, c'est plus ou moins établi...

J.L. : Ce qui est clair, en tout cas, c'est qu'Abdallah a été assassiné parce qu'il était en pourparlers avec Israël et que le monde arabe, dans sa majorité, a applaudi à l'assassinat, le tenant pour un traître à l'arabisme.

G.T. : Applaudissent surtout ceux qui craignent le plus ! Ils ne pouvaient pas ne pas applaudir, sans cela ils auraient été accusés de complicité, de trahison et auraient encouru à leur tour les risques de l'assassinat ! Manifestation première du levain révolutionnaire palestinien : ce sont des Palestiniens qui vinrent dans la Grande Mosquée de Jérusalem cracher à la figure du roi, lui crier qu'il était un traître et le tuer. Les Palestiniens croyaient fermement qu'Abdallah avait été fait roi dans le cadre d'un scénario conçu à leurs dépens : la création d'Israël et l'adjonction à son royaume transjordanien de miettes de territoire palestinien. Scénario attribué aux Anglais, accusés de lui avoir livré sa part de Jérusalem, en empêchant son armée (commandée par un Anglais, rappelons-le) de « libérer » le reste en battant Israël. Une guerre truquée, en somme, qui faisait partie d'un même « bazar », le royaume de Jordanie étant la prime décernée à Abdallah, comme à Faysal le royaume d'Irak.

J.L. : Ce qui consolide l'immobilisme général : personne n'ose parler de paix, et personne n'accepte l'idée que l'État d'Israël est bel et bien implanté et solide.

G.T. : Et personne n'envisage de le reconnaître. C'est le règne de l'hypocrisie : si des armistices ont été signés avec l'État d'Israël, c'est qu'on reconnaît bien Israël en tant que tel. Sans cela, comment signer un traité, même intitulé convention, dont le préambule qualifie Israël d'État ? Les signatures de représentants d'États sont là, et sur documents internationaux puisque émanant d'une résolution du Conseil de sécurité de l'ONU. L'État d'Israël était donc reconnu, ne serait-ce que dans le cadre d'une solution provisoire et transitoire, en attendant le « règlement définitif de la question palestinienne ». Alors, quel était dans le « règlement définitif » le sort d'Israël aux yeux des Arabes ? La réponse est pour le moins différée et ambiguë : quelque chose de l'ordre du « nous ne voulons pas savoir » qui contribuera largement à la dislocation des États arabes.

On assiste parallèlement à la disqualification totale de ce « gadget » qui s'appelle la Ligue des États arabes. Construite comme un puzzle, elle s'écroule au premier choc. L'Irak ne marche pas, l'Égypte suit son propre chemin, le Liban tergiverse et temporise, la Syrie fait des discours parce qu'elle se sent protégée par son Golan (elle était encore en haut du plateau !). Quant à Abdallah, il tente de se débrouiller seul avant de connaître le sort que l'on sait.

Dans ce vide diplomatique – grâce à ses succès militaires, à ses assises étatiques et à ses ramifications internationales –, Israël s'installe comme État et puissance, consolide sa structure et sa société, modernise sa langue, se développe, s'industrialise et s'arme de plus en plus. Plus d'un parti commençait à fonctionner, il y avait notamment l'Histadrout, la centrale des syndicats, principal témoin de l'orientation sociale du nouvel État. Le parti des religieux était obligé d'accepter la conception de l'État laïque. Ce n'en était pas moins un État hébreu, donc religieux.

Israël se proclame la seule démocratie au Moyen-Orient, face à des États qu'il estimait être des caricatures de démocratie. Pourtant il y avait et il y a toujours en Israël des citoyens de seconde zone – les Arabes israéliens –, n'est-ce pas de l'apartheid ?

J.L. : Si décriée qu'elle fût, il y avait une démocratie égyptienne, il y avait le Wafd, parti politique qui arrivait de temps en temps au pouvoir par des élections régulières. L'Égypte était une démocratie corrompue, mais beaucoup de démocraties le sont...

G.K. : Le Liban était aussi une démocratie, mais à composantes confessionnelles plutôt qu'avec des partis à l'occidentale.

G.T. : Absolument, mais à l'époque les Israéliens prétendaient quand même qu'ils étaient la seule démocratie du Moyen-Orient.

J.L. : Dans ce résumé qui vient d'être fait des atouts qui s'accumulent en faveur d'Israël, il y a aussi l'alliance américaine qui devient à ce moment-là très ferme, alors qu'au lendemain de la guerre Washington avait hésité. Le grand Secrétaire d'État qu'était le général Marshall, par exemple, n'était pas favorable à la création de l'État hébreu. Il a même menacé Truman de démissionner...

À partir de 1948, ces doutes sont levés. Les Israéliens ont l'atout américain bien en main, ce qui est fondamental. La guerre froide, qui commence, leur aliène Moscou certes, mais après que les armes livrées par Staline leur ont donné la victoire en 1948. Et, désormais, Israël se présente (et est considéré à Washington) comme la citadelle de l'Occident.

G.T. : C'est cela la réalité. Assises et ramifications diplomatiques d'Israël, tel est l'aspect, peut-être le plus important, du défi israélien. Pendant que les Arabes se querellaient, que les bouleversements intérieurs paralysaient leur action diplomatique, le Wafd s'opposant à Farouk, Riad el-Solh se démarquant de Béchara el-Khoury, les convulsions agitant la Syrie, Israël se consolidait intérieurement et extérieurement, heureux du marasme arabe auquel le Mossad contribuait allègrement! Peut-on déjà parler d'une stratégie historique américaine, d'une vision du Moyen-Orient déjà constituée, d'un *American national interest* fondé sur le pétrole et les routes stratégiques de communication? Les États-Unis sont alors accusés de faire d'Israël un gendarme américain et un « porte-avions sur terre », au sein de l'océan de turbulences qu'est le monde arabe! Des penseurs arabes tel que Walid Khalidy ont perçu très tôt les grandes lignes de cette stratégie et le péril qu'elle représentait face à l'ignorance dans laquelle baignaient les gouvernants arabes. Ils ont essayé de faire comprendre aux Arabes qu'ils se trompaient d'interlocuteur, que l'important c'était la construction de la citadelle israélienne, qu'ils perdaient leur temps en ne l'attaquant pas ou en ne négociant pas son statut. Certaines voix se sont même élevées, timidement, pour dire qu'une paix avec Israël était moins coûteuse que la poursuite de cette guerre larvée sous le couvert d'un armistice qui ne déboucherait jamais sur un véritable traité. Notre détermination à ne pas reconnaître Israël ne pouvait pas constituer la seule composante d'une politique d'avenir, la seule dynamique d'une action d'avenir. C'était l'époque où l'on effaçait des livres de géographie la carte et jusqu'au nom d'Israël !

J.L. : Cette époque a duré très longtemps !

G.T. : Trop longtemps. De 1948 à l'âge des coups d'État, puis jusqu'après la guerre de juin 1967.

J.L. : Mais, dans tout cela, nous ne voyons pas se profiler à l'intérieur du monde arabe un groupe d'hommes qui se demandent où est le vrai pouvoir dans la carte du monde d'alors, s'ils doivent s'acharner dans le refus arabe face à Israël, si ce refus ne les conduit pas à une confrontation permanente avec les États-Unis. Ne voient-ils pas que c'est une politique suicidaire ? Car où étaient les perspectives de confrontation ou même de résistance − en tout cas, tant que les dirigeants arabes n'étaient pas très disposés à s'allier à l'Union soviétique, stratégie périlleuse mais cohérente −, face à Israël que certains tiennent pour le cinquante et unième État américain ? Cette crise de réflexion, de maturité, était-elle si profonde ?

G.T. : En réponse, je dois fournir un témoignage que je considère comme prophétique, puisqu'il s'agit d'un rapport envoyé au gouvernement libanais le 5 août 1949 par l'ambassadeur à Washington et aux Nations unies, le professeur Charles Malik. Ce rapport existe et son contenu a même provoqué plusieurs débats, mais non publics évidemment puisqu'il n'a été publié que bien plus tard, en 1970, comme un réquisitoire. C'est une longue analyse, très circonstanciée, dont voici quelques conclusions.

Selon Charles Malik, Israël considère la première phase comme transitoire et ses frontières comme provisoires : l'ambition israélienne est de dominer tout le Moyen-Orient. Il s'agit d'un rêve de domination impériale, l'ère israélienne devant succéder à l'ère ottomane. Internationalement parlant, les Arabes, dans leur situation actuelle, ne représentent strictement rien et n'ont aucun poids, particulièrement aux États-Unis qui opteront pour Israël chaque fois qu'un conflit opposera Israël aux Arabes. Ceux-ci sont loin de pouvoir, dans un avenir visible, contrebalancer l'influence grandissante d'Israël sur l'Amérique.

Charles Malik, qui recommande aux Arabes de ne jamais glisser vers les Soviétiques, n'hésite pas à dire que seule l'Europe est susceptible de les comprendre et de les appuyer, s'ils apprennent à gagner la confiance des Européens, particulièrement des Anglais et des Français.

En ce qui concerne le Liban : plus que l'Amérique et la Grande-Bretagne, c'est la France qui, selon Malik, défendra l'indépendance du Liban si elle est vraiment menacée. Il concluait en disant que les Arabes ne pourront s'opposer au rêve israélien que par une nouvelle renaissance libérale, dans tous les domaines de la politique et de la pensée, qui modifiera tous les régimes et toutes les mentalités. Cette renaissance doit s'ouvrir aux renouveaux asiatiques et coopérer spécialement avec le Continent indien.

J.L. : Ce rapport a-t-il été lu par les responsables libanais et arabes ?

G.T. : Je doute que ce rapport, très volumineux d'ailleurs, ait été lu par ceux à qui il fut adressé. Les archives du ministère des Affaires étrangères ayant été pillées pendant les guerres au Liban, le *Nahar* a acquis le texte et l'a publié en arabe dans sa revue *Questions actuelles* ; il a été maintes fois cité depuis, hélas sans suites visibles, sinon dans les débats intellectuels.

J.L. : Qu'est devenu Charles Malik après la guerre ?

G.T. : Charles Malik fut à Paris, après la guerre, un des principaux rédacteurs de la Déclaration universelle des droits de l'homme. Il s'est aligné, hélas, sur le « Front libanais », c'est-à-dire le front des partis chrétiens, en 1976. Mais si on revient au début de sa carrière, il était professeur de philosophie à l'Université américaine de Beyrouth, puis est devenu ministre des Affaires étrangères à l'époque de la doctrine Eisenhower. Il avait été, en tant qu'ambassadeur du Liban à l'ONU, l'apôtre d'une sorte d'internationale de la démocratie contre le « péril communiste ». La guerre froide avant la lettre. Plus tard, comme ministre en 1957-1958, il devait poursuivre une diplomatie activiste de guerre froide, sans se soucier des conséquences… Tant et si bien que Washington s'est trouvé en 1958 embarrassé de tant d'ardeur !

Nasser, de son arrivée au pouvoir
à la nationalisation du canal de Suez : 1952-1956

G.K. : Nous avons relevé combien les États arabes sont inexistants face à Israël, mais nous n'avons pas encore suffisamment mis en lumière les conséquences internes aux pays arabes de cette inexistence. Il faut rappeler que se constituait en Égypte une contestation progressive, que s'opérait en Syrie, et ailleurs aussi, une déstabilisation du régime. Le seul projet qui rapprochait les Arabes était leur projet d'unité. Or ce projet était accaparé tour à tour par les Égyptiens, par les Irakiens, par les Syriens, chacun prêchant pour sa chapelle et s'appropriant l'unité arabe ou le mythe d'une unité, sans vision globale et au détriment de sa réalisation.

Jusqu'à Nasser, il n'y a pas eu autre chose que de l'instabilité, une absence de vision globale du monde arabe et une étonnante incapacité à évaluer les dossiers à l'occidentale. Les jeunes régimes arabes vivaient dans une forme d'utopie, sans appréciation objective de la réalité.

J.L. : C'est pourquoi l'émergence de Nasser, pour quelqu'un qui avait comme moi de la sympathie pour le monde arabe, m'a paru d'abord une très bonne chose, parce qu'il y avait enfin un homme qui paraissait regarder la réalité en face, qui paraissait doté d'une musculature politique, qui prenait les choses à leur racine et voulait reconstituer un État et réconcilier un peuple. C'est l'époque où Nasser est d'abord un Égyptien, avant qu'en deux ou trois ans il se « ré-arabise » plus ou moins... Au début, l'action de Nasser se situe à l'intérieur de l'Égypte : refaire l'Égypte, l'épurer, organiser son agriculture, même si son arrière-pensée est arabe. Il part de là, de ce pivot égyptien, pour faire l'unité, même si historiquement on peut penser que c'est Damas ou Bagdad qui est la vraie capitale arabe. Il y a en Égypte une intelligentsia, une masse, une réalité politique, un cinéma, une radio. Au moment où surgit Nasser, le foyer culturel de l'arabisme se situe bien en Égypte, non?

G.K. : Historiquement, il y a eu trois pôles arabes, qui sont tour à tour Damas, Bagdad, Le Caire. Au XXe siècle, c'est incontestablement Le Caire. Face à la Nakba (« catastrophe ») en 1948, au marasme qui en découla et à l'indécision du monde arabe, il n'y a rien qui émerge jusqu'à Nasser.

G.T. : Avant Nasser, il y a eu, comme préambule, le coup d'État syrien, puis simultanément, avec la « révolution blanche » au Liban, c'est le renversement du président el-Khoury. Ce processus culmina en septembre 1952 au Liban, par l'alliance d'une minorité parlementaire – dont je faisais partie – et d'une majorité populaire qui suivait le mot d'ordre d'une grève générale « jusqu'à la démission du tyran » *(sic)*...

G.K. : Il y a aussi les bouleversements en Iran...

G.T. : Il y eut, en effet, deux coups d'État en Iran : le premier conduit par Mossadegh contre le Shah – avant celui de Nasser –, avec un retour du souverain soutenu par les militaires, puis le deuxième correspondant à la chute du Shah en 1979.

Dans ses mémoires, l'Américain Kermit Roosevelt – un haut responsable de la CIA, artisan de la chute de Mossadegh – avoue qu'il avait emprunté à une compagnie pétrolière, pour le compte de la CIA, cinq mille dollars pour financer une grève du bazar qui devait entraîner la chute de Mossadegh! Ses mémoires révèlent, souvent dans le détail, les premiers pas de la nouvelle « para-diplomatie » américaine dans la région.

J.L. : Renverser un Mossadegh pour cinq mille dollars, c'est un coup d'État au rabais ! depuis, les prix ont monté...

G.T. : Au Liban, nous avions applaudi Mossadegh, parce que nous voulions renverser Béchara el-Khoury. Ce précédent ouvrait la porte aux vents de la révolte. Après le coup d'État égyptien de juillet, le marasme arabe provoquait d'énormes et imprévisibles convulsions, qui commençaient à s'étendre à tout l'univers islamique.

J.L. : Venons-en maintenant à la conscience que le monde arabe prend de l'importance de Nasser, du mouvement des officiers égyptiens. À Beyrouth, par exemple, vous référez-vous vite à Nasser ?

G.T. : Très vite, nous avons senti l'importance que prendrait l'armée égyptienne puisqu'elle avait conduit à la chute de Farouk. Mais il ne faut pas oublier qu'il y a eu une période de flottement entre le coup d'État dans sa forme première, avec un gouvernement formé de politiciens du passé, sous la férule de l'armée et du général Mohammed Néguib, et puis leur abdication et l'émergence d'un gouvernement pris en mains par un groupe de militaires, dont le chef – on le savait depuis longtemps – était Abdel Nasser.
Au Liban nous étions aussi pour le coup d'État. Et nous avions crié victoire au moment de la révolution blanche.

G.K. : Qui désignez-vous par ce « nous » ?

G.T. : Nous, c'est-à-dire les jeunes Libanais, les partisans du renouveau, à quelque communauté qu'ils appartiennent. Le *Nahar* en était à la fois le miroir et la plate-forme. Avec nous, il y avait bien entendu tous les partis de gauche, tous les révolutionnaires et même les opposants d'une autre génération, celle de la classe gouvernante « à l'ancienne », tel que Camille Chamoun, mais désireux quand même de patronner le changement, de prendre le train en marche.

Le monde arabe avait besoin de cette révolution pour renouveler sa politique vis-à-vis d'Israël. N'oublions cependant pas que le sursaut nassérien avait été précédé par d'autres, en Syrie notamment. Le coup d'État d'Husni Zaïm à Damas datait de 1949. Un an donc après la défaite arabe et les armistices avec Israël.

J.L. : Husni Zaïm avait-t-il été pris au sérieux ?

G.T. : Oui. Dans de telles circonstances, n'importe qui aurait été pris au sérieux. Même si aujourd'hui on a tendance à penser que Husni Zaïm ne s'était rebellé que pour une querelle de galons que l'on ne lui accordait pas ! Son manifeste annonçant la « révolution » avait été rédigé par Akram Hourani, prophète du socialisme arabe, avec le soutien des partis de gauche. Il y avait aussi les forces de l'ombre qui n'étaient même pas dans les coulisses du pouvoir, tel que le PPS ou Parti Populaire Syrien. Certains parlaient déjà du colonel Adib Chichakli, en murmurant qu'il était membre secret de ce parti.

J.L. : Peut-on dire que ce coup d'État syrien fut ressenti favorablement par la jeunesse libanaise ?

G.T. : Non seulement par la jeunesse, mais par le peuple aussi. Il fut perçu comme un sursaut et une revanche de l'armée, théoriquement vaincue en Palestine. L'armée vengeait la nation en se vengeant du pouvoir politique !

Il faut évoquer ici la révolte, dite « révolution » du PPS au Liban, qui fut la première révolution de ses partisans militaires, et qui s'est terminée par une violente répression. Il s'ensuivit des milliers d'arrestations, de condamnations à mort, dont celle du chef du parti, Antoun Saadé, réfugié en Syrie puis livré aux autorités libanaises par Husni Zaïm. Ce qui lui coûta et son pouvoir et sa vie.

J.L. : Quelle fut, à l'époque, l'attitude du leader communiste Khaled Bagdache, le plus prestigieux du Moyen-Orient?

G.T. : Les communistes ont soutenu le coup d'État de Husni Zaïm. Mais c'est le parti socialiste de Akram Hourani qui s'est installé comme le meneur de jeu du nouveau pouvoir, en contrôlant le ministère des Affaires étrangères. Akram est allé même jusqu'à inventer un concept juridique, pour le moins saugrenu, celui de la révolution constitutionnelle. Constitutionnelle puisqu'elle corrigeait l'exercice non constitutionnel de la constitution...

J.L. : En fait, c'était une revanche sur les vaincus de 1948!

G.T. : Les vaincus de 1948 avaient été les vainqueurs de 1943 et de 1945. Ils avaient chassé la France et l'Angleterre. C'étaient tous les grands noms des héritiers de la Nahda : les Kouatly, Atassi, Mardam Bey, Azm, etc., toute la classe dirigeante de Syrie! Au lendemain du coup d'État, on a promené le président destitué, Choukri Kouatly, dans un char, à travers les rues de Damas, pour lui montrer comment les gens applaudissaient et dansaient dans les rues en criant : « On s'est débarrassé de toi, ô le tyran Kouatly! » Hâtons-nous de dire cependant que le régime de Husni Zaïm ne devait pas durer longtemps. Une série de coups d'État, plutôt de coups d'état-major, devaient se succéder à un rythme pour le moins alarmant. Le tout accompagné de condamnations à mort, d'assassinats, de liquidations, d'émeutes, bref de toutes les formes de violence. Ponctués cependant par des gouvernements de civils non moins éphémères que les régimes militaires, alliés à tel ou tel parti d'avant-garde.

Le premier de cette longue série fut celui qui renversa Husni Zaïm. Le 16 août 1949, Husni Zaïm est arrêté, ainsi que son Premier ministre, Mohsen Barazi par le colonel Adib Chichakli, mené vers un terrain vague, sommairement jugé et fusillé, en même temps qu'un Barazi suppliant, à qui on disait que c'était là le prix du sang d'Antoun Saadé.

G.K. : Presque simultanément, au Liban, Béchara el-Khoury est renversé après l'assassinat de Riad el-Solh. Tous les grands hommes de l'indépendance syro-libanaise qui date de cinq ans sont éliminés…

G.T. : Tous ou presque, puisque Camille Chamoun, membre du gouvernement de l'Indépendance en 1943, survit, tantôt au pouvoir tantôt dans l'opposition, pour finir en chef de guerre à partir du début de la guerre en 1975.

G.K. : En Égypte, la même « épuration » met en place un personnage d'envergure…

J.L. : Nasser est le seul dirigeant du monde arabe qui paraisse à la hauteur des problèmes posés. Précisément parce qu'il les pose.

G.K. : Revenons à ses débuts. Qu'est-ce qui favorise sa prise de pouvoir ? La défaite et l'humiliation arabes ? Un fond de haine à l'encontre d'Israël après 1948 ?

J.L. : D'emblée, je veux clarifier mon propos : je ne crois pas que l'aventure nassérienne trouve sa source dans le conflit israélo-arabe. Ses origines, ses motivations sont bien antérieures. Ce qui est en question pour les « officiers libres », société secrète que Nasser fonde en 1942, c'est la corruption de la société égyptienne, et ensuite l'occupation anglaise. La défaite de 1948 viendra seulement jeter du sel sur ces deux plaies à vif. Franchement, je ne pense pas que, même alors, il s'agisse exactement de haine à l'égard d'Israël. Il faut plutôt parler d'humiliation, celle que provoque toute défaite – en l'occurrence celle de la guerre de 1948. Mais cette défaite aurait pu être infligée par la Turquie, avec les mêmes effets.

Je crois qu'à l'origine le nassérisme n'est pas le fruit du conflit israélo-arabe ; la défaite arabe, le sentiment que les Arabes ont été – argument classique chez les militaires – trahis, poignardés dans le dos, ne sont pas les détonateurs. Très vite s'est créée la légende des « armes avariées », ou peut-être même truquées, tendant à prouver que la défaite avait été voulue par des notables vendus à l'Occident, qu'elle était le fruit d'une trahison de la classe dirigeante – idée de classes qui commence vaguement à percer dans la conscience des jeunes officiers, dont aucun n'est vraiment marxiste, mais qui ont des amis marxistes.

Le commandant Nasser était lié en 1950 à un jeune avocat très brillant, marxiste et futur magistrat, qui s'appelait Ahmed Fouad. D'après les conversations que j'ai pu avoir quand ils étaient encore jeunes, au début du régime, avec Nasser, avec Sadate, avec Khaled Mohieddine, ce qui est clair c'est que, patriotes égyptiens, ils se sentaient pris au piège, trahis par les notables et par un monde arabe corrompu. Alors ils se sont souvenus qu'ils étaient des enfants de fellahs égyptiens.

Nasser est le fils d'un petit fonctionnaire, un facteur, mais petit-fils de fellah de haute Égypte. Il est né à Alexandrie, plus ou moins coupé de sa terre ; c'est quelqu'un d'un peu instable qui a choisi l'armée pour se « cadrer » ; il a pensé que l'armée était le lieu où on pouvait peut-être refaire le pays. Et puis cette armée le jette très vite dans la catastrophe de la Palestine où il se trouve encerclé à Fallouja par les forces israéliennes avec quelques hommes dont son ami Abdel Hakim Amer, qui est vraiment celui auquel il est le plus lié, ainsi qu'avec les deux cousins Mohieddine, Zakaria et Khaled. Khaled est un progressiste sinon un marxiste. En tout cas il y a, dès l'origine, dans ce mouvement essentiellement nationaliste, comme dans beaucoup des mouvements arabes de l'époque, une consonance, un lien, un trait d'union avec la révolution mondiale.

G.K. : Vous dites donc que c'est en même temps un mouvement égyptien, arabe et internationaliste.

J.L. : Arabe oui, et avec une certaine conscience d'un lien avec la révolution mondiale. Mais surtout égyptien et avec, pour la plupart, de bons musulmans, assez pieux, faisant la prière et le ramadan...

G.T. : On a parlé d'une alliance de la gauche du Wafd, le grand parti national, avec les militaires qui ont fait le coup d'État, alliance qui se reflèterait dans le gouvernement de transition, après la destitution du roi.

J.L. : Il est vrai qu'Ahmed Abou El-Fath, patron du *Misri*, le journal wafdiste et ami de Nasser, est lui-même plus ou moins marxisant, en tout cas « de gauche ».

L'opération du 23 juillet 1952 a eu vraiment, au-delà de sa forme de « putsch », une dimension populaire ; dès l'origine ce sont des gens qui ont conscience d'appartenir à une classe qui n'est pas exactement prolétaire, mais celle d'une petite bourgeoisie montante. Dans les quelque douze ou quinze officiers qui ont fait le « coup », il y a des enfants d'une bourgeoisie bien établie, comme Okacha ou Mohieddine. La majorité, de Nasser à Sadate, vient du monde paysan. Certains ont des attaches du côté des Frères musulmans, comme Sadate ou Kamal Eddine Hussein. La plupart sont orientés à gauche, comme Youssef Saddik.

Très vite d'ailleurs, les partis de gauche européens envoient des observateurs, notamment le parti communiste italien dont les envoyés retrouvent Henri Curiel, fondateur d'un des partis égyptiens se réclamant du communisme, le Hadeto, qui avait vécu en Italie et avait des amis dans le PCI. Curiel soutient que le nouveau pouvoir a des liens avec les Américains mais s'enracine à gauche. Ces remarques orientent le seul parti communiste intelligent, l'italien − dût-il déchanter ensuite. Le parti communiste français, lui, fait comme toujours une analyse sectaire : dès lors que c'est un coup d'État encouragé par les Américains, il est anti-populaire, impérialiste. Les communistes français ne se rendent pas compte (le PC italien non plus) que l'opération va échapper aux mains des Américains et que c'est le peuple égyptien qui bouge à travers ces hommes, fussent-ils d'abord des militaires. Il y a, dès le début, des divergences entre ces deux partis communistes occidentaux, reflétant l'ambiguïté et les contradictions, non seulement de la vision occidentale du nassérisme, mais du nassérisme lui-même. Pour sortir des interprétations communiste, marxiste, etc., disons qu'il y a une réaction internationale positive au coup d'État. Farouk est très impopulaire et tout à fait méprisé en Occident où les cœurs battent pour cette magnifique Égypte où opèrent de gentils égyptologues français, y compris le chanoine Drioton, qui est un si bon prêtre, qui sait si bien les hiéroglyphes... Comment laisser cette Égypte aux mains de ce Farouk au gros ventre, mangeant trop, passant ses journées à courtiser ses maîtresses et à tromper la charmante Farida, héroïne

malheureuse des journaux que lisent les dames occidentales !

G.K. : Après le départ de Farouk, que se passe-t-il ?

J.L. : Première image : Néguib et Nasser sont les hommes
qui purgent l'Égypte de Farouk et de la corruption des
pachas. De plus, ces officiers sont intelligents et leurs
premières proclamations − lues par un nommé Anouar el-
Sadate − sont de bonne qualité ; elles ne mettent pas en question Israël et ne sont marquées d'aucun antisémitisme. Ce
général Néguib a une tête parfaite d'Égyptien : fils de paysan,
il respire la bonhomie, est parfaitement sympathique et se
présente comme le meilleur Arabe du monde... Ces jeunes
officiers ont l'air très sympathiques et modestes. Néguib mis
à part, ils sont commandants ou lieutenants-colonels, ce ne
sont pas des généraux ou des maréchaux. Ce ne sont pas des
pachas de l'armée. Ils ont choisi comme Premier ministre Ali
Maher, c'est-à-dire ce qui se faisait de mieux dans l'ancien
régime, un homme qui a de très bonnes relations avec
l'Occident, qui est bien vu par les Anglais et les Américains,
et parle le français comme vous et moi.

Pendant les deux ou trois premières années, tout cela est
très bien vu en Occident. Les choses vont se gâter, du point
de vue anglais et français, parce qu'on s'aperçoit que les officiers égyptiens s'intéressent beaucoup au golfe Persique,
qu'ils envoient des gens dans diverses capitales arabes pour
dire aux dirigeants qu'ils sont tous endormis, affadis, avachis,
qu'il faudrait quand même qu'ils se redressent, et qu'ils
répandent ce message un peu partout.

Les Français s'aperçoivent que l'Égypte est populaire en
Afrique du Nord où est négligé le fait que ses officiers sont
formés par l'état-major anglais. On voit maintenant en
Tunisie, en Algérie, qu'il y a des Arabes qui ont du tempéra-

ment, qui ne sont pas des serviteurs couchés, qui ne font pas de grands discours mais qui existent et sont populaires par-delà les frontières nationales. Les observateurs français se posent, non sans inquiétude, la question : S'agit-il de la renaissance du monde arabe, de la vraie Nahda ?

Le nationalisme nord-africain en est exalté. Dans une première phase, les États-Unis, mais aussi l'Angleterre et la France, avaient été très favorables au nassérisme. Mais cela se gâte petit à petit, à partir du moment où la question de l'Afrique du Nord pour la France, celle de l'Arabie Séoudite et du Golfe pour l'Amérique et enfin de la Jordanie et de l'Irak pour l'Angleterre deviennent objets de préoccupation. On commence à s'apercevoir que les services égyptiens tendent à réveiller le dormeur arabe, c'est le moins qu'on puisse dire. Tout ce qui réveille les Arabes est inquiétant, soit du point de vue pétrolier, des zones d'influence et des clien-tèles de l'Occident dans le monde arabe, soit du point de vue de la colonisation française en Afrique du Nord. Petit à petit le problème commence à se poser. Mais je dirais que Nasser est encore considéré comme un « bon Arabe » quand, en avril 1954, il se débarrasse de Néguib.

Les deux hommes – le plus jeune manipulant l'autre – s'étaient assez bien entendus jusqu'alors. Ils s'opposent à propos des Frères musulmans, que Néguib veut ménager et Nasser écraser. Mais il n'y a pas eu liquidation de Néguib par Nasser ; il y a eu conflit entre les deux principales figures du régime, et Nasser l'a emporté « à la régulière » sur Néguib. Et de même que Farouk avait été gentiment mis sur son yacht et envoyé vers l'Europe, Néguib a été placé en résidence surveillée, ce qui, dans ce genre de pays, n'est pas si courant. Alors la perception des Occidentaux change, des problèmes se posent : Néguib était bien sympathique, ce Nasser a l'air bien rude !

Mais c'est en 1955 que les relations entre Le Caire et l'Occident s'altèrent de façon décisive à la conférence de Bandung, où Nasser se comporte de telle façon qu'il devient l'un des leaders du Tiers Monde, c'est-à-dire de la décolonisation, donc un empêcheur de coloniser en rond ou de décoloniser « à l'amiable ». Il devient un de ceux qui empêchent de passer du colonialisme au néo-colonialisme (ce qui n'était pas en soi un processus historique absolument condamnable). Pour Nasser et ses amis de Bandung, la décolonisation doit être radicale et expéditive. Quelques mois plus tard, Nasser achète des armes dites tchèques, qui sont en fait des armes russes (comme, sept ans plus tôt, celles qui avaient aidé Israël à gagner sa guerre...).

Le glissement du régime nassérien vers l'Est est clair. Ses amis américains s'en inquiètent. Tout ça au moment où la guerre d'Algérie vient de commencer et où, pour la France, les choses deviennent très sérieuses. Car si les affaires du Moyen-Orient étaient importantes pour la France, l'Algérie était vitale ou paraissait telle. Il s'agissait là de quatorze départements, plus de la moitié du territoire « national »...

Très vite, on constate à Paris qu'opère au Caire un bureau du Maghreb, qui a paru longtemps anecdotique, mais qui désormais ne l'est plus. Il y a des Tunisiens et des Marocains hostiles au processus « à l'amiable » de Bourguiba et des amis du sultan de Rabat. On s'aperçoit surtout qu'il y a des Algériens qui sont au Caire les correspondants très efficaces des maquisards des montagnes de Kabylie.

Il y a donc dans le monde arabe quelques cerveaux assez forts, quelques hommes capables de monter des programmes d'action révolutionnaire, et de les présenter aux Nations unies. Quand l'Algérien M'Hammed Yazid arrive à New York, il est très écouté. C'est un homme qui fait le poids, non seulement par rapport aux diplomates arabes, mais aussi aux meilleurs diplomates occidentaux; il peut discuter comme le faisait un Charles Malik, comme un diplomate anglais ou français, mais dans une tout autre perspective ! On peut dire qu'à partir de la fin de 1955 les pouvoirs occidentaux ont commencé à réviser leur point de vue à propos de Nasser, d'autant qu'en Israël la sonnette d'alarme retentit.

Ben Gourion et les meilleures têtes israéliennes se rendent compte qu'ils n'ont plus affaire à des rêveurs comme Choukri Kouatly ou des fiers-à-bras comme Husni Zaïm... Maintenant, il y a Nasser, un homme de stature internationale, écouté par Nehru, par Chou En-Laï et par Sukarno et qui, de plus, a des attaches américaines. Aux États-Unis, tout le monde n'aime pas Nasser, mais au Département d'État et dans la presse américaine – pour ne pas parler de la CIA – il y a des gens qui l'écoutent et le prennent au sérieux. Bref, le virage se fait tout au long de l'année 1955 et nous prépare à l'explosion de 1956.

G.K. : Vous étiez correspondant permanent au Caire à cette époque. Avez-vous vu les choses arriver ?

J.L. : À l'origine de la crise de 1956, il y a les torts occidentaux. Nasser avait fait savoir – c'était alors la chance de la paix – que son grand projet était le haut-barrage d'Assouan. Étudié par de nombreux ingénieurs de diverses nationalités, le haut barrage offrait des possibilités convenables d'augmenter la production égyptienne, de permettre le développement de son industrie du fait de l'électricité qu'il produirait. C'était faire avancer l'Égypte sur le plan de la modernité. N'était-ce pas la bonne voie pour éviter qu'elle ne s'enferre dans l'éternel conflit avec Israël ? N'était-ce pas une chance de paix par le passage à la productivité ? D'autant plus que le haut barrage était une espèce de gigantesque château d'eau posé au-dessus de l'Égypte, et qui la mettait en péril mortel en cas de guerre : les barrages peuvent être bombardés, l'Égypte noyée, dans le style biblique...

La production de coton ayant une place importante dans l'agriculture égyptienne, son accroissement présumé grâce au barrage pouvait apparaître comme une menace pour la production très importante de coton aux États-Unis, à peine moins que celle du pétrole... Il faut noter qu'il y a un puissant lobby cotonnier dans les assemblées américaines, à Washington, et que l'électorat des États cotonniers a apparemment joué un rôle important dans la politique américaine à l'égard du barrage.

Anti-communiste viscéral (« le communisme, c'est le mal »), le Secrétaire d'État Dulles hésita longtemps à remettre en question la position des États-Unis à l'égard de Nasser : l'achat des armes à l'Est lui parut un crime. Nasser, armé par les communistes, incarne désormais le mal. D'autant que du point de vue des pouvoirs cotonniers, il devient un personnage menaçant.

Depuis des années, Nasser négocie avec l'Occident le financement du haut barrage. Plusieurs groupes financiers occidentaux, notamment français, mais aussi américains et anglais, sont tentés de jouer la carte du barrage, pour des raisons strictement économiques et financières plutôt que pour les raisons politiques qu'on a déjà suggérées. Quand nous étions correspondants en Égypte, ma femme et moi, nous avons reçu à diverses reprises des banquiers français qui semblaient attachés au financement du barrage et aux accords avec les Égyptiens. Mais le 16 juillet 1956, alors que j'étais en Iran, enquêtant à Téhéran pour *France-Soir*, j'ai vu tomber sur le *ticker* du bureau de l'Agence France-Presse un petit télégramme de douze lignes qui résumait déjà la tragédie : M. Foster Dulles, le Secrétaire d'État américain, faisait savoir que, étant donné « l'état catastrophique de l'économie égyptienne », toute hypothèse de financement du haut barrage d'Assouan était écartée...

C'était vraiment, pour Nasser, une gifle, une humiliation. Dulles avait voulu provoquer la colère de l'Égyptien, le piquer à l'endroit le plus sensible, en dénonçant un désastre de l'économie égyptienne dont personne ne parlait... C'était vraiment ce que Nasser pouvait le plus difficilement supporter. Qu'allait faire cet homme ombrageux, porteur de l'honneur des Arabes, de la gloire de l'Égypte ? Il se précipita chez son ami Tito à Brioni, où ils invitèrent Nehru qui ne put venir. Est-ce à Brioni qu'a été prise la décision de nationaliser la Compagnie du canal de Suez ?

Cette nationalisation a stupéfié tout le monde ! Je n'aurais pourtant pas dû l'être autant que la plupart des autres car, trois mois auparavant, ma femme Simonne, assise à côté du ministre de la Justice, Bahgat Badawi, ancien représentant de l'Égypte à la cour internationale de La Haye, au cours d'un dîner officiel au Caire, l'avait entendu dire qu'il était « en train de préparer un dossier pour accélérer le retour du canal de Suez à l'Égypte, sept ans avant la date prévue... ». Simonne, correspondante des *Échos* en Égypte, avait câblé aussitôt cette information à son journal qui avait répondu immédiatement par télégramme : « Impossible de lâcher une telle information, c'est mettre le feu à la Bourse. »

J'étais alors, sous le nom de François Courtal, correspondant de *L'Orient* de Beyrouth, qui est devenu *L'Orient-Le Jour*, le journal de mon ami Georges Naccache. Je lui envoie à mon tour l'information, *L'Orient* la passe, et personne ne réagit sur le moment. Georges et quelques autres ont compris que c'était une grosse histoire. Mais la majorité a pensé que ce correspondant était un peu fou, qu'il ne savait pas de quoi il parlait, qu'il voulait faire un coup, qu'il voulait se rendre intéressant, et c'est passé à peu près inaperçu !

G.T. : C'était à peu près trois mois avant la nationalisation ?

J.L. : La nationalisation a eu lieu le 23 juillet. Je n'avais jamais publié un scoop de ma vie, j'en ai eu un (en réalité, c'était ma femme qui l'avait eu !), et il n'a intéressé personne ; c'était pourtant un scoop historique ! Et le plus fort, c'est que j'ai été aussi surpris que les autres quand l'information a été vérifiée !

J'étais parti pour Alexandrie le matin de ce 23 juillet, dix jours après le funeste télégramme de Foster Dulles. Quelques heures plus tôt, j'avais croisé dans un restaurant, dînant tout seul, Ali Sabri, le chef de cabinet de Nasser ; je le connaissais assez bien. Il parlait un français impeccable, ayant été élevé par les jésuites. « Commandant, lui dis-je, nous sommes lancés dans une grosse histoire. Votre patron est très en colère, il rentre de Brioni tout à l'heure. Que va-t-il décider ? » Il se contenta de me répondre qu'il allait se passer des choses graves.

C'était un homme flegmatique, assez froid, très fidèle à Nasser. Il me donnait la version *soft* des événements. Mais il était très inquiet. Il m'a seulement confié que Nasser préparait un grand discours pour le surlendemain, qui était le 26 juillet, à Alexandrie : c'était le quatrième anniversaire du départ pour l'exil de Farouk, dans le même port... Je partis donc ce matin-là pour Alexandrie avec Gabriel Dardaud de l'AFP, l'homme qui savait tout sur l'Égypte. Pendant la route, nous avons confronté diverses hypothèses et moi, à aucun moment, je n'ai reparlé de cette histoire de canal... On pensait que Nasser allait annoncer une alliance avec l'Union soviétique. À moins qu'il camoufle sa rage dans les plis d'un grand discours creux... Comment ai-je oublié alors l'information que j'avais donnée de la prochaine nationalisation du canal ? Poussé dans ses derniers retranchements, Nasser ne pouvait manquer de réagir avec éclat. Mais comment ? Sur quel terrain ?

Le sens, le ton de son discours, au-delà de la décision qui était en elle-même un défi, aggravé du fait qu'il faisait simultanément occuper les locaux de la Compagnie par des militaires, de façon volontairement humiliante pour les Français et les Anglais, était violemment anti-colonialiste et anti-occidental. Au télégramme scandaleusement provocant de Dulles, Nasser ripostait en jouant avec l'histoire de façon irresponsable. Il pouvait en appeler à la conscience du monde, rappeler que le canal est en terre égyptienne, que les Égyptiens avaient signé un traité international avec la Compagnie, ils avaient toutefois décidé d'avancer la nationalisation. Un bon juriste pouvait plaider cela et éviter d'en faire une crise internationale. Ce « Je prends le canal », présenté comme un hold-up s'était terminé dans un éclat de rire... qui allait déclencher une crise internationale ! Assis à la tribune près de moi, Khaled Mohieddine, vieil ami de Nasser, à peine le discours terminé, m'avait confié à voix basse : « C'est courageux, mais c'est aussi très dangereux ! » Lorsque nous sommes descendus de la tribune, Dardaud m'a fait remarquer la présence au large d'un croiseur britannique... Nous étions entrés en période de crise chaude. Si chaude que, de retour au Caire, nous sommes convenus ma femme et moi que c'était une affaire qui tournait très mal, qu'un conflit armé était inévitable et qu'il fallait donc quitter l'Égypte.

G.K. : Vous y étiez depuis quand à ce moment-là ?

J.L. : Depuis trois ans et demi, depuis mars 1953. Nous étions vraiment heureux en Égypte, prévoyant d'y rester encore trois ou quatre années, sans penser pourtant à apprendre l'arabe, voués à notre métier de journalistes, tout à fait passionnant en divers domaines ; tout ce qui se passait était très intéressant, de l'archéologie à la politique ; nous avions une vie excellente, peuplée d'amitiés. Si bien que l'idée que des soldats français ou franco-britanniques puissent débarquer en Égypte nous était insupportable. Assister à ce combat fratricide, en rendre compte, gagner notre vie avec ça! Impossible... Nous avons commencé à préparer notre départ tout de suite et avons quitté l'Égypte quinze jours plus tard, sous prétexte de partir en vacances. Étrange attitude pour des journalistes, que la tragédie attire d'ordinaire. Mais notre attachement à l'Égypte était plus fort que nos réflexes professionnels.

G.T.: À cette magnifique synthèse du nassérisme jusqu'à la crise de Suez, j'aimerais pourtant apporter une réserve quant à la politique américaine. On s'est toujours posé beaucoup de questions sur la réalité et la transparence de cette politique. Surtout quand l'ambassadeur d'Amérique a été saluer Farouk qui prenait son yacht vers l'exil, et s'assurer, dit-on, que les promesses données étaient respectées.

On s'est aussi depuis – à plusieurs égards – posé la question de savoir s'il n'y avait pas eu deux politiques américaines, deux chevaux appartenant à la même écurie et qui couraient la même course. N'y avait-il pas, sinon deux Amériques, du moins deux frères Dulles? John Foster, Secrétaire d'État, et qui joua contre Nasser « échec et mat » à propos du barrage d'Assouan. Et Allen Dulles, chef de la CIA, et son adjoint immédiat, Kermit Roosevelt, qui semblaient même avant Nasser suivre l'école du grand diplomate et auteur Chester Bowles, défenseur de la thèse de l'établissement de régimes militaires, depuis la crise de Sing Man Ree et la décrépitude des soi-disant démocraties du Tiers-Monde, particulièrement en Indochine et dans le Sud-Est asiatique. Évidemment, après la nationalisation du Canal, tout le monde s'est rangé derrière John Foster Dulles. Jusqu'au moment où le président Eisenhower devança l'ultimatum soviétique, suite à l'invasion tripartite, en adressant une espèce de sommation à Israël autant qu'à la France et à l'Angleterre, leur demandant une cessation immédiate des hostilités. Mais avant cela, si l'on en croit les nombreux livres de mémoires parus – les agents de la CIA deviennent particulièrement bavards dès qu'ils quittent le service ! –, autant que certains documents « déclassifiés », la « para-diplomatie » américaine de la CIA semblait penser que l'armée était la planche de salut de l'Égypte. Ce pays, suivant l'analyse de la CIA, était conduit vers une impasse par les scandales de Farouk et le « régime des partis ». Une révolution inévitable serait soit islamiste, soit socialo-communiste, donc soviétisante. Dans les deux cas, la révolution serait anti-occidentale, et particulièrement anti-américaine. Rappelons-nous que l'on était alors en pleine guerre froide. Les projets d'alliance militaire que proposaient les Anglais, pour une « défense commune » – en fait pour maintenir leurs troupes au canal de Suez –, n'avaient aucune popularité, donc aucune chance de succès. Il fallait alors inventer autre chose.

G.K. : C'est le moment où le régime de Nasser devient franchement autoritaire.

G.T. : Le régime de Nasser, militaire – donc non démocratique –, semblait devoir devenir le modèle de ce qui se dénommait déjà la « militarocratie » : un gouvernement autoritaire, progressiste, non corrompu comme l'étaient les « démocraties civiles », mais pouvant empêcher l'avènement de prétendues « démocraties populaires » qui s'aligneraient éventuellement sur l'Union soviétique. Exemple : la Syrie des coups d'état-major. Rappelons qu'il y eut une dizaine de tentatives !

Le mouvement des « non alignés », à l'origine non voulu par Washington officiellement – c'est-à-dire par John Foster Dulles –, était toléré par les gens d'Allen, sinon encouragé. Même Charles Malik (alors ministre pro-américain des

Affaires étrangères du Liban) eut l'intelligence d'aller à Bandung, lors de la création du mouvement, pour y rencontrer « tout le monde », disait-il, et particulièrement Chou En-Lai, avec qui il eut un entretien très révélateur. Le texte du rapport de Malik fut par la suite publié. Résultat très critiqué.

Une anecdote, pour terminer. Un agent haut placé de la CIA, de moindre grade que Kim Roosevelt, mais son émissaire fréquent au Caire, Miles Copeland, raconte dans ses mémoires qu'il avait rédigé lui-même une première version du discours de Nasser annonçant l'achat d'armes à la Tchécoslovaquie. C'est-à-dire à l'Union soviétique, par Prague interposée. Politique du moindre mal, je suppose. Il alla jusqu'à publier le prétendu texte du projet de discours, qui n'était pas très différent de celui prononcé par le Raïs.

Autre « indiscrétion » : il aurait voulu remettre à Nasser, à une occasion quelconque, trois millions de dollars. Nasser, bien entendu, refusa, mais ses services acceptèrent et décidèrent d'utiliser cet argent pour financer la tour d'émission de radio, qui se profile toujours au plus haut du panorama du Caire.

Tout cela ne valut pas à l'Amérique de gagner le nassérisme après la retraite de Suez en 1956. La logique de guerre qu'imposait Israël au monde arabe revint implacablement en 1967, pour consommer une aliénation quasi totale de l'Égypte qui se voyait forcée, de plus en plus, à accepter les offres d'alliance soviétique que rien ne venait équilibrer, ni d'une Amérique otage d'Israël, ni d'une Europe classée comme plus qu'un ennemi : un agresseur vaincu.

Une chose était la sagesse des chancelleries et leur diplomatie secrète. Autre chose était ce qu'imposait à un gouvernement, fût-il militaire, la montée de l'opinion publique et des manifestations massives de foules en délire qui obligeaient le « pouvoir » à surenchérir perpétuellement. Une surenchère qui devait compenser le manque de victoires. Or, les victoires se faisaient de plus en plus rares depuis Suez.

G.K. : Qu'a représenté Suez pour le nassérisme ?

G.T. : Suez a été la charnière de la politique nassérienne, celle de la rupture avec l'Occident. Camille Chamoun, qui était alors le chef d'État libanais, a aussitôt convoqué un sommet des rois et présidents arabes à Beyrouth. Nasser s'est fait représenter, au dernier moment, par son ambassadeur, le général Ghaleb, déjà « proconsul ». Le président Camille Chamoun, dans sa subtilité toute anglaise, avait annoncé qu'il tenait ce sommet pour appuyer Nasser, tout en disant cependant que nous n'avions pas intérêt à rompre totalement avec l'Occident. Les extrémistes l'ont emporté haut la main, soutenant qu'il fallait abattre l'Occident.

J.L. : Qui étaient ces extrémistes ?

G.T. : Même les Séoudiens faisaient de la surenchère, en prenant garde de ne rien annoncer de concret. Tous ceux qui étaient contre la rupture avec l'Occident n'ont pas osé parler, et certains ont préféré s'absenter. La « guerre civile » de 1958 était virtuellement enclenchée. Ce qui n'a pas empêché le président Chamoun de refuser de rompre avec l'Angleterre et la France : « Je retire les ambassadeurs, mais je ne romps pas les relations diplomatiques. Je ne pars pas en guerre. » Sur le plan strictement libanais, Chamoun est ainsi devenu le leader chrétien par excellence, lui qui était arrivé au pouvoir cinq ans plus tôt comme le leader pro-arabe, appuyé surtout par les musulmans.

J.L. : C'est lui d'ailleurs qui appelle les Syriens à la rescousse, lors de la deuxième guerre « civile » libanaise ?

G.T. : Chamoun n'était pas le seul. En fait, c'était le président Soleiman Frangié qui agissait comme « patron » du Front libanais (chrétien) autant que comme chef de l'État. Mais c'est une longue histoire que nous aborderons plus loin. Revenons aux années 50 et à Nasser !

J.L. : Nous sommes là sur un terrain particulièrement périlleux, car vous venez de dire que, sur une affaire absolument fondamentale pour le monde arabe, les musulmans sont d'un côté et les chrétiens de l'autre. En apparence en tout cas. N'est-il pas nécessaire de nuancer ?

G.T. : On peut nuancer, en disant non pas « les chrétiens » et « les musulmans », mais les *vocal christians* et les *vocal muslims*, autrement dit les ténors de part et d'autre. Car même à ce moment-là, dans la fièvre de 1956-1958, il y avait un parti de la raison, que nous pourrions appeler la « Troisième force », ceux qui refusaient de s'aligner sur les positions extrémistes.

LA PREMIÈRE GUERRE « CIVILE » AU LIBAN : 1958

G.T. : Ce qui compliquait évidemment les choses, c'était la politique politicienne libanaise. Chamoun était en quête d'un second mandat. Pensant que les Américains allaient l'aider, il a donc opté pour eux. Mais en fait sa politique étrangère empêchait virtuellement sa réélection dès lors qu'elle dressait les musulmans contre lui : c'est à peine si les nassériens n'ont pas réclamé alors que le Liban devienne (c'était un slogan) la troisième étoile du drapeau de la République arabe unie égypto-syrienne. Contre les deux politiques extrêmes, la Troisième force a fini par se constituer en groupement politique à majorité chrétienne, mais avec des musulmans modérés qui croyaient désamorcer la crise en s'opposant à l'union du Liban avec la République arabe unie. Les élections présidentielles se profilaient. Le général Fouad Chéhab, commandant en chef de l'armée libanaise, avait été amené à espérer une accession possible à la présidence de la République si l'armée, jouant le rôle d'arbitre – donc n'intervenant pas pour défendre le pouvoir légitime – se plaçait en réserve du pouvoir afin d'arrêter le conflit, le moment venu.

Les petits conflits sont souvent prétexte à de grandes initiatives. Camille Chamoun en vint à faire appel à la VIe flotte américaine le 14 mars 1958. Elle se fit attendre. Mais le 15 juillet, l'ambassadeur américain vint trouver le président Chamoun pour lui dire à peu près ceci : « Vous avez réclamé la VIe flotte, elle tarde à arriver. Elle sera là demain. » Entre-temps, le 14 juillet 1958, un coup d'État avait eu lieu en Irak, premier producteur de pétrole de la région. L'histoire ne dit pas si l'ambassadeur a établi ou reconnu une quelconque relation entre le coup d'État et la subite arrivée de la flotte au Liban.

G.K. : La chute de la monarchie hachémite d'Irak avait de quoi inquiéter les Occidentaux… On a longtemps considéré que les Américains n'étaient intervenus qu'à cause de l'Irak. Selon Irene L. Gendzier dans son livre *Notes from the Minefield*, qui se fonde sur des archives américaines et défend la thèse contraire : les Américains ne sont intervenus que pour appuyer leur politique libanaise mise en place dès 1943.

G.T. : Le fait est que l'Amérique avait signifié à Camille Chamoun dès le début qu'elle n'appuierait pas son second mandat. Je le sais parce que j'ai été un des porteurs de ce message. Il lui fallait se débrouiller tout seul. Le ministre des Affaires étrangères, Charles Malik, pro-américain notoire, maintenait ferme que l'Amérique appuyait Chamoun et que la VIᵉ flotte allait tôt ou tard débarquer. Quand les premiers incidents qui annonçaient la guerre civile se sont déclenchés un samedi, à Tripoli, l'ambassadeur américain Robert McKlintock convoqua les divers représentants des groupes d'opposition, et nous tint le langage suivant : « Vous voulez vous battre entre vous, ou contre le gouvernement Chamoun, c'est votre affaire. Allez-y, mais sans impliquer l'Amérique. Ce n'est pas la peine d'incendier des bureaux de presse américains à Tripoli. Les Américains ne prennent pas parti dans ce conflit ! » En anglais, littéralement : *« The Americans are not a party to this conflict. »*

Quelque temps auparavant, au cours d'un dîner chez l'ancien ministre Henri Pharaon, membre de la Troisième force, ce même ambassadeur nous avait annoncé, sans détours : « Je suis heureux de vous rencontrer ici tous réunis. Je voudrais surtout que vous ne vous trompiez pas : il n'y a qu'un ambassadeur d'Amérique au Liban, c'est moi. » En réponse à la question : « Et qui est l'autre ambassadeur présumé des États-Unis ? » Réponse du tac au tac de McKlintock : « Le professeur Charles Malik. »

J'ai quitté le dîner aussitôt que possible afin de prévenir Chamoun – au milieu de la nuit – que c'en était fini, que les Américains, qui l'avaient jusque-là appuyé, venaient d'annoncer qu'ils le lâchaient... Je connaissais la musique. J'avais d'ailleurs vu d'autres diplomates américains de passage à Beyrouth qui m'avaient dit la même chose, quoique avec moins d'autorité.

G.K. : Ces propos n'ont pas été, à ma connaissance, divulgués jusqu'à présent.

G.T. : Pour ce qui est du débarquement américain du 15 juillet, je l'ai appris la veille par un journaliste américain qui avait vu l'«*order of evacuation*» que l'ambassade avait communiqué aux ressortissants américains. J'en ai informé le président Chamoun, indirectement, par patriotisme. Il hésitait à me croire !

Le lendemain matin, les gens qui étaient à l'hôtel Saint-Georges ont donc vu se profiler à l'horizon les nombreux navires américains de la VIe flotte. Les Français ont aussitôt dépêché le *Jeanne d'Arc*. Je me souviens que les jeunes filles qui se baignaient au Saint-Georges allaient en périssoires vers le croiseur français plutôt que vers le porte-avions américain. Dernier souvenir de ce jour-là : vers midi, une délégation de la Troisième force — les anciens ministres des Affaires étrangères Henri Pharaon et Joseph Salem, le député Raymond Eddé et moi-même — s'est rendue au ministère de la Défense chez le général Fouad Chéhab. Nous avons vu alors l'attaché militaire et l'attaché naval américains quitter précipitamment le bureau du général. Ce dernier, à qui nous avons ensuite demandé ce qu'il comptait faire, répliqua : « C'est l'heure de la sieste, je vais dormir », et s'adresssant au chef d'état-major, il ajouta : « Tu assumes le commandement. » Ce qui n'empêcha pas McKlintock de se faire accompagner par le général pour précéder le convoi des chars américains jusqu'au centre de la ville.

J.L. : Voilà, au plus fort de nos considérations générales sur l'évolution historique du Moyen-Orient, des coups de projecteur en direct, « de la bouche du cheval » comme on dit !

G.T. : Je poursuis mon témoignage. Le soir, des rumeurs d'attaque imminente contre le palais présidentiel, à partir du bastion musulman de Basta, inquiétèrent Chamoun. Se sentant en péril, à juste titre peut-être, après les descriptions que l'on colportait de l'assassinat de Noury Saïd le 14 juillet à Bagdad, où le cadavre du fameux Premier ministre avait été traîné dans les rues, le président demande donc que les *marines* envoient un détachement le protéger. Après de longues tergiversations, une solution fut trouvée par McKlintock et l'amiral de la flotte Holloway : on allait envoyer des chars se poster deux rues plus loin pour protéger non le palais, mais des installations américaines qui se trouvaient là. Les chars étaient assez éloignés, mais visibles. Comme pour dire : les Américains sont là, pas de blague ! Chamoun put ainsi rester jusqu'au 23 septembre à la présidence, et terminer son mandat.

G.K. : Qui lui succède alors ?

G.T. : Chamoun avait choisi Fouad Chéhab comme chef d'État. Et ce n'est pas par accident ou par trahison, mais plutôt le fruit d'un raisonnement un peu précipité : l'Occident avait besoin de militaires au Liban aussi, d'un militaire de droite, face aux régimes militaires gauchisants et potentiellement tous anti-américains. Chéhab remplissait les conditions : il tenait l'armée, seule force de stabilité, « *la milice la plus puissante* » disaient certains, si une confrontation devait intervenir. De plus, bien que de formation française, Chéhab ne pouvait être que pro-américain. Il était de surcroît habillé en civil, sauvant ainsi les formes de la démocratie.

G.K. : C'est ce que vous appelez la période des régimes militaires, la militarocratie.

G.T. : Oui, le Liban est cependant le seul pays où les militaires se sont transfigurés en civils pour gouverner ! Et cela continue encore jusqu'aujourd'hui !

J.L. : Pardon, Nasser et ses compagnons s'étaient « civilisés » à partir de 1956...

G.T. : Mais ils sont demeurés commandants en chef de ceci et de cela, ont gardé leur grade et leurs commandements. Nasser ne s'est pas promu maréchal, comme Husni Zaïm, ou certains autres, et il se présentait aussi souvent en uniforme de colonel qu'en complet veston.

J.L. : Nasser était le président, on disait le Raïs ; personne ne l'a plus appelé colonel à partir du 1ᵉʳ janvier 1956. Quand il a été élu, il est devenu le président Nasser, et autour de lui il n'y avait pas plus d'officiers que dans un régime supposé « civil ». Les gens ne parlaient pas plus du colonel Nasser que du général Noury Es-Saïd, civilité qui n'impliquait ni la modération ni la démocratie ! Au contraire... Il était démocrate quand il était officier. Il est devenu dictateur quand il a mis un veston...

G.K. : Pour conclure, peut-on dire que le nassérisme et l'émergence des colonels sont directement issus de la Nakba, de la défaite de 1948 ?

G.T. : Nasser le laisse entendre en racontant son rêve d'une nuit pendant le siège de Fallouja. C'est là qu'il a longuement médité avec ses camarades les raisons de la défaite, rêvant d'un coup d'État. Nasser raconte dans plus d'un discours la frustration d'officiers qui n'ont même pas eu l'occasion de se battre, cernés par un ennemi qu'ils auraient pu, disent-ils, qu'ils auraient dû vaincre si leurs armes n'avaient pas été obsolètes, et leurs munitions avariées. En effet, la presse avait déjà dénoncé à grand fracas des transactions scandaleuses, bien avant la révolution.

La haine d'Israël s'est portée sur les gouvernants responsables de l'humiliation et du malheur. C'est là que la logique du coup d'État distingue l'Égypte, autant que la Syrie, des processus libanais des années 50, puis des années 70.

J.L. : Je maintiens mon point de vue : le nassérisme est né dès avant la Nakba. Il est d'abord une révolte de fils de paysans en uniforme, révolte concentrée et portée à l'extrême par la défaite… Mais j'exprime ici, il est vrai, le point de vue du naïf étranger.

(Entretien du 27 mai 2001, Roussillon)

4.

Les défis du nassérisme

Gérard Khoury : J'aimerais que l'on achève de parler de la « militarocratie », c'est-à-dire des régimes de « coups d'état-majors », de leurs conséquences, et, dans cette optique, que vous disiez quelques mots de la Syrie et de la R.A.U.

Ghassan Tuéni : On oublie que Nasser a toujours maintenu, dès l'instauration de la R.A.U. en 1958, qu'il n'en avait pas recherché la constitution. Pour lui, jusqu'alors, l'unité arabe était un idéal, un rêve plus ou moins lointain, auquel ne correspondait aucun projet pratique, aucun plan d'action immédiate.

Jean Lacouture : En 1958, Nasser a été « violé » par les Syriens, qui lui ont forcé la main.

G.T. : Pour comprendre ce qui est arrivé, sans faire l'historique de dix années de coups d'État successifs en Syrie, il faut souligner deux choses principales : *primo* que les états-majors qui s'éliminaient successivement, à un rythme de plus en plus saccadé, n'avaient pas réussi à supprimer les partis ni à vider les structures constitutionnelles de leur substance politique ; *secundo* que les mobiles, autant que les forces motrices des coups d'État, n'étaient pas que militaires ;

l'armée en se politisant hébergeait de plus en plus les divers partis et leurs luttes politiques autant qu'idéologiques.

Le dernier acte de l'intrigue est né du fait qu'une fois de plus une crise constitutionnelle menait droit à un nouveau coup d'état-major, que se préparait à entreprendre le commandant en chef du moment qui se trouvait être un sunnite, communiste déclaré, le général Bizri ; une porte ouverte pour que les communistes – la légitimité militaire étant acquise –, s'installent au pouvoir à l'exclusion des autres partis. Manœuvre habile, mais autodestructrice : le leader socialiste Akram Hourani, qui avait déjà été l'allié civil du premier coup d'État et son doctrinaire – peut-être *a posteriori* – se précipite alors chez Nasser pour lui proposer l'union avec l'Égypte comme seule issue à une crise dont les conséquences régionales auraient été des plus graves.

Nasser tergiverse, pose comme condition que la décision par la Syrie de demander l'union soit unanime. Ce qui fut fait. Le chef de l'État, Choukri Kouatly – le même qui avait été destitué par le premier coup d'État en 1949 –, se rend au Caire à la tête d'une délégation nationale de civils et de militaires, tous trop heureux de voir leurs conflits aux solutions impossibles enfin livrés à l'arbitre suprême ; démarche, inutile de le souligner, appuyée à l'unanimité par le peuple. La Syrie respirait enfin. Elle allait avoir un chef inamovible. Son propre pharaon. Mais un pharaon que les socialo-baasistes de Damas pensaient pouvoir instruire de leurs idéologies unitaires et progressistes.

La même situation, je pense, s'est répétée par la suite au Yémen. Nasser a-t-il provoqué la révolution au Yémen ou est-elle née d'elle-même au nom du nassérisme ? La question reste posée.

J.L. : Il est tout à fait possible que Nasser ait déclenché l'opération du Yémen, content d'y faire un cliquetis d'armes pour éviter de faire la guerre à Israël, comme une sorte de dérivatif : « Nous sommes très occupés au Yémen, nous ne pouvons pas nous occuper d'Israël ! »

G.T. : À l'origine, il y eut certes des pronassériens, ainsi que pour le coup d'État de Bagdad, mais la même question se pose ici et là : est-ce Nasser qui fut à l'origine du coup d'État de Kassem et d'Aref ? Nous ne le savons pas, non plus.

G. K : 1958 est une année faste en événements d'importance capitale, mais tous aussi difficiles à démêler. Y avait-il une relation quelconque, une complémentarité invisible qui aurait mené au débarquement des *marines* à Beyrouth en juillet ? On peut le penser...
Mais revenons à ma question première : Nasser à Damas.

G.T. : La visite de Nasser à Damas provoque un véritable délire. Du balcon du palais présidentiel, face à la foule qui scandait « Nasser, Nasser », comment résister au rêve ? Le monde arabe était en voie de s'unifier ! La République arabe unie, ce jour-là seulement à deux étoiles, allait bientôt trouver sa troisième avec le Liban, dont des délégations étaient venues à Damas en masse, scandant les mêmes slogans, appelant de leur ferveur à la même unité.
Mais bientôt les réalités de l'unité se révélèrent différentes du rêve syrien. Kouatly était bel et bien proclamé Premier citoyen de la R.A.U., Hourani nommé vice-président de la République, avec siège au Caire, et plusieurs ministres syriens ayant des portefeuilles aussi importants qu'inefficaces. Mais le véritable pouvoir était exercé par les secrétaires d'État égyptiens. Et, qui plus est, le pouvoir local, à Damas, était aux mains du maréchal Abdel Hakim Amer, proconsul omniprésent sinon omnipotent : on notait, dès les premiers jours, un glissement vers le gouvernement par les

services secrets militaires, avec à leur tête, à Damas même, un personnage de triste mémoire : Abdel-Hamid Sarraj, qui cumulait ses prérogatives syriennes de chef du Deuxième bureau avec des pleins pouvoirs au Liban.

Ces services secrets, cependant, n'ont pas pu prévenir un nouveau coup d'état-major à Damas, organisé au bureau même du proconsul Amer. L'union fut proclamée dissoute, et Amer conduit à l'aéroport, avec tous les honneurs dus à son rang.

La République arabe unie continuera de porter ce nom, mais sans la Syrie, sans que le Liban ait eu le temps de s'y joindre ; c'était une ébauche d'union, relancée plus tard avec le Yémen...

G.K. : Mais le Yémen ne s'est pas vraiment intégré à la R.A.U.

G.T. : Parlons un peu du Yémen. Rien n'illustre le drame de l'unionisme nassérien autant que les Mémoires, publiés récemment à Beyrouth, de Mohsen el-Aïni. C'est le seul homme d'État arabe, ancien président du conseil des ministres (Yémen du Nord après la révolution), qui raconte tout son itinéraire, depuis son enfance de petit berger quasiment orphelin jusqu'à son ascension au faîte du pouvoir. En 1965, à la suite d'une crise entre Sanaa et Le Caire, le président el-Aïni s'était rendu chez Nasser, accompagné de tous les membres de son nouveau gouvernement, pour tenter de résoudre les contradictions égypto-yéménites de la révolution. Nasser, qui ne semblait pas du tout informé sur le Yémen, leur conseilla d'aller voir Amer et Sadate, car c'étaient eux qui avaient pris en charge le dossier. À la suite des entretiens avec les deux lieutenants de Nasser, puis avec Chams Badran, chef des Services secrets, les membres du gouvernement yéménite se retrouvèrent tous en prison, la

140

nuit même. Nasser affirmait que c'était un gouvernement des partis présidé par un baasiste. Aïni eut beau lui dire qu'il ne l'était pas, mais qu'il avait certes eu des sympathies baasistes quand il était étudiant à l'université du Caire, comme tous les jeunes étudiants, il ne convainquit pas Nasser, qui demeura inébranlable. Bref, il y avait chez le Raïs une volonté de casser les partis, fussent-ils les partis de l'unité arabe, sans jamais s'expliquer sur cette antinomie : comment faire l'unité arabe sans les organismes représentant la volonté nationale qui la réclamait ? Il y avait là une zone de flou qu'il faudra un jour élucider. Les gens ont voulu faire la révolution pour le nassérisme, mais peut-être sans Nasser ! Quand on arrivait chez lui en lui apportant la victoire sur un plateau, en lui disant qu'il était le commandant en chef et qu'on avait fait ce qu'il souhaitait, Nasser n'en voulait pas. Ou du moins ne voulait-il pas des artisans de sa victoire. Comment expliquer autrement sa réserve vis-à-vis du coup d'État – proclamé nassériste – de Bagdad en 1958 ? Un manifeste d'appui, mais de loin en loin. Je crois pour ma part que Nasser a paniqué en constatant la violence autant que la facilité avec lesquelles la révolution irakienne s'était accomplie.

J.L. : Les Soviétiques se sont trouvés devant un semblable dilemme en URSS. À la mort de Lénine, la question s'est posée presque en ces termes : faire la révolution dans le monde entier ou dans un seul pays ? Trotski contre Staline. D'une certaine façon, Nasser était à la fois le Trotski et le Staline des Arabes, peut-être plus Staline que Trotski. Il était d'abord égyptien. Il voulait bien parler de l'arabisme en général, mais vouloir l'imposer partout l'exposait à se heurter à des oppositions mortelles. Nasser projetait l'unité arabe dans un délai de dix, vingt ou trente ans ; c'était un idéal à terme comme celui de beaucoup d'Européens qui pensent à la construction de l'Europe. Quand il faut sauter le pas, on retrouve les Européens hésitants comme à la conférence de Nice à l'automne 2000. Il en a été de même, me semble-t-il, dans les années soixante, de Nasser face aux Yéménites et aux Syriens qui lui demandent de l'aide. Il fait valoir qu'il sort à peine de la crise de Suez, et affirme ne pas vouloir s'embarquer dans une autre crise internationale.

G.T.: Ici, vous me permettrez de me poser sérieusement la question: quel besoin avait Nasser de s'encombrer du gouvernement et de la responsabilité de tant d'Arabes, tous turbulents et compliqués, quand il pouvait se contenter d'exercer ce que j'appelle « le gouvernement par le transistor »? À tout moment, Nasser pouvait faire un discours radiophonique capable de soulever instantanément les masses arabes quelles qu'elles soient. Ces masses suspendues à leurs transistors se chargeraient, pensait-il, d'infléchir l'orientation de leurs gouvernants. Pour faciliter les choses, Nasser avait, depuis le discours de Suez, changé de langue et commencé à utiliser l'égyptien populaire, qui galvanisait les foules...

J.L.: À mon tour de poser une question: quand Nasser choisit de parler l'égyptien *baladi*, ne se coupe-t-il pas de l'unité arabe? Ne choisit-il pas le cadre égyptien? L'arabe égyptien n'était guère compris à Bagdad ou à Sanaa...

G.T.: Peut-être pas à Bagdad, mais certainement à Sanaa et en Syrie parce que les films égyptiens, les chansons égyptiennes, toute la culture populaire de l'époque véhiculait le *baladi*.

J.L.: C'est-à-dire la culture populaire cairote.

G.T.: Cairote et alexandrine, tandis que l'arabe d'Ali Maher et de Makram Obeid était un arabe d'intellectuels, de

« coranisants », d'une élite qui ne pouvait pas remuer les mêmes foules !

J.L. : Selon vous, comme il y a une « démocratie par le transistor », il y a aussi une « démocratie par le cinéma » ?

G.T. : Le transistor, c'est parce que Nasser était à la radio tous les jours, soit par un discours, soit par des extraits ou une répétition de ses discours de la veille. Il aurait pu se réveiller un matin et décider de dire qu'il fallait faire chuter le roi Abdel Aziz. Vingt minutes de discours à ce sujet et tout le Hedjaz aurait tremblé ; les gens seraient descendus dans les rues et auraient provoqué une crise ! C'était ainsi. Il n'avait pas besoin de faire une République arabe unie, tout le « peuple arabe » était prêt à le suivre, plutôt qu'à obéir aux gouvernements qui auraient osé le contredire. De plus, ce que Nasser hésitait à proclamer directement était relayé par sa radio parallèle « La voix des Arabes », radio pour laquelle auncun mensonge n'était trop grossier.

J.L. : La République verbale unie !

G.T. : Entre le balcon d'où étaient prononcés les discours, et le cabinet où se menaient les pourparlers... c'était le balcon qui primait !... Alors, dans cette optique, je crois plutôt que Nasser a mobilisé les foules du Yémen contre un imam préhistorique, l'imam Yehia, pour qui gouverner, c'était seulement garder le trône. Lorsque j'ai été le voir à Sanaa, il avait un fauteuil de dentiste ou de coiffeur qui lui servait de trône. Il s'en amusait car il pouvait se soulever et avoir l'impression de dominer !... Il avait, par ailleurs, dans sa salle du trône, un coffre-fort où il gardait un ancien rouleau de la Torah. Ses ambassadeurs à la Ligue arabe faisaient des discours en poésie, avec des vers arabes équivalant à des alexandrins. Cependant, une fois la poésie terminée, ils s'abstenaient de voter! C'était ridiculement archaïque!

J.L. : Notre ami Jacques Berque racontait une belle anecdote : « À la commission de l'Éducation des Nations unies, il y avait un délégué yéménite qui, au moment de la discussion sur le droit des femmes à lire et à écrire, a tout d'un coup levé la main et posé la question suivante : « Écrire, les femmes ? oui. Mais écrire à qui ? »

G.T. : Nasser donc galvanisait les foules, mais de là à vouloir les gouverner, je crois qu'il hésitait à franchir la ligne.

G.K. : Il y a, me semble t-il, une disparité sur le plan institutionnel et étatique entre l'Égypte – un État qui existe depuis trois, quatre mille ans – et les jeunes États du Proche-Orient issus de l'Empire ottoman et en train de se constituer. Le Yémen en est encore au balbutiement du politique, comme l'étaient d'autres pays arabes. Nasser doit d'abord tenir et transformer l'Égypte, puis ensuite envisager une action pour les autres pays, qui ne sont pas au même stade qu'elle.

J.L. : L'Égypte est un peu comme une automobile neuve qui ne veut pas s'aventurer en tout terrain! Dans cette auto qui roule et fonctionne bien, il y a un téléphone pour parler à tout le monde... mais il n'était pas question de s'ensabler dans les déserts alentour...

G.T. : La formule est claire. Nous pourrions intituler notre propos : « Après Suez, à la recherche de la nation arabe et des unités impossibles. »

J.L. : Mais que pensez-vous de la « philosophie de la révolution » de Nasser ? Le manifeste naïf a-t-il vraiment touché les Arabes ?

G.K. : Y a-t-il même une rationalité de cet ordre pour Nasser, celle de l'élaboration d'un manifeste auquel on se tiendrait ? Choisit-il clairement sa voie ?

J.L. : Il ne faut pas se faire d'illusion : Nasser a déclenché – avec quelques capitaines, commandants, lieutenants-colonels, et au dernier moment avec le bon général Néguib – un coup formidablement bien monté et orchestré, techniquement réussi, le portant presque aussitôt au pouvoir. Il n'est pas certain de vouloir faire la république immédiatement, mais il lui faut présenter quelque chose au monde. Nasser est un homme qui lit la presse internationale, le *Herald Tribune* par exemple, et la presse de gauche anglaise ; il a autour de lui des diplomates internationaux de haut niveau, dont Jefferson Caffery et Couve de Murville, et il se fabrique ainsi un argumentaire. Nasser agit d'abord, et il trouve ultérieurement des « raisons » à son action. Avec son ami Haïkal, il fabrique donc – après coup – la théorie des trois cercles : le cercle égyptien, le cercle arabe, le cercle musulman. Le niveau de ce texte est au mieux celui du bachot deuxième partie ! Nasser et Haïkal valent pourtant mieux que cela, mais ils agissent à la hâte pour montrer qu'ils ne sont pas seulement des gens capables de chasser Farouk, mais qu'ils ont aussi une pensée.

G.K. : C'est une légitimation *a posteriori*.

J.L. : Cela ne va pas vraiment au-delà. Je ne vois pas grand monde qui ait pris cela au sérieux. Nasser lui-même ne s'y référait pas souvent. L'utilisation de ce texte par le gouvernement français de Guy Mollet après le coup de Suez, soutenant que c'était le *Mein Kampf* de Nasser, comparant ainsi Nasser à Hitler, était grotesque. On s'est moqué à l'époque de cette ambitieuse « philosophie de la révolution », qui était, en effet, assez légère... Le pouvoir avait été conquis à la hussarde, et en silence...

G.T. : Ce constat est une approche parfaite et réaliste des événements, à laquelle je souscris. On peut voir là une répétition de ce qui s'est passé après la guerre de 14-18, à l'époque de la Conférence de la paix.

Les indépendantistes ont hérité chacun de son morceau de l'Empire ottoman. Satisfaits du pouvoir qui leur était dévolu, ils se sont demandé alors ce qu'ils allaient en faire. Nasser est lui aussi arrivé avec un projet négatif : renverser la royauté et venger l'armée. Il y avait, certes, un souffle positif mais ce n'était pas un programme de gouvernement ; c'était au mieux une pensée approximative ! Peut-on faire alors un bilan de cette philosophie de la révolution « à l'épreuve des réalités sociales, des intérêts des partis, des intérêts des peuples » ?

G.K. : Jusqu'à présent nous avons peu pris en considération la base socio-économique des révolutions. S'il y a eu en Europe des révolutions avec des effets durables, c'est bien parce qu'il y avait un tissu social et économique qui était un soutien au politique.

G.T. : La révolution militaire égyptienne a une orientation économique, due en partie à l'origine sociale de ses officiers, issus de familles paysannes, ou de petits fonctionnaires. Leur solidarité de classe et leur perception des besoins de la société sont anti-riches, anti-pachas, et c'est pour cette raison qu'ils se sont tout de suite orientés vers la première réforme agraire.

G.K. : Pourrait-on dire qu'il n'y a pas de classe moyenne en Égypte ou dans le monde arabe, sauf au Liban ?

J.L. : En Égypte, du fait de la « révolution », et au bout de cinq à six ans, il se forme une sorte de classe moyenne de pouvoir dont les officiers sont, si on peut dire, la structure, le squelette.

G.T. : Combien y a-t-il d'habitants en Égypte à cette époque ?

J.L. : Vingt-cinq millions.

G.T. : C'est un peu comme en Russie où il y avait les princes et les serfs, sans classe moyenne. Mais il n'y avait pas de serfs en Égypte, il y avait les fellahs qui travaillaient chez les pachas, mais qui n'en étaient pas la propriété, au même titre que la terre. Ils étaient analphabètes, ignorants et malades ! Cela me rappelle ce mot étonnant qu'on attribue à Mustapha Nahas Pacha, héros anti-anglais de l'indépendance égyptienne, quand les médecins sont venus lui dire : « Nous avons trouvé un remède pour guérir les Égyptiens de deux maladies endémiques, la bilharziose et le trachome. » Il aurait répondu : « Mais si je les guéris de la bilharziose et du trachome, comment vais-je les gouverner ? » Cette parole n'est sans doute pas tout à fait exacte, mais c'est une caricature bien trouvée. Il y avait quand même une classe moyenne, mais elle n'était pas égyptienne, c'était une classe cosmopolite.

G.K. : Des Levantins, des Grecs, des Syriens, des Italiens… toute la société alexandrine.

J.L. : Un monde cosmopolite jusqu'à l'avènement du Wafd, au début des années 20 ; dès lors, ce sont quand même essentiellement des Égyptiens du terroir qui gouvernent dans le cadre d'une monarchie d'origine albanaise, car Fouad, puis Farouk sont des descendants de Mohammed Ali, l'Albanais.

G.T. : Mais les pachas du terroir musulman égyptien de souche sont les seigneurs de la féodalité agraire. La bourse, le commerce extérieur, l'industrie et la cour elle-même sont encore tenus par des « parasites levantins ».

G.K. : Vous allez dans le sens du dénigrement des Levantins par le colonel Lawrence, qui les opposait aux Arabes, seuls à avoir grâce à ses yeux ; alors qu'ils représentent, à mon sens, en même temps il est vrai que leurs intrigues commerciales « levantines », le milieu cosmopolite, évolué, ouvert aux idées de la modernité ! Songez à l'univers du *Quatuor d'Alexandrie* de Lawrence Durrel.

J.L. : En effet, beaucoup d'Arméniens, de Syro-Libanais, de Juifs, de Grecs, d'Italiens font pour les pachas l'essentiel du travail et forment cette classe cosmopolite, qui parle couramment les langues étrangères, et plus particulièrement le français, par exemple, dans les magasins du Caire.

G.T. : Et qui utilisent l'argent sans avoir la fortune des pachas de la féodalité.

J.L. : La « révolution » de juillet 1952 « égyptianise » l'Égypte.

G.T. : C'est tout de suite le cas, avec les nationalisations et la réforme agraire. Il est curieux de constater que ce courant avait déjà commencé en 1950 en Syrie.

C'est une tendance naturelle des militaires, issus du peuple, mais également sous-jacente au chéhabisme dans les années soixante au Liban. Il n'y avait pourtant nulle part au Liban de pachas, mais une volonté du président Chéhab (qui, lui, n'était pas « issu du peuple » mais s'enorgueillissait d'être *amir*, descendant des princes du Liban) de répondre à une situation où les inégalités sociales étaient frappantes et les disparités de développement régional criantes.

G.K. : Y a-t-il eu, au Liban, des résistances sérieuses aux réformes sociales et agraires ?

G.T. : Je n'en suis pas sûr. Plutôt une administration demeurée incapable, malgré le chéhabisme, d'entreprendre ces réformes. Mises à part les grandes propriétés du Akkar – celle des Abboud, par exemple –, la féodalité libanaise était un tissu de grandes familles qui avaient été grands propriétaires mais qui ne l'étaient plus, bien qu'attachées aux vestiges politiques de leur féodalité : les Joumblat, les Assa'd, les Skaff, etc. De toute manière, les propriétés au Liban n'avaient pas la taille de celles d'Égypte, où il s'agissait de villages entiers !

J.L. : Jusqu'à quinze mille *feddans* ! Plus de cinq mille hectares...

G.K. : Il y avait aussi des villages en Syrie du Nord, moins importants certes, mais qui pouvaient être la propriété d'un seul homme. Ce qui compte davantage en matière de changement, n'est-ce pas l'évolution des mentalités parallèlement aux réformes agraires ?

G.T. : Le fellah syrien est moins ignorant que le fellah égyptien, mais il est accroché à la terre et il relève du bey. Il n'y a pas de pacha, mais un bey, Bey El-Azm, Bey El-Barazi, etc.
Évoquons à nouveau l'émergence des nouvelles classes, qui comptaient des intellectuels et des universitaires.

Curieusement, certains de ces universitaires du Liban et de Syrie étaient partis étudier dans deux capitales : Paris et Le Caire. Le Caire, très féodale, produisait des révolutionnaires syriens, parce que les étudiants du Caire ont toujours été une force révolutionnaire. N'oublions pas la révolution de Mustapha Kemal ; l'Égypte n'a pas attendu Nasser pour se révolter, c'est le seul pays arabe qui a eu une tradition révolutionnaire importante.

J.L. : Dont celle d'Arabi Pacha en 1882.

G.T. : Certes, mais de telles révoltes n'ont pas eu lieu en Syrie, sinon contre le mandat. Alors qu'au Liban, depuis Fakhr Ed-Dine, la « pratique » des révoltes politiques et sociales était usuelle... Rappelons que les massacres de 1860 ont eu à l'origine une révolte des paysans en 1858, conduite par Tanios Chahine, contre les seigneurs féodaux des deux communautés chrétienne et druze. L'ouverture à l'Occident était aussi, parfois, une école révolutionnaire en soi.

J.L. : Revenons un moment à l'Égypte. Je crois qu'il faut franchement distinguer le mouvement de 1952 et celui de 1956. Dans la phase de 1952, je vois vraiment une « rééygptianisation » de l'Égypte, alors que l'Égypte était jusqu'alors le foyer de la Ligue arabe. Il y avait eu le discours d'Azzam, en arabe littéraire, plus ou moins cosmopolite, adressé à cette élite égyptienne, venant d'un peu partout, et à cette cour qui recevait tout le monde. Le Caire est alors une capitale internationale où on fait de l'arabisme, sans être très sûr que cela aille bien loin. L'arabisme se vend bien et fait partie du prestige d'une ville internationale. Puis, en 1952, arrivent les officiers ; eux sont de vrais Égyptiens du terroir, des Égyptiens qui ont en tête un programme, essentiellement centré sur l'Égypte, sur la réforme agraire, sur l'épuration de la vie publique. Ils sont contre la corruption et le trafic d'armes qui ont conduit en 1948 à la défaite en Palestine ; mais ce programme c'est aussi du « justicialisme » : on réclame pour les pauvres, c'est une révolution, sinon démocratique à proprement parler, mais sociale à beaucoup d'égards, faite par une petite bourgeoisie rurale.

G.T. : Jacobine ?

J.L. : Peut-on vraiment dire jacobine ? D'une certaine façon, l'Égypte est elle-même très jacobine, car très centrée sur Le Caire. Il y a le problème Le Caire-Alexandrie. 1952 entraine une véritable « cairotisation » de l'Égypte. Alexandrie considérée jusque-là comme capitale royale, puis comme seconde capitale, rentre dans l'ombre à partir de juillet 1952. Mountazah-Alexandrie, c'était Versailles. Avec la « révolution », Le Caire redevient Paris !

G.T. : Versailles transformé aujourd'hui en hôtel !

J.L. : Les Romains disaient « Alexandria ad Egyptum ». À Alexandrie, il n'y avait plus alors que des étrangers (bien que Nasser y fût né…). Avec la « révolution », on revient au Caire, vieille capitale de l'Égypte.

G.T. : On revient à Moscou.

J.L. : De Saint-Pétersbourg à Moscou ! Donc si l'Égypte dans un premier temps se « réégyptianise », j'imagine que les idéologues de l'arabisme ont dû être assez gênés. Les commentaires de personnes comme Michel Aflak ne devaient pas être très positifs… Mais peut-être ont-ils pensé qu'il y avait à l'intérieur du monde arabe une forte poussée collective, qui finirait par faire retomber l'Égypte dans l'escarcelle de l'arabisme ! Dans un premier temps, en tout cas, c'est de l'Égypte « pur sucre », et les révolutionnaires sont vraiment des fellahs, avec leurs physionomies typiques de la vallée du Nil ou des faubourgs du Caire. Mohammed Néguib, c'est vraiment l'Égyptien tel qu'il peut être dessiné dans la presse populaire, au moment de la révolution, Al Masri effendi, un personnage comme Jacques Bonhomme en France. Puis en 1956, quatre ans plus tard, l'Égypte, lors de la crise internationale, fait un bond en l'air ; elle devient une puissance qui se met à regarder passionnément vers l'extérieur, qui se sent attendue par les autres. Répond-elle à cette attente ? Nous avons déjà vu qu'il y avait des coups de freins permanents. Une demande vient de Damas, une autre de Sanaa et d'ailleurs aussi. L'Égypte a besoin de se consolider elle-même, mais elle rêve d'y répondre et ne peut pas s'empêcher d'y rêver. Face à la puissance américaine, à l'ascension en force des Israéliens, il lui faut aussi jouer la carte internationale. Les Soviétiques aussi l'appellent vers l'extérieur. Alors, petit à petit, Nasser se mondialise, sans s'en donner les moyens... Cela arrive dans les quatre ou cinq ans qui suivent la « révolution ».

G.T. : J'ajouterai à titre d'illustration que le spectacle donné par « les Syriens au Caire », après la constitution de la R.A.U., était vraiment édifiant. Ils étaient non seulement empêchés d'exercer leur part du pouvoir mais aussi d'exprimer leur opposition, pas même sous forme de réserves ! Akram Hourani est alors vice-président de la République arabe unie, il est vrai, mais pour faire quoi, présider quoi ?

J.L. : Et le Syrien Salah Bitar est ministre des Affaires étrangères.

G.T. : « Étranger aux affaires » !...Tout ce monde-là n'arrivait pas à avoir la main sur les manettes égyptiennes du pouvoir. Il fallait les voir tous assis au Continental Hôtel, à fumer un narguilé, à discuter des heures durant de l'unité arabe, à recevoir les étudiants qui étaient au Caire. Ils allaient à leur bureau où il n'y avait pas de dossiers. Les directeurs généraux égyptiens leur répétaient *«aywa afandum»* («oui, effendis»), leur donnant la vague illusion de commander! Ils assistaient à un conseil des ministres présidé par le Raïs, qui parlait pour tous les ministres, égyptiens autant que syriens, de choses générales! Les décisions étaient prises ailleurs.

Je voudrais insister sur le décalage entre la philosophie de la révolution, telle qu'elle était prônée, et la réalité. Il y avait une dissonance réelle entre la révolution nassérienne et celle que voulaient les Syriens, et certains Libanais aussi, sans oublier quelques princes séoudiens installés au Caire, comme Talal Ibn Séoud qui, sans vraiment prôner une république du Hedjaz, aimait à se faire appeler Monsieur et non pas Prince. Mais, comme il ne fallait pas mettre en danger les ressources pétrolières, «on» le pria de se calmer. Et la charge symbolique du Caire, *la* capitale arabe, était lourde à assumer pour Nasser.

Il apparaissait ainsi que les Arabes n'étaient une nation que dans les manifestes des partis, les éditoriaux des journaux, les discours d'Azzam Pacha, secrétaire de la Ligue arabe. Mais quand on en venait à devoir gouverner une unité indivisible, cela ne fonctionnait plus. Une parenthèse idéologique s'impose ici: la définition de la nation – nous en avions déjà parlé en discutant de la Nahda – a continué d'être le thème principal des débats, particulièrement en Syrie et au Liban, mais aussi en Irak où les frontières avec le Koweit n'avaient jamais été reconnues. Les frontières arabes ont, beaucoup plus qu'en Europe, connu une fluidité, une «flexibilité» dont nous souffrons encore: nation libanaise, nation syrienne, «Croissant fertile», nation arabe, etc.

Similairement, dans la Presqu'île arabique, les conflits de frontières sont loin d'avoir été tranchés.

J.L. : Le cas de l'Égypte est très particulier. Les Égyptiens constituent une nation, un État millénaire. Le panarabisme était-il jouable à partir d'autres pays, de Damas ou de Bagdad ? L'idée du Croissant fertile syro-irakien était-elle plus réalisable ?

G.T. : En effet, le passé historique de l'Égypte lui fait jouer un très grand rôle : les pharaons, les guerres des Hyksos contre les Phéniciens. Un rôle conquérant, jusqu'à Ibrahim Pacha, mais pas fédérateur.

G.K. : Depuis le temps des Phéniciens, il semblerait qu'il y ait deux pôles de pouvoir qui s'opposaient : le pôle égyptien et le pôle babylonien. La version moderne de cette polarité est égyptienne et irakienne.

G.T. : Pendant les périodes d'empire spécifiquement arabe, Damas puis Bagdad ont été tour à tour capitales de l'empire arabe, alors que l'Égypte a été plutôt capitale de l'empire fatimide ou mamelouk. Puis l'empire arabe, celui des Omeyyades, s'est poursuivi en Andalousie, mais il n'était plus à ce moment-là omeyyade en Syrie. L'empire proprement arabe n'a duré que jusqu'au XIᵉ ou XIIᵉ siècle, avant de passer aux Perses, aux Ottomans, aux Mamelouks, aux Fatimides, à toutes les tribus et peuplades asiatiques aux frontières mal définies, qui sont en définitive plus nombreuses que les Arabes. Elles ont d'ailleurs contribué autant sinon plus que les Arabes à la philosophie arabe, au soufisme, à l'histoire (Ibn Khaldoun) et même à l'expansion des sciences. Avicenne était, rappelons-le, afghan.

G.K. : Je retiens donc ces deux facteurs essentiels : tout d'abord l'importance de l'égyptianité millénaire, puis la difficulté de constituer un pôle de l'unité arabe, à partir d'une volonté de cristallisation au XXe siècle – fondée sur la langue et la civilisation arabes –, mais sans qu'il y ait réelle légitimation dans le passé d'une arabité historique. Car, en fait, le pouvoir légitime omeyyade ou abbasside s'arrête avec le royaume de Grenade, et on ne trouve plus au XXe siècle de légitimation à l'arabité, autrement que comme mythe ou comme projection d'avenir, sans réalité structurelle sur le terrain.

G.T. : Les premiers qui ont abordé cette question, avec une intelligence de l'histoire, étaient les Libanais et les Syriens. Riad el-Solh et sa tribu, par exemple, n'ont pas soudain, en 1943, œuvré pour un Pacte national libanais et découvert que l'arabité du Liban passait par une indépendance nationale libanaise. Preuve en est ce discours généralement ignoré de Riad el-Solh en 1928, dans lequel il prône l'indépendantisme libanais, à condition que le Liban indépendant soit arabe. L'unité, même avec la Syrie, était ainsi rejetée pendant que les congressistes beyrouthins, tripolitains et sidoniens, à majorité sunnite, réunis en 1936 au « Congrès du Sahel » (congrès des villes côtières dites « de Syrie »), refusaient même la carte d'identité libanaise du Grand Liban créé par le mandat français. S'adressant plus tard à un public syrien qui lui reprochait d'avoir fait de l'indépendance libanaise un obstacle à l'unité arabe, Riad el-Solh disait : « Je travaille pour un Liban arabe qui unira tous les Libanais chrétiens et musulmans. Je ne trahis pas ainsi l'arabité (Al Ouroubâ), mais au contraire je prends le chemin qui mènera dans la réalité, le moment venu, à une unité arabe à laquelle tous consentiraient spontanément. C'est en consolidant l'indépendance d'un Liban uni et arabe que nous nous plaçons sur le chemin de l'unité avec les autres États arabes indépendants. Que les autres Arabes s'unissent d'abord, ce n'est pas le Liban qui leur fera obstacle. » Plus tard, en 1945, la Ligue des États arabes reprochera au Liban d'avoir saboté l'unité arabe, en faisant accepter que les décisions de la Ligue ne soient pas votées à la majorité des États, mais que seules les décisions votées à l'unanimité soient obligatoires.

Aujourd'hui, en revoyant les faits, il nous apparaît clairement que la *wehdat al amaliya* ou « Unité pratique » ne s'est jamais faite, parce que l'arabité et les courants unitaires n'ont jamais pu créer l'instrumentalité nécessaire à la concrétisation du rêve. Nasser n'y est pas parvenu, ni Khadafi non plus.

J.L. : Sommes-nous en train de liquider totalement l'arabisme ? Cent trente ans de rêve, d'efforts, de tensions vers l'unité arabe, et cinquante-cinq ans de démarches, depuis 1945, pour aboutir à ces réflexions désabusées que nous sommes en train de formuler ! Il y a eu de longs échecs dans l'histoire : l'unité allemande a attendu très longtemps avant de se faire, l'unité européenne attend et se fera probablement un jour... Lors de mon séjour en Égypte, il y a près de cinquante ans maintenant, je croyais avoir trouvé la réponse : « Ne haussez pas les épaules quand on vous parle de l'arabisme et de l'unité arabe, parce qu'il y a deux choses qui sont vraiment importantes et que les autres unités n'ont pas toujours eues : il y a la langue et l'indignation commune d'avoir été colonisé. Dès ce moment-là, l'arabisme, c'est exprimer dans un langage commun la même colère. » Aujourd'hui, que faisons-nous d'autre que de nous interroger sur les raisons de la colère d'un monde arabe et musulman qui n'a réussi ni à s'unir ni à se moderniser ?

G.T. : La même aspiration arabe de peuples différents, unis par un héritage commun, a été davantage un rêve qu'une dynamique d'unification. Face aux échecs répétés de ces aspirations, la colère a fini par prévaloir.

LA DÉMISSION DE NASSER

G.K. : Parmi ces impasses, il faudrait évoquer le départ de Nasser.

G.T. : Une des énigmes les plus intéressantes de Nasser, peut-être la plus intéressante à examiner, a été la fameuse « démission » qui suivit la débâcle de juin 1967. Avait-il vraiment démissionné et s'attendait-il vraiment à ce que sa démission fût acceptée et que les instances dites constitutionnelles consentent à choisir un successeur ? Ou bien n'était-ce qu'un test, une manœuvre, pour ne pas dire une comédie destinée précisément à soulever l'opinion ? Une opinion que l'on a probablement « aidée » à se soulever pour refuser la démission, et exprimer au Raïs sa confiance malgré la défaite qu'il a lui-même reconnue comme étant sienne. Israël pouvait avoir gagné une bataille, mais la vraie victoire consistait à maintenir Nasser au pouvoir malgré la défaite : autrement dit, sauver le régime malgré Israël.

Je me souviens très bien de cette mémorable soirée du 9 juin. On avait annoncé tous azimuts un important discours de Nasser. Les radios et télévisions du monde arabe tout entier étaient branchées sur Le Caire. Le discours était précédé de chants patriotiques traditionnels, plus égyptiens qu'arabes. Un retard, un suspense, puis voilà un Nasser avec une voix changée, un visage sévère et un voile de tristesse. Son discours est écrit, donc en arabe littéraire, mais avec quelques inflexions proprement égyptiennes. Il y fait une brève analyse de la guerre et des raisons de la défaite, qu'il nommera *naksa,* c'est-à-dire un simple revers. Enfin, il fait cette annonce avec solennité et beaucoup d'émotion : « Il est juste que, n'ayant pu gagner la guerre, j'assume la responsabilité qui s'ensuit. Je désigne Zakaria Mohieddine pour me succéder. Il a toute ma confiance. »

Nous étions plusieurs dans la salle de rédaction du *Nahar*, comme pour toutes les grandes occasions, groupés autour des postes de télévision et de radio. Il ne fallait pas perdre un mot, un signe... Mais au lieu de discuter, comme c'était l'habitude, nous étions traumatisés, émus aux larmes. Quelques-uns, qui s'étaient aventurés à crier « Bravo, voilà ce qui s'appelle du courage », se voyaient agressés : « Comment, Nasser parti ? Et que feront les Arabes après lui, sans lui ? »

Comme je regagnais mon bureau pour méditer le thème de mon éditorial – le titre était, croyais-je, tout trouvé « L'heure de la sincérité » –, une rumeur grandissante montait déjà de la rue scandant « Nasser, Nasser... », puis, tout de suite après, les bruits habituels de casse qui accompagnaient généralement les manifestations de foule. Une foule en transe saccageait tout sur son passage : voitures, vitrines et le reste.

Mes collègues m'annonçaient déjà que les manifestations avaient gagné non seulement toutes les capitales arabes, l'une après l'autre, mais aussi toutes les grandes villes libanaises. Le plébiscite fut définitif et déterminant.

Summum du ridicule « démocratique » : les Parlements arabes ou ce que l'on nommait ainsi, se réunirent les uns après les autres pour refuser et à l'unanimité, la démission qui ne leur était évidemment pas présentée !

Le Raïs, lui-même un chef militaire, de surcroît potentat s'il en est, avait, pour la première fois dans le monde arabe, voulu faire valoir un principe de responsabilisation politique et constitutionnelle. Refusée par tous – des parlements arabes au peuple des rues –, la démission fut rejetée et Nasser investi d'un nouveau mandat ; il s'empressa de l'accepter.

G.K. : Que pensez-vous de la « sincérité » de Nasser au moment de sa démission ?

J.L. : Je crois que Nasser a été profondément abattu par sa défaite de 1967 qui a éteint sa croyance en son étoile. Perdre une guerre en deux heures est un désastre peu banal.

D'un coup, il sait qu'il est vaincu. Lui et son ami Abdel Hakim Amer – seul homme en qui il avait confiance – sont profondément atteints. Surgit en lui une sorte de dégoût. Nasser était un homme assez profond et fier. Sa sincérité, au moment de son retrait, est réelle, me semble-t-il. Sa confiance en lui est profondément atteinte, son diabète a augmenté et il commence à se sentir invalide... Lorsqu'il choisit de présenter sa démission, il laisse aux autres le soin de jouer pour lui. Je crois que son mouvement est aussi complexe que le départ de De Gaulle en 1968, qui part pour Baden où sa famille le rejoint dans les heures qui suivent... Il y a en apparence quelque chose d'une fuite à Varennes... En apparence seulement !

G.K. : J'ajouterai que, pour un Arabe, devoir faire le constat amer de la défaite et de l'humiliation que cela représente est une honte ingérable face au regard des autres. Les sociétés arabes sont structurées sur la honte, et si on est le représentant de la honte, on n'existe plus, on est annulé.

G.T. : Alors Nasser, pour surmonter la honte, s'est fait ré-élire, re-légitimer !

G.K. : Sans doute, mais il est blessé mortellement, quel que soit le soutien qui lui est apporté ; psychiquement il ne tient plus. Dans cette complexité il y a quelque chose de sociologique, de politique et de psychique, et cela donne une dimension de héros tragique à Nasser.

G.T. : Le sommet de Khartoum suit de peu la démission de Nasser. Ce sommet arabe peut être appelé « le sommet des trois non » : non à la négociation, non à la reddition, non à la paix. Je tiens à présenter ici mon témoignage. À la suite de ce sommet, tout le monde arabe s'est rendu à l'ONU ; j'étais journaliste, mais membre de la délégation libanaise au titre d'envoyé personnel du président de la République. Il régnait, dans les salons et les corridors de l'ONU, une atmosphère de rassemblement champêtre du grand village arabe. Tous les chefs d'États étaient là. Le discours le plus dramatique fut celui du roi Hussein de Jordanie. Puis vint le Soudanais, qui, en tant que président de la session des chefs d'État arabes, avait le privilège d'annoncer les résolutions de ce sommet, tenu peu de jours avant l'Assemblée générale de l'ONU. Je lui ai demandé sur quoi ces trois « non » allaient déboucher. Il m'a répondu que c'était une tactique, que Nasser leur avait dit de proclamer ces trois « non », puis d'aller tous à New York et à Washington voir ce qu'on pouvait faire. J'ai vu le roi Hussein, et je lui ai posé la même question. Il a ri tristement et m'a répété ce que Nasser lui avait dit : « Va trouver l'oncle Johnson, et s'il te demande de lui baiser la main, baise-lui la main, c'est le seul qui peut te ramener les territoires occupés. Le reste c'est du vent. Nous allons dire non parce que nous ne pouvons pas dire oui d'avance, mais ces trois "non" sont trois "oui" ! »

J.L. : Je remarque, dans ce que vous racontez, que l'illusion du grand allié de l'Est a complètement disparu ! Il n'y a plus que l'oncle Johnson ! L'oncle de Moscou s'est évaporé…

G.T. : Non, pas exactement, mais il y a à cette époque une communication entre les deux grands ; la guerre froide avait ses règles du jeu. C'était le cas pour Suez, où les Égyptiens disaient que c'était l'ultimatum de Moscou qui avait fait reculer les Israéliens. Les Français et les Anglais en voulaient aux Américains de les avoir forcés à s'arrêter ; c'est évidemment de Washington que vient le coup d'arrêt...

G.K. : Revenons à Khartoum, tout de suite après la défaite de l'Égypte en 1967.

J.L. : À ce sujet, je peux également apporter un témoignage personnel. Peu après la guerre de 1967, j'ai entendu David Ben Gourion évoquer ses contacts dans une conversation au kibboutz Sdé-Bokr. J'achevais une enquête sur les territoires occupés ; à cette époque, j'ai écrit qu'ils étaient occupés avec beaucoup de doigté et que les Israéliens se conduisaient très intelligemment, ce qui n'est plus le cas depuis longtemps ...
Ben Gourion me dit qu'il avait eu plusieurs échanges avec Nasser, à travers deux députés travaillistes anglais, Richard Crossman et Maurice Orbach, qu'il avait reçu plusieurs messages de lui, mais il ne m'en a pas indiqué ni le moment ni le contenu. Ben Gourion a ajouté que Nasser lui avait fait savoir qu'il ne pouvait pas aller plus loin, et que s'il continuait, il serait tué... D'après David Ben Gourion, l'échange s'est arrêté là.

G.T. : Il y a eu ensuite un épisode très difficile, celui du plan Rogers. Kissinger émergeait et il a conseillé à Zayat, le ministre égyptien des Affaires étrangères, et aux autres, de ne pas perdre leur temps avec le Secrétaire d'État Rogers, leur affirmant que c'était lui à la Maison Blanche qui décidait ! Finalement, Rogers a dû démissionner, Zayat aussi. C'est une période trouble, et c'est pour cela que les négociations ont duré aussi longtemps.

J.L. : Y a-t-il eu, à cette époque-là, la moindre liaison, la moindre communication entre Nasser et les Israéliens ?

G.T. : Je présume, en effet, qu'il y avait certainement eu des contacts diplomatiques triangulaires. Il faut se rappeler qu'à la suite de la guerre, les relations diplomatiques avec Le Caire ont été rompues ; les Arabes avaient rappelé leurs ambassadeurs, et l'Amérique les siens – il n'y avait donc pas de contact diplomatique formel. On n'avait pas encore inventé les émissaires spéciaux. Tous les contacts se faisaient à l'ONU.

J.L. : Où vous avez passé une bonne dizaine d'années…

G.T. : Des allers-retours. Cette fois-là, je n'y étais que transitoirement. Au *delegates lounge*, on pouvait en effet se parler librement à tous les niveaux, prendre des rendez-vous dans les couloirs, ou se réunir dans les salons privés. Certains chefs de gouvernement sont allés à Washington, et principalement les Jordaniens. Depuis son appel téléphonique à Hussein lui demandant d'envoyer l'aviation le dernier jour de la guerre, Nasser semblait compter sur lui parce que c'était celui qui avait perdu le plus de territoires et pour qui l'enjeu était le plus important. Johnson a été très discourtois avec Hussein et lui a même reproché d'avoir participé à la guerre. Les Américains lui ont demandé pourquoi il avait autorisé l'O.L.P. en Jordanie, après l'avoir interdite, quel besoin il avait de ramener Choukairi, dans son avion, au retour du Caire. Ils lui ont rappelé que la guerre des Palestiniens était partie des territoires contrôlés par les Jordaniens, donc des territoires annexés par son père et ils lui ont demandé quel jeu il jouait. Il leur a répondu qu'il avait à choisir entre son trône et la terre, et que s'il avait dit non aux Palestiniens, il ne serait pas resté roi, mais qu'il savait qu'en se lançant dans cette guerre il allait perdre quand même des territoires…

G.K. : Ce dialogue d'Hussein avec les Américains intervient bien après la guerre de juin ?

G.T. : Tout de suite après. Le roi Hussein avait fait à l'ONU un très beau discours où il avait dit : « Je reviens de la bataille de Jérusalem, blessé mais non mort, défait mais non vaincu. » J'étais dans la salle. Le ton était shakespearien... Celui qui faisait l'intermédiaire entre Hussein et les Américains à Washington était non pas Kissinger, mais McGeorge Bundy. J'avais connu McGeorge à Harvard et je l'ai revu à cette occasion. C'est lui qui m'a raconté le choix d'Hussein entre la couronne et le territoire : « Il a sauvé sa couronne, à lui maintenant de sauver son territoire. Bonne chance ! » Et comme je lui demandais ce qu'il voulait dire, il a ajouté : « Vous savez, Johnson, c'est le Texas : vous vous êtes battus, vous avez perdu, c'est terminé. »

J.L. : Mais en disant : qu'« il sauve *son* territoire », il suggérait quelque chose...

G.T. : Non, Johnson les a laissés se débrouiller. On n'a enchaîné sur aucune négociation. Il y a eu plusieurs missions qui se sont superposées les unes aux autres... et le climat a été brumeux !

G.K. : Est-ce qu'on n'a pas estimé, à ce moment-là, qu'Hussein était un allié fidèle des Occidentaux, qu'on n'avait pas besoin d'en faire davantage, et qu'il n'y avait pas de risques de le voir braver les Américains ?

G.T. : À Khartoum, Nasser lui conseille : « Réconcilie-toi avec l'oncle Johnson et fais ce qu'il te dit. » Mais à Washington, Johnson lui a dit : « Débrouille-toi tout seul comme un grand. » Les Américains ont bradé Hussein !

G.K. : Ce qui montre pratiquement que dès qu'un leader arabe veut maintenir le dialogue avec les Occidentaux, il est écartelé entre la réalité politique et sociale sur le terrain et l'alliance avec les Occidentaux qui s'appliquent à l'ignorer.

G.T. : C'est un autre dilemme : qu'est-ce qu'on recherche, l'acceptable ou l'idéologique ?

J.L. : Le terme « les Occidentaux » me paraît un peu excessif, car il s'agit ici des Américains, vous venez même de dire des Texans. Or, en dehors des liens spécifiques que l'Angleterre avait avec Hussein, des Anglais comme Disraeli ou Gladstone ou un Américain comme Wilson n'auraient évidemment pas répondu ce qu'a répondu Johnson... Il a vraiment fallu que la réponse occidentale *dépende* des Américains et même d'un Texan pour qu'elle soit aussi cynique. D'ailleurs, la question de l'occupation des territoires à ce moment-là, et pendant quelque temps, était restée ouverte au débat. Juste après la victoire israélienne, Levy Echkol lui-même avait dit qu'il n'était naturellement pas question pour les Israéliens de rester des occupants, car le Juif ne saurait être un occupant. Ces paroles sont inspirées d'une tradition historique juive, mais elles n'ont en rien résolu la question de l'occupation et de l'administration des territoires. Les Israéliens préféraient parler de « territoires administrés », et non « occupés ». Mais les Nations unies les ont bien définis comme « *occupied territories* », ce qui caractérise une situation illégale, inacceptable, celle qui prévaut, aggravée, aujourd'hui...

G.T. : Je me suis souvent demandé si Johnson n'avait pas plutôt voulu dire : « Va te débrouiller avec les Israéliens. » Maintenant, toute l'histoire secrète des relations entre la Jordanie et Israël est connue et publiée. D'ailleurs, à la première rencontre de Rabin et de Hussein à la Maison Blanche, on leur a demandé s'ils se connaissaient déjà. Ils ont répondu qu'ils avaient déjeuné et dîné ensemble plusieurs fois à Londres. Hussein avait vite compris qu'il ne pouvait pas ne pas voir les Israéliens. Mais le seul résultat de ces rencontres a été le gel de la situation. Une période de flottement a suivi, caractérisée par un véritable concert d'idées et d'interprétations autour de telle ou telle phrase des résolutions de l'ONU, particulièrement la trop fameuse résolution 242 du Conseil de sécurité.

La mort de Nasser

J.L. : Retournons à la période entre 1967 et 1973, celle qui précède la mort de Nasser, moment essentiel où l'on voit émerger le leadership palestinien. Le dernier acte de Nasser, c'est d'avoir réuni Hussein et Arafat, en 1970, année cruciale.

G.T. : Ce sommet de 1970 auquel Nasser avait convoqué tous les chefs d'État pour « replâtrer » le monde arabe aurait dû être déterminant. Il n'y avait ni paix ni guerre, c'était une situation d'usure. L'alliance avec l'Union soviétique se traduisait par un rééquipement et un réentraînement de l'armée égyptienne et de l'armée syrienne ; c'était assez pour se défendre, mais pas assez pour attaquer. Bien évidemment ni l'armée jordanienne ni l'armée libanaise n'en bénéficiaient. Pour les Arabes, recevoir des chars et des plans d'utilisation était de l'ordre de la bravade ! Il n'y avait pas de dialogue, ni à plus forte raison de concertation arabe ! Il y avait eu, en revanche une guerre civile au Liban ! Le principal ordre du jour des rencontres politiques arabes concernait les décisions pour faire cesser les campagnes d'opinion des uns contre les autres. Cent fois on a pris la résolution de les arrêter sans succès ! La presse libanaise était le terrain favori de ces campagnes, parce que chaque pays y avait son journal. Je fais une parenthèse amusante : au premier sommet auquel Charles Hélou assistait après son élection, en 1964, les chefs d'État qui étaient réunis lui dirent :

« Monsieur le Président, en cette fin de réunion, nous voulions vous demander si vous pourriez quand même faire cesser les campagnes de la presse libanaise contre nous. » « Vous me devancez, leur répondit-il, parce que, moi, j'allais précisément vous demander d'intervenir, chacun auprès de vos porte-parole libanais respectifs, pour qu'ils cessent leurs campagnes contre moi. En fait c'est chacun parmi vous qui insulte l'autre, à travers son journal. Ce n'est donc pas moi qui puis dire à tel ou tel journaliste d'épargner tel ou tel autre chef d'État. »

En 1970, on recherche une unité arabe, sous la haute égide de Nasser, mais d'un Nasser fatigué – il est mort quelques jours après –, qui, selon ses proches et les témoignages publiés depuis, ne voyait pas d'issue à la guerre d'usure sans les armes offensives qu'on lui refusait.

J.L. : Pas d'issue militaire, ni pacifique non plus ?

G.T. : Il n'y avait ni proposition ni plan de paix.

J.L. : L'homme d'État que j'avais cru voir en Nasser devait alors proposer un plan de paix.

G.T. : Lui, un Arabe, jamais ! C'était l'époque où un Arabe ne proposait pas la paix. Au mieux, il réclamait l'application des résolutions de l'ONU, et encore : suivant sa propre interprétation. Dans une récente déclaration, le président Bachar el-Assad disait : « La paix demeure notre objectif stratégique, mais nous ne céderons sur rien. » C'est donc une reddition du victorieux au lieu de celle du vaincu !

J.L. : La défaite de 1967 a donné naissance au plan Rogers, que Nasser avait apparemment accepté.

G.T. : Il avait accepté le plan Rogers, mais en déclarant publiquement qu'il ne l'avait pas fait !

J.L. : Peut-on rappeler en deux mots ce qu'était le plan Rogers ?

G.T. : Le plan Rogers était basé sur ce qu'on appelle en américain des « réciproques » : c'étaient les territoires contre la paix, la reconnaissance diplomatique contre des plans de développement commun, notamment l'exploitation des eaux, mais accompagné d'une menace au cas où, la politique de la carotte et du bâton.

J.L. : Et le bâton américain, c'était quoi ?

G.T. : Le bâton, c'était obliger les Arabes à la paix, à une époque où les Arabes ne voulaient pas reconnaître Israël.

G.K. : Ni reconnaissance ni paix, Israël et le refus arabe…

J.L. : En fait, pour les Arabes il y avait une fameuse carotte, qui était de récupérer les territoires après la défaite de 1967…

G.T. : Pour les Égyptiens, au moment de la démission de Nasser, le territoire n'est pas important puisque le régime et le chef avaient été sauvés ! Quelle anomalie dans le raisonnement ! L'esprit arabe n'est pas de ce siècle ! Pour sauver un grand roi ou Napoléon, on ne sacrifie pas la moitié de la France ! Après la défaite de 1967, la reconnaissance d'Israël par les Arabes devenait un fait majeur. Face aux trois « non » de Khartoum, les Arabes s'imaginaient-ils qu'ils obtiendraient tout ce qu'ils voulaient sans la reconnaissance d'Israël?

G.K. : Et sur ces entrefaites, les Palestiniens entrent en scène...

G.T. : La grande avancée, après 1967, c'est que les Arabes ont reconnu ceci : « Nous avons échoué, le moment est venu pour les Palestiniens de décider eux-mêmes de leur sort ». On renvoie Choukairi, et Arafat prend en charge le destin palestinien, fonde le Fath, s'inspire de l'exemple de la révolution algérienne et déclare que le Fath était laïque tout en ayant recours dans ses adresses à une formule coranique : *« Bism Allah al rahman al rahim! »* Quand on lui demande pourquoi « Au nom de Dieu le miséricordieux », il répond que les Algériens lui ont conseillé de prononcer la formule parce que Dieu est le même, et que c'est la seule référence susceptible de mobiliser les gens et les amener à mourir. Je note donc qu'il y a déjà un grain d'islamisme en germe dès le début de la révolution palestinienne.

G.K. : Vous pourriez parler de la réconciliation, sous l'égide de Nasser juste avant sa mort, entre Hussein et Arafat.

J.L. : Nasser est mort en les raccompagnant à l'aéroport... Sa mort a conféré à l'entente une sorte de légitimité, sinon une sacralisation. Le testament de Nasser, c'est l'intégration du « palestinisme ». La mort de Nasser et la faillite arabe font émerger la cause palestinienne...

G.T. : Oui, la cause palestinienne, avec à sa tête un Arafat qui est un combattant et qui exprime la volonté de guerre de tous les États arabes. Les États arabes démoralisés ne vont plus se battre, mais faire une guerre d'usure, à l'ombre des activités des *fedayin*, et en attendant le moment où ils pourront de nouveau se battre. Désormais, les Palestiniens doivent prendre leur destin en main. Ils se sont installés en Jordanie, où il y a eu de vives tensions avec le roi, débouchant sur les affrontements du Septembre noir. À titre anecdotique, ne faut-il pas rappeler que pour amener Arafat d'Amman au Caire, après la bataille de septembre, deux princes koweitiens l'ont habillé en femme de leur harem et l'ont sorti dans leur avion privé ?

G.K. : En quelque sorte, la disparition de Nasser entraîne une légitimation de la cause palestinienne qui devient la cause arabe par excellence.

G.T. : J'ai bien aimé l'expression utilisée par Jean Lacouture : elle « sacralise » la légitimité et le leadership palestinien du monde arabe. Arafat devient l'arbitre comme Nasser l'avait été pour la cause arabe.

G.K. : La phase de l'arabisme nassérien a été l'aboutissement de ce long courant de renaissance arabe, puis après l'échec de Nasser, nous avons un passage du nationalisme arabe au nationalisme palestinien représentant la cause arabe. Cela ne prépare-t-il pas le repli de l'Égypte, son « africanisation » – pour reprendre l'expression qu'utilisait Lotfallah Solimane, un des opposants de gauche au nassérisme – et la paix que va faire Sadate ?

G.T. : Non pas l'africanisation de l'Égypte comme telle mais l'abandon du rêve d'unité.

J.L. : La seconde réégyptianisation de l'Égypte…

G.T. : L'Égypte demeurerait arabe si elle récupérait ses propres territoires dans une guerre avec Israël. Le rôle de pivot qu'a tenu Israël dans l'unification des Arabes est particulièrement vrai après la débâcle de 1967. À partir de 1970, le leadership palestinien d'Arafat est consacré, et la lutte armée palestinienne sacralisée. Cette lutte va passer de Jordanie au Liban.

Les Syriens n'ont jamais voulu accueillir la révolution palestinienne, et ont eu l'intelligence que n'ont eu ni le Liban ni la Jordanie du roi Hussein, qui a usé de violence. Ce dernier ne pouvait pas ne pas accueillir les Palestiniens parce que c'étaient ses propres citoyens, tout en n'acceptant pas qu'ils remettent en cause son État ! Quant aux Syriens, sans rompre avec eux, ils ont fait en sorte de les canaliser vers le Liban dès 1968.

G.K. : Même dès 1948...

G.T. : Oui, mais à partir de 1968, les actions révolutionnaires de guérilla partaient du territoire libanais et du territoire jordanien. L'enclave syrienne était une exception. Tandis qu'à la frontière égyptienne, il y avait la guerre d'usure, souvent de pure forme, une guerre « bon enfant !

G.K. : Mais ni le Liban ni la Jordanie ne pouvaient refuser la présence palestinienne, étant donné leur spécificité. Le Liban chrétien et multiconfessionnel, avec son État faible, était sommé de faire de la surenchère arabe et palestinienne pour continuer à être accepté. La Jordanie devait se faire pardonner ses concessions passées et présentes, et oscillait entre violence militaire et acceptation de la résistance palestinienne.

Sadate : la guerre d'octobre 1973

G.K. : Passons maintenant, si vous le voulez bien, à Sadate. Qui était-il ?

G.T. : Posons-nous la question d'une autre manière : peut-on pratiquer un nassérisme sans Nasser, après Nasser ? Après la mort du Raïs, le monde arabe s'est senti anéanti, « orphelin », comme l'ont dit tous les observateurs. Le monde arabe vivait dans la nostalgie des assemblées de réconciliation inter-arabes, telle celle tenue par Nasser la veille de son décès. On attendait Godot ! Il était mort !

J.L. : J'assistais à la Conférence du Tiers-Monde et des non alignés à Alger en 1972 ; la conférence fut surtout marquée par l'annonce de la liquidation d'Allende. L'absence des Arabes y était stupéfiante. À Alger, haut lieu de la libération arabe, compte tenu de l'histoire qui s'était déroulée depuis vingt ans, le monde arabe était déliquescent au point que Khadafi fit grande figure, les autres étant comme assoupis ! C'était le vrai sommeil arabe !

G.K. : Après *Le Réveil de la nation arabe*, pour reprendre le titre de l'ouvrage d'Azoury, il s'agirait aujourd'hui du sommeil de la nation arabe !

G.T. : Je dirais plutôt « ré-endormissement »

J.L. : Recueillant alors une interview de Sadate avec Éric Rouleau, j'avais l'impression de flotter dans le vide. Sadate, littéralement, s'endormait. Éric et moi regardions notre montre et nous demandions si nous n'allions pas couper court... Sadate était pourtant déjà en train de préparer l'opération de Kippour de 1973. Il est évident qu'il n'a pas improvisé cette opération en trois mois. Dormait-il? Endormait-il les autres?

G.T.: C'était sans doute une tactique d'endormissement des autres. Alors que Sadate − on ne le sut que bien plus tard − préparait minutieusement sa «traversée du Canal», il donnait l'image d'une hésitation permanente. Puis, soudain, au moment le moins attendu, Sadate attaque et gagne. C'était la guerre d'octobre 1973.

Quelques mois après, j'ai retrouvé Sadate au sommet islamique du Pakistan; il était glorieux, habillé en maréchal, avec toutes ses décorations. Arborant, pour ainsi dire, sa victoire. Il m'aperçoit de loin et me lance: «Dis à ce fou de Khadafi et au correspondant de ton journal que je n'allais pas me tenir au balcon pour annoncer à Israël quand j'allais attaquer! Quand on fait de la stratégie militaire, ce que ton petit Colonel ignore, il y a quelque chose qui s'appelle le secret!». Sadate avait marqué son coup. Il n'avait aucune envie d'être discret. Sans préliminaires, il renonçait à la pratique nassérienne du gouvernement à partir du balcon. En fait de diplomatie secrète, il n'est meilleure illustration que les conversations qui se déroulèrent pendant toute une année chez le roi du Maroc entre un émissaire de Sadate et un émissaire de Pérès, préparant dans le menu détail le scénario de la visite à Jérusalem, le préambule de Camp David.

G.K.: Sadate a donc bien caché son jeu et la guerre d'octobre a surpris tout le monde. Avec la guerre d'octobre 1973, il y a une tentative militaire de ressaisie arabe suivie d'une offensive diplomatique et symbolique. Sadate représente peut-être le seul moment où les Arabes sont moins perdants, où ils ont failli être gagnants s'il n'y avait pas eu sauvetage des Israéliens. Il y a eu alors équilibre entre Arabes et Israéliens.

J.L. : Une sorte de match nul. Sadate gagne le premier round mais perd le second, qui est évidemment décisif. Mais son bilan reste positif. C'est la première fois que les Arabes peuvent dire : « Dans la balance il y a deux poids, inégaux, certes, mais deux poids... »

G.K. : À la percée militaire s'est ajoutée une avancée symbolique très importante : le voyage à Jérusalem, celui de la main tendue et de l'acceptation de l'Autre.

J.L. : C'est, en effet, un bouleversement radical que provoqua le voyage à Jérusalem de Sadate ; par la vigueur de la pensée et l'éloquence, à la Knesset, où il l'emporte sur Begin. Pour une fois l'Arabe domine le Juif par l'intelligence et la noblesse ; Begin est bougon, râleur, à court d'argument ; Sadate a la grandeur d'ouvrir la voie à une négociation. Il rend ainsi au monde arabe une vraie dimension intellectuelle et morale.

G.K. : Sadate offre aux Arabes une compensation à l'humiliation antérieure, sur le plan militaire et sur le plan politique, mais leur rappelle aussi cette dimension de générosité et d'hospitalité arabe, en acceptant d'aller chez l'autre, fût-il l'ennemi, pour lui dire : « Serrons-nous la main et trouvons une solution » C'est un geste arabe qui peut parler à l'esprit chevaleresque, dans le même imaginaire que celui de Saladin traitant avec les croisés. Sadate espère ainsi trouver un appui dans le monde arabe, même s'il n'a fait que match nul en matière militaire, en raison de l'appui américain à Israël.

173

G.T.: Il y a dans ce qui est encore l'époque de la guerre froide des moments de dialogue, où le téléphone rouge fonctionne, et où on fixe le jeu. Nous nous retrouvons en présence de ce même phénomène en 1973, quand les Américains sont intervenus directement. Lorsqu'ils ont débarqué leurs chars à peine peints de l'étoile de David, de ce côté-ci du Canal pour sauver l'armée israélienne en débâcle, le Conseil de sécurité s'est brusquement réuni à la demande de Golda Meir. À ce moment-là aussi il y a eu une consultation entre les deux grands et cela mérite un examen. Là, il était entendu qu'on réglerait le jeu pour éviter une seconde guerre, mais le règlement définitif n'était pas encore au rendez-vous.

G.K.: Sadate va tenter d'y parvenir en essayant de convaincre les chefs d'État arabes de signer la paix. Il cherche, par ailleurs, à briser le front du refus, mais n'y parvient pas : ni les Syriens ni les autres pays arabes ne le suivent, ce qui aboutit à une sorte d'insularisation de l'Égypte... Il n'en a pas moins fait dépasser l'humiliation arabe de la perte des territoires, et il récupérera les siens – le Sinaï – grâce aux accords de Camp David en 1978.

Je voudrais revenir au passage du leadership arabe des Égyptiens aux Palestiniens, ce qui devient un défi pour tous : chacun voulait assassiner Arafat moralement. On voulait lui enlever ce leadership, parce qu'on ne pouvait supporter qu'un État sans État soit le dépositaire de la cause sacrée !

J.L.: Voulez-vous dire par là qu'Arafat a émergé contre le consensus des pays arabes ?

G.T.: Il a émergé du consensus, mais les dirigeants qui ont accordé ce consensus commençaient à regretter de l'avoir accordé, parce qu'Arafat devenait plus important qu'eux. Il était le censeur. Il voyait tout le monde, il ne restait jamais vingt-quatre heures dans la même capitale, un jour téléphonant à Moscou, l'autre à New York...

J.L. : Le fait de n'être enraciné nulle part ne serait-il pas un idéal arabe ?

G.T. : La puissance des nomades !

J.L. : Et le retour à un nomadisme prophétique...

G.K. : Cela signifie-t-il que face à cette montée en puissance d'Arafat sur la scène arabe et palestinienne, réelle et symbolique, Sadate allait tenter de reprendre pour l'Égypte une partie de ce qui avait été cédé à Arafat, au moment du fameux sommet où Nasser, en quelque sorte l'« adoube » ?

J.L. : Le débat est intéressant : le terrien contre le nomade. Mais ce n'était pas encore l'Égyptien contre l'Arabe ?

G.T. : Avant d'aller à Jérusalem, il y a eu, en effet, l'axe Sadate-Assad. En 1973, « la farce du nomade » avait trop duré : pas seulement les Libanais, mais tous les États arabes étaient mécontents de l'O.L.P. Arafat était devenu le super-président, le guide de leur politique ! Le monde arabe était revenu au « gouvernement par le transistor ». Mais ce n'était plus la voix de Nasser, c'était celle d'Arafat, fort du fait que les Palestiniens payaient de leur sang le tribut de la lutte arabe contre Israël.

J.L. : Non sans raison, lui...

G.T. : Certainement, les États arabes avaient tous tellement de choses à se reprocher, y compris le fait de se laver les mains de la lutte contre Israël. C'est-à-dire leur impuissance face à la question palestinienne. Ainsi Arafat se faisait entretenir par tous ces États, qui craignaient que les Palestiniens ne les déstabilisent. C'était ce qu'on appelle en langage de mafia « protection money ».

G. K. : Ce qui lui permet toutes les surenchères ! Donc, de crier plus fort et d'être plus intransigeant... Les pays proches du champ de bataille ont été contraints à moins d'intransigeance *de facto*, alors que l'Irak qui en était éloigné restait intraitable !

G. T. : L'Irak n'a pas eu à signer l'armistice de 1948 sous prétexte qu'il n'avait pas de frontières avec Israël et a pu s'armer indépendamment, sans attirer l'attention. Le pétrole, de surcroît, a donné tous les moyens d'action à l'Irak. Le premier avertissement israélien à l'Irak fut la destruction de la centrale nucléaire de *Tamouz*. Une opération « chirurgicale » parfaite, sans bavure : les Israéliens ont bombardé le jour où il n'y avait pas d'ouvriers, même pas un gardien. La seule victime était le réacteur. Ils ont survolé les territoires arabes, et leurs dirigeants ont fait semblant de ne pas voir ! Plutôt de ne pas entendre les avions supersoniques.

J. L. : En 1973, quand Sadate déclenche son opération et traverse le canal, c'est une surprise. Pouvez-vous me dire s'il y a dans le monde arabe le moindre espoir ? Les gens ne haussent-ils pas les épaules en disant : « Sadate est un fou, il n'est que le second de Nasser, incapable d'une opération d'envergure » ?

G. T. : Absolument, il y a eu un espoir. Tout d'abord Sadate prouve qu'on n'a pas choisi l'idiot du village pour succéder au grand chef historique, et qu'il est lui aussi un chef capable, parce qu'il avait préparé son armée. Même si Haïkal insinue que peut-être cette préparation et les plans straté-giques avaient été dressés par Nasser avant sa mort... Mais le fait est que Sadate a eu beaucoup de courage. Par la suite, on a su comment il avait accompli ces manœuvres dans la plus grande discrétion, et réussi à faire fondre cette montagne de sable qui était la fameuse ligne Bar-Lev, comment les Égyp-tiens s'entraînaient. Quand les Soviétiques lui ont demandé de poursuivre, ils voulaient en fait l'enlisement de l'armée égyptienne car les missiles russes n'avaient pas la portée qu'il fallait pour « couvrir » l'avance, et les Soviétiques le savaient. Sadate avait eu alors l'intelligence d'agir d'une manière qui ne laissait pas prévoir la guerre, en faisant une alliance avec la Syrie. Ce n'est pas un hasard que cette même Syrie, qui n'autorisait pas les *fedayin* ni les Palestiniens à s'installer chez elle, ait accepté que l'on laissât les Palestiniens prendre en main leur propre destin, car en fait elle se réservait les rapports privilégiés avec l'Union soviétique. L'axe semblait donc construit par Moscou, mais Sadate a tout de suite entrepris ses ouvertures vers l'Occident, certains disent pour tranquilliser les USA.

J.L. : En tout cas, il a rompu le pacte signé par Nasser avec les Soviétiques, mais avec adresse, non sans garder le contact avec eux par Syriens interposés.

G.T. : Égyptiens et Syriens font la guerre sans mettre Arafat dans le coup, et veulent reconquérir la Palestine sans les Palestiniens ! C'étaient les gouvernements des régimes arabes qui se réhabilitaient face à la révolution qui les avait jugés incapables de se battre, donc condamnés.

J.L. : Pour ces régimes, les Palestiniens représentent la révolution. Sont-ils vraiment redoutés comme tels ?

177

G.T.: La révolution palestinienne avait repris toute la mythologie de 1948 au moment du début de la guerre. Les régimes ont échoué en 1967, comme ils avaient échoué en 1948. La révolution palestinienne comportait toutes les tendances à l'intérieur de l'establishment palestinien : il y avait les révolutionnaires un peu islamistes (mais pas encore Hamas), il y avait l'équivalent de la Haganah qui était le Fath et, face à l'extrémisme de l'Irgoun et du Stern, celui du Front de la gauche avec Georges Habache et Ahmad Jibril (FPLP et FDLP), ainsi que toutes les teintes et tous les degrés de résistance − ou de terrorisme −, selon le point de vue que l'on adopte. Il y avait ceux qui détournaient les avions, comme la fameuse Leïla, qui était devenue une pasionaria. Tout ceci s'écroule avec la guerre de 1973. Ce sont les régimes qui ont mené une guerre sérieuse et ont gagné. Pourtant, en avançant, Hafez el-Assad a perdu du territoire : après que l'armée syrienne a attaqué Israël sur le Golan, quand le cessez-le-feu a été signé, le résultat net a été que les Israéliens avaient occupé davantage de territoires que ceux qu'ils avaient déjà occupés en 1967 ! En ce qui concerne l'Égypte, c'est Kissinger qui a redonné à Sadate des territoires pour lui sauver la face, mais cela ne se dit pas. Il vaut mieux ne pas porter atteinte à l'image du héros Sadate. La preuve était faite que l'armée invincible d'Israël était un mythe qui avait sombré dans les eaux du canal. Sadate était devenu un autre Sadate. Il avait fait venir l'Amérique chez lui en la personne de Kissinger.

J'ai rencontré Sadate après la guerre et lui ai demandé : « Pourquoi avez-vous arrêté la guerre, vous auriez pu la continuer », il m'a répondu : « Moi, ce qui m'importait, c'était de donner du poulet (des *frakhs*) à mes citoyens ! » L'Égypte avait faim, et les États arabes détenteurs de l'argent du pétrole avaient cessé de nourrir l'Égypte, c'est-à-dire qu'ils ne lui versaient plus l'argent nécessaire. Les Américains n'aidaient pas davantage les Égyptiens, et ils avaient rompu avec les Russes, espérant que le chantage allait réussir. Sadate m'a déclaré dans une interview : « Mes enfants ont besoin de manger et le seul moyen dont je disposais pour les nourrir, c'était de faire la guerre. J'ai obligé les Arabes riches à me fournir du poulet, je nourrissais mon armée avec du poulet. » Sadate méprisait les Séoudiens et les Arabes riches, lui, le fellah du Nil. Pour expliquer une politique compliquée, il usait de termes simples : « Les Arabes ne paient pas parce que je ne fais pas la guerre. C'est à Arafat qu'ils versent leur argent. Les Américains ne m'aident pas parce que je ne fais pas la paix. Alors, j'ai mené une guerre qui m'a assuré les subsides arabes. Puis négocié une paix qui amène les USA à nous aider. »

J.L. : On a donné beaucoup d'interprétations de cette stratégie, mais l'interprétation par le poulet est nouvelle !

G.T. : Ce n'est pas une interprétation. C'est la même raison donnée pour expliquer l'origine terrienne de ceux qui ont mené la révolution de 1952 !

J.L. : Des petits-fils de fellah...

G.T. : La mère de Sadate était une femme de ménage nubienne ; il a rejoint l'armée parce qu'il n'avait pas le choix ! Haïkal le dit comme un reproche, alors que Sadate, fils d'une femme de ménage, n'en avait que plus de mérite !

J.L. : Il y a eu des carrières de ce type en Europe : la mère d'Édouard Herriot était femme de ménage. Herriot le disait dans tous ses discours : « Ma mère faisait le ménage chez Barrès... »

LE VOYAGE À JÉRUSALEM. LE RÔLE DE KISSINGER

G.T. : Sadate a fait payer le prix de sa victoire aux Arabes. Ce n'était plus M. Arafat qui lui disait ce qu'il fallait faire, c'était lui dorénavant qui décidait de la conduite à suivre pour les Arabes, Palestiniens compris. Il a tout repris en main. Mais dans le petit duo avec la Syrie d'Assad, il a mal calculé la psychologie syrienne. Il pensait qu'il pourrait les entraîner à Jérusalem avec lui. Selon la version d'Assad, il les a trahis. Il les avait déjà trahis puisqu'il avait négocié avec le même Kissinger, alors que les Syriens négociaient aussi avec Kissinger... Ils ont dit que le départ vers Jérusalem était prémédité dès le début, et que la négociation avec Kissinger était une comédie, etc.

Au cours du voyage à Jérusalem, en 1976, Sadate a prononcé une phrase clé : « Détruire les barrières psychologiques. » Sadate a détruit un mur entre Arabes et Israéliens. Le mur est un symbole psychologique très important, qui rejoint la tradition biblique : les murs de Jéricho, les murs de Jérusalem, et le mur diplomatique qui empêchait les Arabes de négocier avec les Israéliens. C'est l'antithèse du « non à la négociation » de Nasser. Sadate a dit oui à la négociation puisqu'elle passait par un tiers, par Kissinger, qui faisait la navette. Il y a eu aussi toute une année de négociations secrètes pour le voyage à Jérusalem... que Sadate faisait semblant d'ignorer.

G.K. : Comment est-ce possible ?

G.T. : Avant le voyage à Jérusalem, tout s'est négocié au Maroc, sous l'égide de Hassan II, en présence notamment de Shimon Pérès.

Autre preuve de la préméditation, la préparation du discours de Sadate, si bien que le discours de Begin, en réponse, ressemblait à une performance de boutiquier. Autre élément de la préparation : les petits cadeaux. Sadate a dit à Golda Meir : « Toi et moi sommes grand-père et grand-mère, je t'ai apporté un cadeau pour ton petit-fils ! »

G.K. : Cependant l'opinion arabe, à l'intérieur de la Palestine et ailleurs, était contre !

J.L. : Le voyage de Sadate se fait contre l'opinion arabe ?

G.T. : C'est un « non » arabe classique, c'est-à-dire un « non » exprimé par ceux qui parlent plus fort.

J.L. : Quelle a été l'attitude du *Nahar,* votre journal, dans cette circonstance ?

G.T. : Nous avons soutenu, au *Nahar,* que les pays qui voulaient empêcher le processus engagé par Sadate à Jérusalem devaient proposer quelque chose de mieux ! Question de raisonnement ! Les Séoudiens ont observé un silence magistral, comme à leur habitude.

J.L. : Les Irakiens se sont déchaînés parce que Sadate était égyptien...

G.T. : Le Premier ministre libanais, Salim Hoss, avait été chargé, lors du sommet arabe tenu hâtivement à Bagdad, d'aller voir Sadate juste avant le voyage et de lui dire : « Si c'est un problème économique qui est la raison du voyage, voici cinq milliards de dollars pour ne pas y aller. » Sadate refusa de recevoir Hoss.

J.L. : Entre le discours au Caire et le discours à la Knesset, il se passe plusieurs jours, n'est-ce pas ?

G.T. : Quelques jours, en effet.

J.L. : Après le triomphe obtenu par Sadate auprès des Israéliens et des Occidentaux, Moscou accueille-t-il ce voyage favorablement ou non ?

G.T. : La réaction de Moscou fut très mitigée ; Moscou n'a pas accusé Sadate de trahison, mais n'a pas ralenti sa campagne contre lui, et a laissé se déchaîner toutes les voix qui lui étaient hostiles. Puis, au fur et à mesure que le ton montait chez les Arabes, Moscou lui a appliqué le qualificatif de « défaitiste » : il devenait le symbole du défaitisme arabe, mais il n'y a eu aucune manifestation de rue à Moscou.

J.L. : Dans le monde arabe en tout cas, le succès du voyage n'apporte aucune révision au « non » initial.

G.T. : Il a fallu attendre d'ailleurs que le processus de Camp David s'enclenche, que les négociations aboutissent, pour que le complot mûrisse et que l'assassinat ait lieu. On n'a pas assassiné Sadate après Jérusalem, on l'a assassiné après Camp David, lorsqu'il est revenu avec une signature. Notons que le complot n'a pas empêché Begin de venir au Caire pour les funérailles, ainsi qu'un grand nombre de chefs d'État étrangers. La majorité des chefs d'État arabes, cependant, ont manqué à l'appel.

J.L. : Camp David a été considéré dans le monde arabe comme une aggravation de la situation générale des Arabes ?

G.T. : Davantage encore, comme une trahison.

J.L. : À Camp David, comme le rappelle Boutros-Ghali, Anouar el-Sadate ne s'est pas contenté de traiter son propre dossier égyptien, de tenter de récupérer les seules terres égyptiennes, Sadate et Boutros-Ghali ont vraiment essayé de lier le sort de la question de Palestine au règlement en cours, mais Begin a été intraitable, affirmant qu'il n'était pas question de toucher à cette question !

G.T. : Pas tout à fait. Il y avait les trois volets de Camp David, le premier volet, la paix avec l'Égypte, a été appliqué à la lettre, avec le retrait du Sinaï, et Begin est allé en personne détruire les villages des colons au Sinaï. Seul Begin pouvait le faire.

J.L. : C'est la preuve que cela peut se faire, nous avons là un précédent historique intéressant !

G.T. : Le second volet de Camp David concernait les autres États arabes qui ont tous été invités à se joindre, en application de la résolution 242, particulièrement la Syrie qui a refusé net de négocier ce qui devait mener à une paix générale. Le troisième volet, enfin, portait sur le retrait des territoires palestiniens occupés, la reconnaissance de l'État d'Israël. Un État palestinien devait être instauré dans un délai de cinq ans après le commencement du retrait des territoires occupés. Le piège israélien était cette fameuse lettre sur Jérusalem dont le texte restait ouvert à la discussion et dont Boutros-Ghali dit qu'elle a failli provoquer une rupture des négociations.

Les Palestiniens n'ont pas attendu le débat sur la lettre pour rejeter net toute négociation. Signalons cependant qu'à Oslo, quinze années plus tard, ils ont obtenu moins que ce que Sadate avait arraché pour eux à Camp David !

183

UN SIÈCLE POUR RIEN

Une fois de plus, la « politique » des occasions manquées ? Refuser le possible qui est offert aujourd'hui pour réclamer demain ce qui avait été offert et qui, entre-temps, était devenu impossible ?

(Entretien du 1ᵉʳ juin 2001, Aix-en-Provence)

5.

Le Liban dans la guerre
1975-1990

LES RACINES HISTORIQUES DE LA GUERRE

Gérard Khoury: Les différentes étapes du nassérisme n'ont pas été pas sans conséquences sur l'histoire du Liban, qu'il nous faut maintenant évoquer. Dans son livre publié en 1985, *Une guerre pour les autres*, Ghassan Tuéni disait bien que la guerre qui s'est déroulée sur le territoire libanais à partir de 1975 fut multiple. Je dirai pour ma part qu'il s'est agi, en fait, de plusieurs guerres, y compris celle qu'on a dite civile. Sans aborder tous les aspects de cette guerre, votre témoignage permettra peut-être d'en mieux comprendre la complexité. Suivons, si vous le voulez, les mandats présidentiels successifs que vous avez accompagnés:

1. la présidence finissante de Soleiman Frangié: 1975-1976;

2. l'ère d'Élias Sarkis, commencée en 1976 avec l'espoir que rien n'était encore perdu, et achevée avec l'invasion israélienne du Liban en 1982;

3. la succession de Béchir Gemayel, assassiné au lendemain de son élection, et la présidence (1982-1990) de son frère Amine Gemayel, dont vous avez été le conseiller.

Et Jean Lacouture, connaisseur du Proche-Orient, sensible au destin libanais, peut aussi dire comment il a ressenti cette guerre.

Jean Lacouture: De cette guerre libanaise, je ne p~ux parler, contrairement à vous deux, qu'en homme de « l'

185

rieur ». Je l'ai ressentie comme tout à fait irrationnelle, et jusque dans sa définition même. Était-ce une guerre civile ? une guerre internationale ? une guerre idéologique ?

Aucune définition ne me paraît convenir. Force est de constater que le Liban, pendant plus de quinze ans, a été à feu et à sang, et que les Libanais ont été réduits à un rôle souvent marginal, si coûteux soit-il ; alors qu'en général, dans les guerres civiles, les nationaux sont les protagonistes. En Espagne, on peut dire que ce sont surtout des Espagnols qui se battaient pour des enjeux clairs, tandis que dans le cas du Liban on en venait à se demander pourquoi il y avait eu cette guerre, combien de temps elle allait durer et qui en tirait les ficelles. Les souffrances, en revanche, étaient essentiellement libanaises…

Ghassan Tuéni : Les Libanais n'ont pas été les seuls à se faire piéger, les Palestiniens aussi, et peut-être même les Syriens. L'heure des bilans définitifs n'a pas encore sonné, malgré les accords de paix signés en 1989 à Taëf, en Arabie Séoudite, et la nouvelle constitution qui en est sortie.

G.K. : Quelles sont, pour vous, les causes immédiates et les causes lointaines de cette guerre ?

G.T. : Il y a bien entendu les racines historiques de la guerre du Liban. Inutile de les cacher. Le Liban est une société naturellement conflictuelle, parce que multiconfessionnelle, ce qui est un héritage de l'Empire ottoman assez semblable à ce que les Ottomans semaient derrière eux en Europe quand ils quittaient un pays. La balkanisation a fait éclater, depuis quelques années, un certain nombre de pays comme le Kosovo, la Macédoine, etc. Voilà si l'on peut dire le « terrain »…

G.K. : Vous voulez dire que les sociétés de l'Empire ottoman, étant des sociétés pluricommunautaires, pluriconfessionnelles, avaient certes des aspects positifs, mais aussi des aspects négatifs ?

G.T. : Le Liban a été la terre d'hospitalité de toutes les communautés du Proche-Orient et aussi le pays d'accueil de toutes les oppositions politiques de la région. En temps de paix, cela était positif. Mais, en termes simples, cela s'est retourné contre le Liban, quand son territoire fut transformé en arène de toutes les luttes entre les uns et les autres.

Il faut rappeler ici que l'accession du Liban à l'indépendance, en 1943, fut la consécration d'un Pacte national, fruit d'une longue recherche entre ses communautés. Une recherche qui, parce que démocratique, n'a pas été sans certains heurts. Elle a finalement trouvé son expression dans une alliance entre Béchara el-Khoury, chef du parti constitutionaliste, élu à la présidence de la République, et Riad el-Solh, représentant de la tendance indépendantiste arabe, nommé à la présidence du Conseil. Le Pacte national mettait un terme au mandat français et consacrait un double renoncement : celui des chrétiens à toute recherche de protection étrangère, et celui des musulmans à toute recherche d'unité arabe. Positivement, chrétiens et musulmans déclaraient que le Liban était la patrie définitive de tous, mais une patrie « à visage arabe » – phrase empruntée d'ailleurs à Lamartine. Le Liban indépendant s'interdisait ainsi d'être la voie de passage de toute colonisation par quelque puissance que ce soit, pays frères inclus.

Comme pour tous les États arabes aux régimes issus de la Nahda, l'année 1948 et la Nakba, la « catastrophe » – c'est-à-dire la création de l'État d'Israël –, constituèrent un choc qui mit le système libanais à l'épreuve. Pour le Liban, cette épreuve avait le double visage de la défaite militaire de tous les États arabes, et de l'arrivée, plus massive qu'ailleurs, de dizaines de milliers de réfugiés palestiniens dont le gouvernement ne savait que faire. Plus encore, le Liban ne savait qu'en penser.

Ce n'est que des années plus tard, après les multiples guerres d'Israël, que les États arabes consentirent à commencer à regarder la réalité en face, à savoir que les « réfugiés », arrivés « les clefs de leurs maisons en poche » – quand elles n'étaient pas perdues en route –, n'allaient pas regagner la Palestine dans un proche lendemain.

Malgré les avertissements de certains, on ne voulait y voir qu'un problème temporaire de réfugiés qu'il fallait installer dans des camps, avec l'aide de l'UNRWA (l'organisation d'aide des Nations unies aux réfugiés), chargée de les nourrir, puis de leur créer des écoles, des dispensaires, etc. Le « droit de retour » des réfugiés devint la plate-forme politique principale des Libanais et des réfugiés eux-mêmes. Une plate-forme rhétorique, élaborée dans l'ignorance quasi totale d'une donnée fondamentale : le « refoulement » des Palestiniens vers la Jordanie (terre considérée comme palestinienne !), la Syrie, et surtout le Liban, était le résultat d'une stratégie israélienne bien mûrie. On sait, en effet, que les plans israéliens des batailles qui ont précédé la déclaration de l'État, en mai 1948 – ces plans furent révélés bien plus tard – visaient à chasser le maximum de Palestiniens pour conquérir villes, villages et propriétés afin d'y installer les immigrés juifs venus d'Europe et du reste du monde. Il fallait donc que le « peuple sans terre » trouve en Terre promise, une « terre sans peuple ».

Israël naissant, dans le sang et la joie, était déjà soucieux de son équilibre démographique. Le Liban indépendant, né d'hier, prenait conscience, dans le sang et la souffrance, du fait que son équilibre démographique autant que politique était déjà mis en péril. Tout cela soigneusement enveloppé de grandes protestations d'hypocrisie politique et humanitaire.

Là se situent les racines des guerres du Liban, déclenchées en 1973, dont la première était bien évidemment une guerre israélo-libanaise qu'Israël a transfigurée, par Libanais et Palestiniens interposés, en une guerre libano-palesti-nienne. Une guerre dont les prémisses devinrent évidentes dès 1967, mais qui n'atteignit sa phase aiguë qu'en 1975.

G.K. : Avant de parler de 1975, il nous faut évoquer la « mini guerre civile » de 1958.

G.T. : Certes, mais les événements de 1958, vous vous en souvenez, étaient liés au premier cataclysme de la région après 1948 : la guerre de Suez, qui fut suivie de ce que l'on peut appeler la « nassérisation » des camps de réfugiés pales-tiniens, et qui avait sensibilisé l'opinion à leur existence. Il faut rappeler que la guerre civile de 1958 est intervenue au moment où s'instaurait l'unité de la Syrie et de l'Égypte – la République arabe unie, ou R.A.U., et les Palestiniens ont alors fait pencher la balance en faveur de Nasser contre l'« isolationnisme » chrétien. Pour eux, « le héros brun » allait reconquérir la Palestine, grâce au renforcement de l'unité arabe, et assurer le retour des réfugiés palestiniens.

G.K. : La guerre civile de 1958 s'inscrit dans la première phase de l'indépendance libanaise, qui va de 1943 à la défaite égyptienne de juin 1967, avec ses conséquences pour le Liban, notamment la présence de *fedayin* armés menant leurs premières opérations contre Israël à partir du Sud. La réaction massive d'Israël fut le bombardement de l'aéroport de Beyrouth en 1968 et la destruction à terre de toute l'avia-tion civile libanaise. On pourrait dire qu'il s'agit là des causes immédiates de la guerre au Liban.

G.T. : En l'absence d'action anti-israélienne de la part des États arabes, les Palestiniens avaient formé avant 1967 une première O.L.P. (Organisation de libération de la Palestine), présidée de triste mémoire par Ahmed Choukairi. L'O.L.P. devait regrouper tous les Palestiniens, unifier leurs différentes formations naissantes dans les divers pays d'accueil, et essayer de faire émerger une pensée et une politique communes. C'était l'époque où la mystique palestinienne encore incertaine fut orientée par Choukairi vers un négativisme total, représenté par l'un de ses slogans : « Jeter les Israéliens à la mer. » Un slogan qui fut d'ailleurs, et pour cause, internationalisé par la propagande israélienne bien plus que par les porte-parole arabes !

G.K. : On assiste alors à une intensification de l'interventionnisme israélien au Liban, du Mossad en particulier. Une histoire secrète qui n'en finit pas de s'écrire à coups de révélations et de spéculations. Dans l'esprit de certains Israéliens, il fallait que le Liban redevienne un Liban « libanais », plus particulièrement chrétien, qui se démarque de l'unitarisme arabe. Un Liban d'avant le Pacte national, qui devait être l'allié naturel d'Israël et son garant.

G.T. : Des documents publiés, il ressort qu'Israël a tenté de poursuivre un dialogue maronites/Israéliens, et que des sommes ont été versées pour financer des campagnes électorales en faveur de certains, d'ailleurs sans succès. Bref, une action israélienne visant à stimuler une opposition libanaise chrétienne, contre l'émergence d'une influence des Palestiniens.

G.K. : C'est déjà l'idée de « cantonaliser » le Liban, et d'en faire un État représentant les « minoritaires » chrétiens, idée qui revient durant la guerre de 1975. Un Liban chrétien qui légitimerait ainsi Israël en tant qu'État juif. Un autre bénéfice de cette politique est d'affaiblir la politique unitaire dans la région, ce qui est la continuation de la politique mandataire qui jouait, faut-il le rappeler, le pouvoir des autonomies administratives, c'est-à-dire des minorités chrétiennes et musulmanes contre le pouvoir de la majorité sunnite.

J.L. : Le ministre israélien Sharett n'avait-il pas envisagé cela en 1954 ?

G.T. : Sharett, un personnage très intelligent, était ministre des Affaires étrangères, et Moshé Dayan, dans une certaine mesure avec scepticisme, se prêtait à ce jeu du renforcement du pouvoir chrétien, mais sans pourtant beaucoup y croire. Tous ceux qui ont signé de prétendus accords au nom du patriarcat maronite avec des organismes juifs se sont révélés des charlatans.

Les idéologues sionistes, quels que soient les partis au pouvoir, ont continué de « flatter la carte libanaise ». Cela les intéressait, c'était pour eux un champ idéal pour créer un problème arabe majeur. Il ne fallait pas être sorcier pour le deviner. Ils savaient très bien qu'en poussant les chrétiens à se protéger, c'est-à-dire à s'armer contre les Palestiniens, ces derniers allaient nécessairement faire la même chose et que les musulmans seraient solidaires des Palestiniens, donc que tout cela allait produire un véritable feu d'artifice !

G.K. : Rappelons qu'entre-temps les musulmans sunnites du Liban avaient vu se développer d'autres régimes dans la région et constaté que leur statut au Liban était nettement plus enviable, tant sur le plan politique, où ils avaient un rôle de première importance, que sur le plan économique. C'est d'ailleurs ainsi que les leaders sunnites libanais avaient trouvé avec leurs partenaires maronites les moyens de dépasser ladite guerre civile de 1958, sur la base de leurs intérêts communs qui étaient prédominants.

G.T. : 1958 était, nous l'avons dit, dépassé, sans effets majeurs sur l'équilibre palestino-libanais. Après la chute de la R.A.U., en 1961, ce fut la grande désaffection : l'unité arabe ne tenait plus ! D'où un premier retour vers une jeune révolution palestinienne, qui devient pour tous les Libanais, mais surtout pour les « islamo-progressistes », la cause sacrée qu'il faut défendre. Une surenchère générale, sans que l'on ait pour autant la moindre envie de part et d'autre de voir les Palestiniens prendre les armes au Liban. Ils ne deviennent une force armée qu'après la défaite de 1967. À ce moment-là, qui donc les armait ? Premier mystère. Les Palestiniens subitement deviennent une « diaspora en révolte », des réfugiés en armes. Ce n'étaient plus ces Palestiniens qui luttaient pour des droits sociaux − le droit du travail, l'égalité avec les Libanais et leur naturalisation −, mais des révolutionnaires qui plus tard voudront libérer la Palestine à partir du Liban. Un processus qui durera de 1967 à 1970, jusqu'à leur guerre avec le roi Hussein. Arafat est venu s'installer au Liban après le « Septembre noir » de Jordanie, en 1970, en même temps qu'un afflux massif de Palestiniens que le Liban ne pouvait refuser. La démographie du pays fut bouleversée d'un coup. L'armée libanaise a tenté de bloquer l'action militaire palestinienne, ce qui engendra un premier conflit entre l'armée et les Palestiniens.

G.K. : Tout cela se passe sous le mandat du président Soleiman Frangié. Pour saisir quels sont les événements qui ont mené à 1975, date du déclenchement de la guerre ouverte, il nous faut brièvement récapituler : défaite de 1967, changement de leadership palestinien après 1968, accord du Caire en 1969, et installation au Liban des Palestiniens chassés de Jordanie, avec leur nouveau leader Yasser Arafat, en 1970.

G.T. : 1967, 1968, 1969 − une succession de conflits qui vont, en effet, bouleverser la scène libanaise. L'accord du Caire, signé par Émile Boustany, le général commandant l'armée libanaise et Yasser Arafat, chef de l'O.L.P., consacrait un état de fait. Les privilèges acquis par l'O.L.P. lui étaient reconnus, et équivalaient à une *extraterritorialité* des camps. Sans vouloir défendre ni l'accord du Caire ni la cession de souveraineté consentie par l'armée, au nom de l'État, je voudrais rappeler un fait souvent ignoré et riche en symboles. En 1968 se produisit un affrontement entre l'armée libanaise et un détachement de soldats israéliens qui avait tenté une incursion au Liban, et c'est l'armée libanaise qui a gagné. N'était-ce pas la preuve que cette armée pouvait se battre, quand on lui en donnait l'ordre ? Si elle s'est battue victorieusement contre Israël, elle pouvait se battre contre tous les autres à la condition d'y être préparée. Il eût surtout fallu développer chez les officiers et les soldats un « esprit de corps », au service d'une « doctrine militaire » nationale. Ce ne fut pas le cas.

G.K. : N'oublions pas que, déjà, des milices chrétiennes, notamment phalangistes, commençaient à se former avant l'accord du Caire. Même si des accrochages majeurs n'avaient pas eu lieu, avec les « milices » palestiniennes, avec les *fedayin*, les milices chrétiennes étaient déjà là, protégées par le « deuxième bureau » de l'armée. Ce même deuxième bureau qui avait organisé, une année plus tôt, une chasse aux Palestiniens et avait même arrêté, « par mégarde », disait-on, Yasser Arafat avant qu'il ne devienne chef de l'O.L.P.

G.T. : Les milices libanaises, en effet, commencent à se former dès 1967. C'était déjà l'ombre militaire de l'Alliance tripartite (Phalanges, Parti national libéral, Bloc national) qui deviendra, en 1973, le noyau du « Front libanais ». La première milice chrétienne fut celle de Soleiman Frangié, alors ministre de l'Intérieur. Frangié a constitué, en 1968, sa propre milice à Zghorta, dans son fief du Liban-Nord, place-forte historique du maronitisme. Il justifiait ainsi de façon simpliste sa décision : « L'armée libanaise n'est plus une armée à qui les chrétiens peuvent se fier. Il reste vrai que la majorité des officiers sont encore chrétiens, mais ce sont des officiers qui ont atteint la limite d'âge ; on dénombre dans la troupe de plus en plus de soldats musulmans, plus particulièrement chiites. Ne pouvant pas compter sur des musulmans pour défendre le Liban contre les Palestiniens, ni contre qui que ce soit, je forme notre propre milice. »

Selon lui, l'éclatement de l'armée devenait inévitable : c'était la conséquence de la crise confessionnelle du pouvoir et de toute la classe gouvernante.

G.K. : Le contraire n'est-il pas aussi vrai ? L'affaiblissement de l'État libanais, principalement des chrétiens maronites, sous la présidence de Frangié, ne résultait-il pas de la constitution de milices paramilitaires ?

LES FORCES PALESTINIENNES AU LIBAN

J.L. : Si je comprends bien, la Syrie s'est débarrassée effectivement des militants palestiniens de Syrie en les envoyant au Liban.

G.T. : Le tribut que payait la Syrie à la « cause sacrée » était d'armer les Palestiniens du Liban et de les aider à attaquer Israël par le Sud-Liban, plutôt que d'ouvrir ses propres frontières à l'action des *fedayin*.

J.L. : Il y avait pourtant la Saïka palestinienne, en Syrie.

G.T. : La Saïka avait été créée par Damas comme une organisation de résistance paramilitaire en marge de la centrale de la résistance palestinienne légitime, l'O.L.P. Là commence le double jeu syrien, car au sein de l'O.L.P., aux côtés du Fath, principale composante dirigée par Arafat lui-même, se trouvaient d'autres organisations d'obédience pro-syrienne, surtout d'extrême gauche, généralement incontrôlables, et qui entreprenaient souvent des actions plus retentissantes que celles voulues par l'O.L.P., provoquant ainsi de plus grandes représailles. Quant à la Saïka, elle n'agissait qu'à l'intérieur du Liban, les camps compris, et ses opérations étaient aussi notoires qu'illicites : meurtres, vols, enlèvements étaient les moindres de ses actes. Ce devint pour finir une représentation politique « syro-palestinienne ».

G.K. : Le terreau politique de la guerre au Liban s'appauvrit, et la causalité de la violence ne devient-t-elle pas davantage régionale que libanaise ? À quel « double jeu » syrien faites-vous allusion ?

G.T. : Derrière la guerre libano-palestinienne qui se préparait déjà, entre 1967 et 1973, se profilent, en toile de fond, plusieurs « doubles jeux », et un conflit majeur entre la « logique révolutionnaire » de l'O.L.P. et de ses alliés et la « logique d'État » que prétendait suivre le gouvernement libanais, sans toutefois pouvoir l'imposer.

Parlons d'abord de la logique révolutionnaire. L'O.L.P., dont l'objectif était de reconquérir la Palestine, estimait que son action se devait d'aller au-delà des résolutions 242 et 338 du Conseil de sécurité qu'avaient acceptées l'Égypte et la Syrie, ainsi que le Liban qui n'était concerné que de manière indirecte, n'ayant pas perdu de territoire en 1967 et ne s'étant pas battu en 1973.

La victoire, même partielle, de l'Égypte et de la Syrie en 1973 avait été remportée « indépendamment » de la révolution palestinienne qui n'avait même pas été invitée à y participer. D'où la démonstration par Le Caire et Damas de l'« injustice historique » du cri de guerre palestinien condamnant les gouvernements et prétendant que seule la révolution pouvait vaincre Israël.

Passons à la « logique d'État », soit le strict respect des résolutions onusiennes, du cessez-le-feu, et des négociations avec Israël pour établir une « paix juste et durable ».

L'O.L.P. n'étant pas – ou pas encore – conviée à participer aux négociations de paix, elle se devait de poursuivre sa logique révolutionnaire. En termes clairs, poursuivre sa guerre de libération, là où cela se pouvait ; c'est-à-dire au Liban.

G.K. : Mais la Syrie pouvait-elle, comme l'Égypte, suivre rigoureusement la « logique d'État » ?

G.T. : Non, puisqu'elle se proclamait elle-même «État révolutionnaire ».

D'où le double jeu : elle empêche toute action des *fedayin* à partir de son territoire. Elle n'adopte pas officiellement l'O.L.P. et son action, car elle hait Arafat. Elle s'insère dans l'action révolutionnaire au Liban (Saïka) et à l'intérieur même de l'O.L.P., par les milices de la gauche palestinienne, d'obédience syrienne.

Dernier acte de la tragédie : le Liban officiel proclame une politique basée sur la légalité, donc la « logique d'État », tout en tolérant la « logique révolutionnaire » à laquelle il octroie un droit de cité. D'où la guerre.

En position d'ennemi, Israël se trouve être l'allié objectif de l'action révolutionnaire palestino-syrienne qui lui permet de détruire le Liban.

« La route de Jérusalem passe par Beyrouth et par Jounieh aussi », proclamait la révolution palestinienne. Or, c'est Israël qui prend cette route, de Jérusalem à Beyrouth, puis à Jounieh, capitale illusoire d'un Liban chrétien plus illusoire encore.

Ainsi, afin de se garder en réserve la possibilité de jouer, le moment venu, la « carte palestinienne », Assad entreprend, par divers subterfuges, de provoquer une escalade révolutionnaire au Liban. Ce qui devait mener en droite ligne à ce que l'on a convenu d'appeler la guerre civile de 1975. En fait, une « guerre pour les autres », chaque année davantage, avec des changements de partenariat qui reflétaient les réalignements des forces régionales et des alliances internationales en présence.

G.K. : Précisons la date du début de la guerre : le déclenchement de ce qu'on a appelé « les événements » intervient le dimanche 13 avril 1975 avec la fusillade d'un autocar.

G.T. : Cet autocar palestinien, que faisait-il en cet endroit ? On ne le saura jamais. Il y a eu une enquête judiciaire, mais on l'a fait disparaître ! L'autocar est arrivé là, à la suite du passage au même endroit d'une voiture mystérieuse qui a tiré sur les phalangistes sans aucune raison, semant la panique, la mort et... appelant à la revanche. Mais contre qui ? Mise en scène ou hasard ?

J.L. : En tout cas, les gens dans l'autocar étaient des Palestiniens. N'étaient-ce que des gens du peuple sans qualification particulière ?

G.T. : Ces Palestiniens revenaient d'un grand meeting de la gauche palestinienne !
Ils n'avaient pas d'armes, mais ils n'avaient aucune raison logistique de traverser ce quartier chrétien, où les gens étaient sur le qui-vive parce qu'il y avait eu, quelques heures auparavant, cette agression mystérieuse... jamais revendiquée !

J.L. : Pourtant, les phalangistes les attendaient bel et bien... Il y a donc eu préméditation des deux côtés : défi de la part des Palestiniens de l'autocar, piège de la part des Phalanges.

G.T. : À qui a profité le crime ? Aux deux, semble-t-il, parce que les Palestiniens se sont dit, par la suite, que c'était le moment ou jamais de gagner cette guerre commencée en 1968 avec les phalangistes et les Forces de sécurité, donc de changer le cours des choses et de dominer le Liban. Tandis que les « chrétiens », phalangistes en tête, pensaient que le moment était venu d'en finir avec les Palestiniens.

C'est à ce moment que la Syrie entre explicitement en jeu. Un « jeu » expliqué par un discours de Hafez el-Assad, que les chrétiens citent comme étant un discours prochrétien, mais qui, en réalité, est un discours très alaouite, c'est-à-dire passible de deux interprétations. Assad dit ceci : « J'avais armé le Front national, les partis de gauche et les Palestiniens pour qu'ils soient en mesure de se défendre. Mais je ne les avais pas armés pour qu'ils partent en guerre contre les chrétiens, et je ne permettrai pas un massacre des chrétiens. » Il savait certainement qu'armer les Palestiniens et le Front national (c'est-à-dire les partis dits islamo-progressistes qui appuyaient l'O.L.P.) n'était pas le moyen idéal pour les amener à une réconciliation avec le Front chrétien et le pouvoir qui l'appuyait. C'était plutôt mettre en place les conditions objectives d'une guerre, puisque Israël, on le savait déjà, armait les milices chrétiennes pour qu'elles se défendent – elles aussi – contre les Palestiniens, et au besoin pour les attaquer. En somme, le Liban devenait le « second front » d'une guerre qui ne se menait plus ailleurs, la guerre israélo-arabe, par Libanais et Palestiniens interposés.

LA FIN DE LA PRÉSIDENCE DE SOLEIMAN FRANGIÉ

G.K. : Nous sommes à l'heure de la politique kissingé-rienne ; Kissinger est un maître de la *real politik* autant que de la diplomatie classique, c'est-à-dire de la diplomatie du secret, avec les échanges entre grandes puissances, qui échappent à la connaissance des hommes et souvent aussi de la presse. Pouvez-vous nous aider à mieux comprendre ?

G.T. : En 1973, le président Frangié reçut Kissinger dans un aéroport de la Békaa, car son avion ne pouvait pas atterrir à Beyrouth en toute sécurité. En parlant dans ses *Mémoires* de sa tournée au Moyen-Orient, Kissinger fait une remarque en apparence fortuite, mais intéressante. Décrivant la situa-tion au Liban (en 1973), il avoue : « J'étais triste de constater que cette oasis de raison et de tolérance qu'était le Liban avait été déchirée par les puissances régionales... » Puis, il parle surtout des Palestiniens. Était-ce une prémonition – puisque la guerre ne devait se déclencher que trois ans plus tard – ou était-ce un témoignage indiquant le commence-ment d'un complot, le début d'un immense gâchis, dont on sait comment il commence, mais dont on ignore jusqu'où il ira ?

J.L. : Peut-on dire que l'incroyable gabegie dans la région est bien entretenue, sinon organisée par l'ensemble des puis-sances qui ont une action au Moyen-Orient ? En fait, il y a une combinatoire d'intérêts, apparemment très opposés, mais qui s'équilibrent parfaitement comme la clé de voûte d'une cathédrale. On a l'impression que les intérêts opposés se recomposent pour envenimer le *statu quo*.

Il n'y a pas que le problème palestinien qui déstabilise le Liban au tournant des années 70. La thèse du complot américano-syrien a été évoquée. C'est l'histoire, que certains considèrent comme tragique, de Kissinger et du Liban. Kissinger pensait que si la Syrie faisait la paix avec Israël, les autres pays arabes suivraient. N'a-t-il pas imaginé de faire cadeau du Liban à la Syrie, afin que Hafez el-Assad – pour qui Kissinger avait, comme chacun sait, la plus grande estime – se décide à faire la paix avec Israël?

G.T.: Gabegie bien entretenue, oui. Bien organisée, non. C'est une forme de *statu quo* qu'on pourrait appeler « crime contre l'humanité » ou assassinat collectif, mais avec la participation d'une partie non négligeable des victimes: de nombreux Libanais qui servaient dans cette « guerre pour les autres » de chair à canon.

G.K.: Il s'est agi d'une forme aiguë de non-assistance...

J.L.: À région en danger...

G.T.: En quoi cela dérange-t-il une petite puissance ou même une superpuissance que dans un petit pays lointain, mille maronites, ou mille Druzes, ou surtout mille Palestiniens se fassent tuer en son nom?

J.L.: Cela ne les dérange guère. Nous réagissons en fonction uniquement de nos intérêts immédiats. Les puissances d'aujourd'hui ne sont plus celles de l'époque de Talleyrand et de Metternich, aussi cyniques, mais plus attentifs à l'avenir...

G.T.: Revenons ici au président Soleiman Frangié ; il faut noter que ce dernier réfléchissait davantage à partir de mythes que d'idées ou de concepts ; lors du fameux entretien de la Békaa, en 1973, il s'était convaincu que Kissinger lui avait dit à peu près ceci : « J'ai là une flotte prête à évacuer les chrétiens. Les chrétiens au Liban deviennent une anomalie, les chrétiens d'Orient, cela ne peut plus exister ! » Les extrémistes ont été jusqu'à faire de grands discours enflammés soutenant que les chrétiens allaient devenir des *boat people*, que l'Amérique voulait les jeter à la mer, et que tel était le sens final des « accords secrets » entre Kissinger et Assad. On allait jusqu'à associer Israël au marché syro-américain et à penser que les chrétiens partis, les réfugiés palestiniens les remplaceraient. L'incertitude chrétienne finissait par devenir inquiétante, tant elle était unanime, inventant constamment de nouveaux complices, générant de plus en plus d'angoisse, certains extrémistes allant jusqu'à dire que le Saint-Siège les avait sacrifiés puisque le pape lui-même demandait aux évêques du monde entier de prier pour les musulmans du Liban, autant que pour les chrétiens ! Lors d'un voyage à Rome en novembre 1976, j'en parlai au secrétaire d'État au Saint-Siège, le cardinal Villot, qui me répondit ceci : « Voulez-vous, Monsieur le Ministre, transmettre ce message aux grands chefs chrétiens : leur rappeler que le Vatican est, lui aussi, chrétien ! »

Dans leur désespoir, les chefs chrétiens avaient été jusqu'à interpréter les conseils de modération de l'envoyé spécial de Kissinger, l'ambassadeur Dean Brown, comme un « lâchage américain ». Au chef de l'État qui me le disait, je ne pus m'abstenir de répondre : « Mais quand donc les Américains ont-ils dit au Front libanais qu'ils souscrivaient à sa guerre ? »

G.K. : La partition du Liban, n'était-elle pas là, *de facto*, quand le gouvernement auquel vous avez appartenu avait été formé ? La conjoncture régionale n'avait-elle pas déjà abouti à la création d'un contre-pouvoir palestinien au Liban ? La formation du gouvernement de Rachid Karamé n'était-elle pas en quelque sorte la consécration d'un état de fait, depuis que les partis dits « islamo-progressistes » s'étaient alliés aux Palestiniens, allant jusqu'à déclarer, slogan malheureux, que l'O.L.P. était « l'armée des musulmans » ?

G.T.: Oui, en un sens. Sans vouloir faire l'historique de cette première phase de la guerre dite « civile », contentons-nous des remarques suivantes :

1. Le contre-pouvoir, né en 1973, a connu sa consécration en juillet 1975, lors d'une réunion des partis du « Front national », tenue sous la présidence ostentatoire de Yasser Arafat, au domicile du mufti de la République et en présence de celui-ci. Il s'agissait d'imposer Rachid Karamé comme Premier ministre, pour succéder au gouvernement semi-militaire nommé par Frangié et qui démissionna avant même de comparaître devant la Chambre des députés.

2. La « partition » *de facto* est totale, marquée par des barricades et déjà des frontières. Le Front (chrétien) libanais répand un peut partout des cartes d'un Liban « cantonalisé », avec transfert de population, et va même jusqu'à suggérer des textes constitutionnels. Face au contre-pouvoir palestinien, un « parfum d'israélisation ».

3. Alarmée – et surprise ? –, Damas envoie une délégation politico-militaire de haut niveau qui vient rencontrer les chefs chrétiens du Front libanais pour les amener à accepter de participer à un gouvernement éventuel que formerait Rachid Karamé, afin que ce gouvernement puisse mettre un terme à la guerre. La Syrie parraine la constitution d'un « Comité de dialogue » avec une forte représentation de modérés, mais sans Palestiniens, pour rechercher une solution constitutionnelle universellement admise. En somme, on crée un pouvoir parallèle à celui de la Chambre des députés qui n'en vote pas moins une confiance unanime au gouvernement Karamé. Hommes politiques et chefs de partis de tous bords se parlent encore tout en se battant.

G.K. : Comment, dans ces conditions, se repérer dans un tel imbroglio ?

G.T. : Nous sommes, en effet, en présence d'un enchevêtrement sans précédent dans l'histoire, d'un ballet mal réglé d'alliances aléatoires. Mais avec des bornes à l'intérieur desquelles se jouent les processus internes et régionaux liés par une causalité infaillible ; disons que l'évolution des hostilités au Liban correspond à la projection interne au pays des changements d'alliances externes. À cela s'ajoute le processus constitutionnel, miroir où se reflétaient les aléas militaires et diplomatiques.

L'illustration la plus patente de cet entrelacs fut l'oscillation de l'attitude syrienne vis-à-vis des Palestiniens, durant la phase qui conduisit à la formation du gouvernement Karamé et pendant les mois qui suivirent.

Essayons de préciser : malgré l'alliance, d'abord invisible, entre le Front libanais et Israël, la Syrie, qui jusqu'alors se présentait comme arbitre, se retrouva soudain l'alliée discrète, mais efficace, des milices chrétiennes dans leur première entreprise militaire majeure, la destruction des camps palestiniens (surtout la place forte de Tall Zaatar) dans les régions chrétiennes et le « nettoyage ethnique » qui s'ensuivit.

Sur leur lancée, les forces syriennes s'engagèrent, avec une visibilité de plus en plus flagrante dans la défense du « pays chrétien », allant jusqu'aux affrontements d'artillerie et de chars contre les formations déjà paramilitaires des Palestiniens.

Puis, soudain, changement de cap en pleine bataille, à Saïda, capitale du Liban-Sud ; envoi de la Saïka et de contingents de « l'Armée de libération de la Palestine » (venue de Damas) pour détruire la petite ville chrétienne de Damour, sur la route de Saïda, massacrer la majeure partie des habitants et disperser les autres ; en rasant au passage la demeure voisine du principal leader chrétien, le président Camille Chamoun, qu'il fallut évacuer par mer jusqu'à Beyrouth-Est, puis à Baabda, au palais présidentiel.

En effet, la conjoncture régionale imposait soudain à la Syrie de donner des gages d'amitié aux Palestiniens – des réparations aussi – pour confiner l'Égypte dans un isolement arabe total. La visite de Sadate à Jérusalem était en pleine préparation.

G.K. : Dans cette conjoncture, quelle est la position américaine ?

G.T. : Elle est d'une neutralité loin d'être bienveillante vis-à-vis du Front libanais : Washington semble vouloir aider les chrétiens, suffisamment pour les préserver et assurer leur survie, mais pas assez pour leur permettre de vaincre.

Ainsi, quand le Front libanais réclame l'aide de la Syrie, Washington ne s'y oppose pas, au contraire. Washington encourage Damas et lui assure une neutralité israélienne, mais jusqu'à un certain point : celui des fameuses « lignes rouges ».

Quelle était la logique ? En l'absence d'une armée nationale susceptible de rétablir l'ordre public, et vu l'impossibilité d'envoyer des forces internationales, les Syriens – puisque les chrétiens les réclamaient, et que l'islam libanais ne protesterait pas – étaient la seule armée pouvant intervenir. Les Américains faciliteraient donc la tâche de l'armée syrienne en ne s'y opposant pas, mais sans pour autant annoncer la couleur.

Changement de cap ? Comme les chrétiens réclamaient d'urgence l'aide d'Israël – Chamoun avait été jusqu'à Jérusalem voir Sharon, et Gemayel avait rencontré des officiers israéliens à bord d'un croiseur au large de Jounieh –, les États-Unis avaient autorisé, sinon encouragé, des transferts d'armes (de plus en plus importants) aux milices chrétiennes avec l'entraînement et l'assistance technique nécessaires.

Une fois de plus, quelle était la logique ? Les Syriens étaient les adversaires de la paix qui se faisait entre l'Égypte et Israël. Les Palestiniens s'y opposaient aussi. Clairement, il fallait piéger les uns et les autres au Liban.

J.L. : Autre question sur le même sujet : ne pouvait-on pas penser que le Mossad israélien attisait le feu ?

G.K. : Face à l'affaiblissement de l'État libanais, pris entre des enclumes et des marteaux innombrables, de quoi a été capable le « gouvernement de la paix » dont vous faisiez partie ?

J.L. : Le « gouvernement de juillet » était-il un gouvernement libanais classique ?

G.T. : Suivant la répartition confessionnelle de la société libanaise, oui, c'était un gouvernement classique, classique mais dans le cadre de la « guerre ». Autrement dit : ce gouvernement ne représentait que des fragments de pouvoir. Seul Camille Chamoun appartenait au Front libanais. Les Phalanges libanaises, qui étaient les véritables combattants, étaient exclues. Béchir Gemayel, l'étoile montante des combattants chrétiens, n'était pas ministrable. À cette époque-là, il n'écoutait déjà plus Pierre Gemayel, son père, pas plus que son père ne l'écoutait, occupé qu'il était à re-réciter constamment une espèce de « discours littéraire » appelant à l'unité nationale… tandis qu'une nouvelle génération de phalangistes allait s'entraîner en Israël. De même, de l'autre côté de la « barricade », la représentation du Front national, dit « islamo-progressiste », était virtuelle, c'est-à-dire qu'il s'agissait d'un pouvoir de substitution, puisque les Palestiniens n'étaient, et ne pouvaient pas être au gouvernement. Le chef titulaire du Front, Kamal Joumblat, se démarquait déjà de la Syrie qui lui préférait, en tant que ministre, son *antidote* druze, l'émir Majid Arslan, jusqu'ici neutre et loyaliste. Il s'agissait donc, somme toute, d'un gouvernement sans crédibilité sécuritaire, puisque les parties en conflit ne s'étaient engagées à arrêter leurs combats que sous des conditions très aléatoires que le gouvernement ne pouvait pas garantir.

De juillet à septembre, le gouvernement s'est mis dans la course contre la partition, ou plutôt les partages. Avec ce qui restait d'armée, une sécurité relative s'est établie au départ, plus consentie qu'imposée, mais vite effritée par la dynamique des diverses milices (nourries par les investissements en armes, munitions, etc., de leurs alliés ou maîtres régionaux) qui dépassait la dynamique (souvent régressive !) du pouvoir central. L'équilibre des forces avantageait les partis, y compris les Palestiniens et, plus tard, les Syriens. Il désavantageait le pouvoir central, théoriquement souverain, mais pratiquement démuni. Cependant, le pendule des défaites et des victoires maintenait un reste d'équilibre entre les partis, si bien qu'aucun ne pouvait être victorieux, ni conquérir le pouvoir central par quelque révolution ou coup d'État.

Puis soudain, à la mi-septembre, la guerre s'étendit au Nord et à la Békaa. Les ministres, réunis pour la première fois au Sérail, siège du gouvernement à Beyrouth, sans la participation du chef de l'État, décidèrent de demander à Damas d'envoyer à Tripoli un détachement de « l'Armée de libération palestinienne » (ALP), dans le but de restreindre l'action des milices des camps palestiniens qui avaient pris la ville d'assaut.

Ce fut l'armée syrienne qui vint. Et, avec elle, le commencement du chaos.

Dans un geste sans précédent, le président du Conseil décida d'entreprendre « une grève sur le tas » au Sérail, au siège même du gouvernement. J'étais le seul ministre à l'accompagner. À notre arrivée, il ne se trouvait que deux gendarmes pour monter la garde dans un centre-ville qui s'embrasait. Et quand nous leur annonçâmes que nous venions « occuper » le Sérail jusqu'à ce que la guerre cesse, il n'en resta plus qu'un ! À titre de ministre de l'Information, je lisais à la radio et à la télévision officielles un texte expliquant notre démarche et nos espoirs, ainsi que notre détermination à faire cesser les hostilités. Soudain, un boulet atteignit le Sérail de plein fouet !

G.K. : Pensait-on alors que le Liban pouvait encore avoir des élections présidentielles ? Et comment envisageait-on d'assurer la survie du pays durant les mois qui restaient avant la fin du mandat de Frangié ?

G.T. : Il fallait créer une dynamique constitutionnelle – et surtout électorale – qui distrairait les seigneurs de la guerre de leur vocation du moment. Ce qui fut fait, par un concours de circonstances, dont certaines étaient aussi inattendues que favorables : Karamé, ayant « confié » à certains visiteurs qu'il hésitait entre une démission et un manifeste demandant, au contraire, la démission du président de la République, un nombre grandissant de médiateurs s'activa pour organiser une rencontre au sommet où Frangié et Karamé auraient à s'expliquer. « Ils devaient cela à la nation. »

La réunion se tint ; au cours d'une séance de la Chambre des députés, Karamé expliqua son geste et demanda un vote de confiance. Une sorte de « Comité de sécurité » où siégeaient des représentants qualifiés de toutes les milices, avec des officiers de l'armée et de la police fut mis sur pied, en vue d'organiser un cessez-le-feu, un désengagement des forces « sur le terrain », un échange des victimes des nombreux enlèvements, bref toutes les mesures qui mèneraient sinon à la paix, du moins à la pacification.

Yasser Arafat avait déjà accepté et nommé ses délégués, dont Abou-Hassan, accusé par la suite d'avoir organisé l'opération terroriste de Munich, et qui fut assassiné dans une rue de Beyrouth-Ouest.

La séance du Parlement eut lieu, aussi houleuse qu'inutile. On sentait déjà qu'il fallait chercher ailleurs la réelle « représentation populaire ». Karamé fit cependant son discours et obtint son vote de confiance, l'équivalent d'un nouveau mandat.

G.K. : Que se passe-t-il alors ?

G.T. : Dans un climat de guerre au ralenti, la Chambre des députés ne put se réunir – faute de quorum – pour élire un nouveau président de la République qu'à la seconde convocation. Elle élut à la majorité Élias Sarkis, gouverneur de la Banque centrale, à l'ombre des chars syriens et pendant que l'artillerie palestinienne bombardait les rues menant au Parlement, réuni dans une villa d'emprunt, à la « frontière » des deux Beyrouth. Sarkis l'emporta contre Raymond Eddé, candidat de l'opposition, qui déjà, en 1958, avait mené campagne contre Fouad Chéhab.

G.K. : Avec son incorrigible hardiesse, Raymond Eddé ne cessa jamais de défendre les valeurs démocratiques et de s'opposer aux Phalanges qui tentèrent plusieurs fois de l'assassiner.

G.T. : Après la huitième tentative d'assassinat, perpétrée contre lui le 11 décembre 1976, Raymond Eddé reçut, en janvier 1977, une invitation inattendue du président Anouar el-Sadate, à laquelle il répondit. Après un long tour d'horizon, Sadate lui demanda de demeurer au Caire, ou d'aller directement à Paris, mais impérativement de ne pas retourner à Beyrouth. Pour vaincre l'hésitation, voire l'entêtement de Eddé, Sadate lui montra une *hit list*, liste rouge des personnes devant être assassinées, et lui révéla que la source de l'information ne permettait aucun doute quant à sa véracité et à sa fiabilité. Sur la liste figuraient les noms de leaders qui venaient d'être assassinés, et d'autres qui le furent par la suite, dont Kamal Joumblat en 1977. La conversation se termina, comme il est d'usage au Caire, sur un ton léger : ils évoquèrent les relations historiques entre les pharaons d'Égypte et la cité phénicienne de Byblos, Jbeil, dont Raymond Eddé était le député, et qui lui restait fidèle. Il passa un jour de plus au Caire, le temps de faire quelques arrangements et de réserver une chambre au « Prince de Galles ». La sécurité égyptienne et le protocole du palais accompagnèrent le visiteur distingué jusqu'à son avion, histoire de s'assurer qu'il n'avait pas changé d'avis.

Il devait demeurer sur ses positions jusqu'à sa mort, à Paris, le 10 mai 2000. Ses obsèques nationales furent la preuve ultime de l'unanimité qui s'était faite sinon autour de sa politique propre, du moins autour de sa personne.

G.K. : Quand Élias Sarkis assuma-t-il ses fonctions ?

G.T. : Ce ne fut qu'à l'expiration de son mandat que le président Frangié accepta la passation du pouvoir. Et cela, après une seconde tentative de coup d'État militaire dont les promoteurs n'arrivèrent même pas à dépasser le siège de la télévision, d'où ils avaient annoncé leur coup d'État..., un coup d'État qui n'était pour finir qu'un misérable coup de théâtre ! La Syrie était là pour maintenir le *statu quo* qu'elle avait contribué à créer. Mais elle ne put empêcher Frangié de quitter son palais en ruine, ni amener Sarkis, qu'elle avait « aidé » à faire élire – avec la bénédiction de Washington –, à occuper le palais avant la date prévue par la Constitution.

LA PRÉSIDENCE D'ÉLIAS SARKIS

G.T. : Chéhabiste de formation (il avait été chef du cabinet du général-président Fouad Chéhab entre 1958 et 1964), magistrat de carrière, avant de devenir gouverneur de la Banque centrale de 1964 à 1976, Élias Sarkis apportait à la présidence de la République une rigueur et une capacité de réflexion le démarquant de son prédécesseur qui, lui, gouvernait « en famille », sinon en tribu.

Son premier geste, après son accession au pouvoir, fut spectaculaire mais tragique. Élu des Syriens, il pensait pouvoir quand même agir avec suffisamment d'indépendance pour aller de l'avant, au-delà de leur jeu. Peut-être comptait-il sur l'appui des États-Unis qui avaient opté pour lui afin de conduire le projet de paix dont ils ne lui avaient pas donné les moyens ! Il convia Yasser Arafat à venir le retrouver au Musée national, sur la ligne de démarcation entre les deux Beyrouth, à un sommet tripartite libano-palestino-syrien. Pour lui, la paix au Liban serait une solution triangulaire ou ne serait pas !

Arafat était au rendez-vous, mais le président Assad, au lieu d'envoyer son délégué habituel aux consultations libanaises, le ministre Abdel Halim Khaddam, ne se fit représenter que par un officier subalterne des services de renseignements. D'autre part, cette réunion fut troublée par un bombardement aussi intensif qu'anonyme de la zone du musée. Le principal souci du sommet devenait donc de savoir comment sortir les participants indemnes. Puis, plus grave encore, comment assurer la sécurité du président jusqu'au palais que l'on bombardait aussi. Je crois que le message était clair : il n'était pas interdit d'avoir de folles espérances ; autre chose était d'avoir les moyens de les réaliser.

Quelques jours plus tard, je demandai à Sarkis pourquoi il ne posait pas franchement au président syrien la question de savoir ce que la Syrie nous voulait ou attendait de nous. Sa réponse, spontanée, fut la suivante : « Et s'il me disait ce qu'il me voulait, et que ceci ne correspondait pas à ce que, moi, je voudrais pour le Liban ? Vous réalisez ce qui adviendrait ? »

Le sommet manqué du musée prit soudain, à mes yeux, toute sa signification. Nous n'en parlâmes plus jamais.

Je me contentai de lui dire, sur un ton qui se voulait cynique : « Monsieur le Président, *on* ne nous interdira jamais de continuer à rêver. »

G. K. : Mais vous, vous passez du rêve à l'action !

G. T. : En effet, en décembre 1977, le président me demanda de me rendre à Washington afin d'y rencontrer Kissinger avant la passation de pouvoir entre Reagan et Carter. J'eus avec lui deux entretiens.

J. L. : Kissinger ne pensait-il pas que, si la Syrie faisait la paix avec Israël, les autres pays arabes suivraient ? Et n'avait-t-il pas imaginé de faire cadeau du Liban à la Syrie afin que Hafez el-Assad se décidât à faire la paix avec Israël ?

G. T. : On ne demande pas à un Kissinger s'il n'a pas comploté contre votre pays, ou s'il n'est pas complice…

Quoique Kissinger ait écrit quelque part, peut-être dans une interview, que toute diplomatie « même pragmatique » qui ne se place pas « au service d'un objectif moral » est

211

vouée à l'échec, je me voyais difficilement en train de défendre sa politique au Proche-Orient comme « servant un objectif moral ». Mais on ne pouvait nier son sens des réalités, et la perspicacité de son évaluation du possible et de l'impossible. Proposer un *bazarlik* à Hafez el-Assad qui consisterait à lui céder le Liban, contre une cession du Golan à Israël avec ses eaux, Kuneitra et son magnifique plateau, tient du surréalisme, pour ne pas dire de la mythologie politique, très en vogue d'ailleurs au Liban. Demander à la Syrie de céder le Golan, c'est lui demander de placer Damas à la merci de la moindre attaque israélienne : une heure et demie en char sur terrain plat ! Ni Assad ni aucun dirigeant syrien ne pourrait s'exposer à conclure pareil marché, même si le Liban en était la contrepartie. Un Liban, d'ailleurs, qui, s'il était intégré à la Syrie, poserait plus de difficultés qu'il n'apporterait de solutions aux problèmes syriens.

G.K. : Avez-vous pu, au moins, demander à Kissinger ce qu'il en était de cette « connivence » entre l'Amérique et la Syrie ?

G.T. : Vous pensez bien que pareille question ne pouvait pas se poser. À présent que ses *Mémoires* sont publiés, nous savons qu'il y a eu échange de lettres entre Assad et Rabin, par l'entremise des ambassadeurs des États-Unis accrédités à Damas et Tel Aviv. Cette correspondance eut lieu en 1976, au moment où les hostilités entre Libanais et Palestiniens atteignaient leur paroxysme.

La Syrie informait l'Amérique, et par son entremise Israël, de son intention d'envoyer des troupes au Liban pour mettre fin aux hostilités. Ce n'était donc pas un acte qu'Israël devait considérer comme offensif. Réponse d'Israël : d'accord, mais ces troupes ne devaient pas aller au-delà de certaines lignes détaillées sur cartes, dites « lignes rouges », au nord des frontières israéliennes. Si ces lignes étaient dépassées, Israël considérerait que ses frontières étaient menacées, et se verrait ainsi obligé de se défendre.

Mais, depuis, que n'a-t-on imaginé de fictions sur ces «lignes rouges» qui, en réalité, n'ont été respectées qu'en temps de paix, puisque l'armée israélienne les a balayées par deux fois. En 1978, sans heurts avec les Syriens, mais en 1982 au prix d'engagements sanglants entre les deux armées, et d'une déroute glorieuse, mais déroute quand même, de l'armée syrienne refoulée jusqu'à la route de Damas.

Une fiction − peut-être une légende ? − a prétendu qu'à partir de cet accord, la Syrie «tolérerait» la brigade libanaise − dite par la suite «armée du Sud-Liban» − aux frontières d'Israël, une armée qui fut amenée à collaborer avec Israël, car elle était coupée du nord du pays et de son commandement par un «cordon de sécurité» palestinien. Une sorte de ceinture qui deviendra par la suite la «frontière» d'un territoire occupé par Israël, à titre, là encore, de «zone de sécurité». Ainsi − aberration absolue −, Israël s'octroyait un prétendu «droit de défense» à partir du territoire d'autrui. Une défense qui, d'ailleurs, ne servit par la suite à rien, ni à personne.

Comme toujours, ce fut le Liban qui paya, et pour très longtemps, puisque l'occupation du Sud (près de 20 % du territoire libanais) − commencement du «partage» du Liban − dura de 1976 jusqu'au 20 mai 2000, avec toutes les crises politiques, les drames humains, l'aliénation et la misère qui s'ensuivirent et continuent encore. La «relation» entre Israël et la Syrie se poursuivait avec de plus en plus d'autonomie, sans passer par Washington. Les Israéliens avaient inventé pour cela un terme : l'*open game strategy*, à savoir un échange de signaux, de «messages» par lesquels chacune des deux parties signifie à l'autre ce qu'elle souhaite entreprendre en sondant les seuils de tolérance de l'*ennemi*... lequel ennemi fait savoir, non moins clairement, quelles seraient les conséquences si le seuil de tolérance était dépassé, et quels actes il entreprendrait lui-même, sans gêner son ennemi, à charge de revanche...

Ajoutons que ce jeu stratégique si « ouvert » soit-il, Hafez el-Assad se voit toujours obligé de le nier, contrairement à Israël qui lui consacre de véritables études. Alors, complot, connivence ? Disons que les guerres ne se déroulent jamais suivant des scénarios dressés avec distribution de rôles, comme une partition écrite d'avance par plusieurs auteurs sur le même papier à musique. En termes pratiques, on pourrait dire que les réalités ressemblent trop au *bazarlik* présumé pour que le marché n'ait pas lieu !

G.K. : La politique américaine semble bien incontournable quand il s'agit du Moyen-Orient. Qu'en est-il du rôle de la Ligue arabe ? A-t-elle tenté d'arrêter la guerre au Liban ?

G.T. : Sans vouloir ici nous hasarder à analyser les formes et les phases successives des diverses violences que connut le Liban, il convient de signaler cependant un fait capital : la Force arabe de dissuasion, créée par la Ligue des États arabes sous le commandement théorique du président de la République libanaise, était devenue, à cette période, une force uniquement syrienne, puisque l'éclatement de la Ligue avait amené les contingents égyptiens, soudanais, séoudiens, yéménites, etc., à abandonner le terrain, les uns après les autres, encouragés à quitter le Liban en raison du jeu unilatéral de la Syrie.

Or, le président Sarkis, ne se faisant aucune illusion quant à sa liberté de manœuvre avec ses amis syriens, « éleva » le jeu à une instance supérieure : il espérait créer, non contre la Syrie, mais pour le Liban, un nouveau système d'alliances. La Ligue arabe n'étant pas opérante, il inaugurait à nouveau une politique des sommets de chefs d'État. C'était, en quelque sorte, ce que l'on appela l'« arabisation de la question libanaise », en attendant l'internationalisation.

G.K. : À ce stade des « événements », il est clair que la guerre qui se déroule au Liban n'est ostensiblement plus une guerre entre Libanais et Palestiniens, mais, maintenant que les Syriens s'y sont graduellement impliqués, une guerre libano-syrienne.

G.T. : Signalons tout d'abord que la guerre israélo-arabe « gérée », donc « domestiquée », par les accords de cessez-le-feu égypto-israéliens et syro-israéliens provoque une dégradation à la frontière libano-israélienne, avec l'activité grandissante des *fedayin*. Cette dégradation provoque une première incursion israélienne en septembre 1977, suivie en mars 1978 de l'invasion en bonne et due forme baptisée « Opération Galilée ».

Le paradoxe suprême est que 1978, tout en étant pour nous au Liban le commencement de la « grande guerre », est l'année des négociations de paix israélo-arabes qui ont abouti aux accords de Camp David, signés à Washington entre Sadate et Begin, avec la participation active du président Carter. Je m'explique : avec l'intervention massive, et la présence continue d'Israël jusqu'en 2000, ce n'est plus la « brave petite guerre », c'est l'invasion persistante qui fait éclater le Liban.

G.K. : En 1978, vous étiez depuis près d'un an le représentant du Liban à l'ONU. Et c'est donc vous qui êtes l'auteur de la résolution 425 du Conseil de sécurité, « colonne vertébrale » de la politique étrangère du Liban.

G.T. : J'étais, en effet, à l'ONU depuis septembre 1977, envoyé en catastrophe pour porter plainte contre la première incursion israélienne !

N'étant pas diplomate professionnel, mais journaliste, je ne me rendais pas compte de la gravité des propos du Secrétaire général Kurt Waldheim, presque à mon arrivée : « Pourquoi le Liban est-il le seul pays arabe limitrophe d'Israël qui n'ait pas de forces onusiennes pour garder ses frontières, mais seulement des observateurs, à qui Israël interdit toute mobilité requise ? »

Rapportant à Beyrouth ce qui me semblait tout de même être plus qu'une remarque fortuite, on m'expliqua que pareille requête, si elle était faite, diviserait le gouvernement et le pays. « Le pays, me dis-je, ne s'est-il pas déjà divisé ? » Ici encore, la réalité ressemblait étrangement à la mise en œuvre d'un complot : ce sont les Palestiniens progressistes et leur alliée, la Syrie, qui ne voudront pas d'une force de l'ONU. Et ce sont les chrétiens, déjà alliés d'Israël, qui voulaient cette force. Une force présumée pouvoir refouler Israël.

Était-ce la stratégie du jeu ouvert qui faisait se retrouver les intérêts syriens et israéliens contre l'intérêt évident du Liban, qui était de se prémunir contre une nouvelle agression ? Encore un autre mystère.

G. K. : Mais venons-en à la résolution 425, qui fut la seule résolution unanime du dossier israélo-arabe ayant été suivie par un retrait israélien de territoires arabes occupés. Comment fut-elle obtenue ?

G. T. : Les innombrables consultations habituelles des corridors de la « Maison de verre » me révélèrent deux réalités qui devaient guider le Liban. La première était la « fenêtre » qui s'ouvrait sur un moment de détente russo-américaine, un entracte dans la guerre froide.

L'autre réalité, dont la découverte m'emplit de tristesse, mais qui me motiva encore davantage, c'est que je retrouvai, au premier contact avec la conférence des diplomates arabes, le même esprit de futile rhétorique qui nous fit, en 1948, perdre la Palestine.

Ce que je ne manquai pas de dire à mes « collègues » sur un ton de franchise peu coutumier en diplomatie : le Liban, pour qui dorénavant je serais le seul à parler, est déterminé à ne pas devenir une autre Palestine, une Jérusalem jamais retrouvée. À l'ambassadeur de Syrie, et aux délégués de l'O.L.P. – accoutumés à parler en seigneurs –, je dis que je ne proposerai pas au Conseil de sécurité une résolution « condamnant Israël, etc. » qui me vaudrait un veto américain. Mais, bien au contraire, j'éviterais la condamnation, si cela m'assurait l'appui de l'Amérique et de l'Europe pour la formation immédiate d'une force internationale de maintien de la paix, et bien évidemment une demande obligatoire et irrévocable de retrait des forces israéliennes. C'était l'heure de vérité. Comme certains ambassadeurs arabes protestaient, en indiquant que cela équivalait à une concession faite à Israël, je retrouvai mon style de journaliste et de polémiste pour leur demander quels territoires arabes ils avaient libérés par leur rhétorique, et si « la concession » ne résidait pas plutôt dans la négation de la réalité. Ils pouvaient toujours proposer toutes les condamnations qu'ils voulaient, le Liban, pour sa part, orienterait son action diplomatique, quoi qu'ils en disent, vers la reconquête de son territoire et l'instauration de la paix au Sud.

J.L. : On a oublié aujourd'hui le contexte de l'époque. Les Palestiniens semblaient avoir le vent en poupe et les pays arabes ne mesuraient pas encore les difficultés qui allaient advenir. La relative pause dans la guerre froide, le climat international étaient favorables à votre action en faveur de la survie du Liban, tandis que l'action palestinienne, se poursuivant sur le terrain, rendait malaisée la diplomatie libanaise ?

G.T.: Dès ma première « comparution » devant le Conseil de sécurité, j'avais négligé volontairement toutes les formulations juridico-diplomatiques que mes collaborateurs avaient rédigées pour envoyer un message simple et clair qui fit la manchette dans plusieurs journaux de par le monde : « Laissez vivre mon peuple. »

Le débat se prolongea plusieurs jours. L'ambassadeur d'Israël, Chaïm Herzog (qui devint plus tard président de l'État hébreu) était virulent, ignorant le fait que la résolution proposée s'abstenait de condamner, pour la première fois, un agresseur, et alla jusqu'à prétendre qu'Israël avait mené sa campagne pour « libérer » le Liban des Palestiniens et des Syriens qui l'occupaient ! Les troupes israéliennes, disait-il, avaient été accueillies avec joie. À quoi je répondis en brandissant une photo publiée le matin même par le *New York Times* montrant de jeunes Libanais ligotés et jetés à terre, sous un arbre, dans un village occupé, avec autour d'eux un « quatuor » de soldats israéliens jouant du violon. Le journal disait que c'était la *Rhapsodie hongroise*.

Finalement, pendant que les combats continuaient au Liban, le dimanche 19 mars un peu avant minuit, la résolution 425 fut adoptée à l'unanimité, avec – bonus inattendu – l'appui de la Chine et une abstention de pure forme de l'ambassadeur soviétique qui, ignorant les amendements de son ami syrien, intervint pour appuyer le texte proposé, à ma demande, par l'ambassadeur d'Amérique, Andrew Young. Le Secrétaire général Waldheim annonça alors qu'il prendrait tout de suite les mesures nécessaires pour former la force de maintien de la paix (FINUL) et assurer le retrait immédiat d'Israël.

Mais la victoire majeure était de l'ordre du principe. Sur mon insistance, et en dépit de ceux qui trouvaient ce point superflu, la résolution annonçait avec solennité : le Conseil « demande que soient strictement respectées l'intégrité territoriale, la souveraineté, et l'indépendance politique du Liban à l'intérieur de ses frontières internationalement reconnues ».

Pour un pays morcelé, meurtri, et − il faut l'admettre − « partagé » entre trois forces « étrangères », c'était un acte de foi, un message tant pour les Libanais que pour les « autres ». J'ai donc, et pour cause, fait inclure ce paragraphe, *in toto*, dans les trente et une résolutions que prit le Conseil pendant toute la durée de mon mandat à l'ONU.

G.K. : Cet acte de foi, cet appel a-t-il été écouté et répercuté au Liban ?

G.T. : Oui. Une fois la résolution votée, les députés réunis dans un parlement saccagé par les bombes ont non seulement pris acte par un vote unanime, mais ont surtout annulé par un vote non moins unanime l'accord du Caire conclu avec l'O.L.P. en 1969.

Si le processus de paix ainsi déclenché n'a pas continué, c'est, une fois de plus, à cause du retour de la guerre froide au Moyen-Orient, dont le Liban était une terre d'élection. Ainsi le processus de Camp David a mené à la réactivation par la Syrie de l'intérêt soviétique dans la région, avec pour effet le retour au bercail damascin de la gauche islamo-progressiste, rompant ainsi le consensus libanais qui s'était fait autour de la résolution 425. Cette résolution s'est trouvée bloquée par une guerre larvée au Sud, guerre dont Israël surtout, mais les « extrémistes » palestiniens aussi se partageaient les responsabilités autant que les avantages.

Au retour de Camp David, Carter proposait à Sadate que l'Amérique et l'Égypte s'occupent ensemble de la solution du problème palestinien ainsi que du Liban. Carter ignorait que l'opposition à l'accord de paix israélo-égyptien ne serait pas que verbale. En effet, une nouvelle guerre se déclenchait, une fois de plus par Libanais interposés, entre Israël et la

Syrie. La Syrie ne pouvait pas tolérer son isolement éventuel dans le monde arabe, et Israël avait tout intérêt à encourager la Syrie à reprendre les rênes du front du refus.

G.K. : Comment se situent, dans ce cadre, les affrontements entre l'armée syrienne et les milices chrétiennes qui devaient aboutir au bombardement de Beyrouth-Est ?

G.T. : À l'Assemblée générale des Nations unies où je me trouvais alors, tous les discours de chefs de délégation faisaient état des bombardements de Beyrouth-Est et regrettaient le recours à la force par « l'Armée de dissuasion arabe » ; certains cependant osaient accuser la Syrie, mais nul ne proposait de mesures hormis des appels à un règlement pacifique. Une communication de Beyrouth m'apprit que le président Sarkis avait tenté de se rendre personnellement à Damas. Mais son initiative n'eut pas de suite. Le président syrien, en visite officielle en Allemagne de l'Est, était en langage diplomatique « non joignable ». Ayant demandé officiellement au Secrétaire général Waldheim de saisir lui-même le Conseil de sécurité, comme la Charte l'y autorisait en pareilles circonstances, il me suggéra de voir d'abord le ministre français des Affaires étrangères, de Guiringaud, qui se trouvait à New York et dont c'était le tour de présider le Conseil de sécurité. Comme le Conseil de sécurité convoqué par la France procédait aux consultations d'usage avant sa réunion formelle, il y eut un coup de théâtre : le vice-ministre des Affaires étrangères de Syrie m'informa que le président Assad était déjà à Moscou, qu'il devait bientôt rentrer et réglerait la question, sans qu'il soit donc nécessaire d'obtenir une résolution du Conseil de sécurité qui, disait-il, ne servirait qu'à envenimer les choses. Le Conseil ayant ajourné pour une heure ses consultations, l'ambassadeur américain m'informa que Cyrus Vance était venu à New York et voulait que je sache que le président Assad était, en effet, à

Moscou, et qu'un contact – non spécifié – avait eu lieu entre Washington et Moscou. Vance renonçait à tout discours devant le Conseil, si les autres étaient prêts à faire de même. Il attendait incessamment un « signal » ; je présumai qu'il l'attendait de Moscou. « Après quoi, dit-il, le Conseil se réunira. Allez donc préparer un projet de résolution susceptible d'être approuvé unanimement mais stipulant en toutes lettres une cessation de toutes les hostilités. »

Vingt minutes plus tard, le Conseil tint la plus courte de ses réunions – six minutes –, et la résolution proposée par le président et expédiée en consultation fut approuvée à l'unanimité, Chine et Russie comprises.

Particularité sans précédent de la résolution 436 votée le 6 octobre 1978 : elle établissait une relation quasi organique entre les opérations militaires et la crise politique déjà baptisée dans les couloirs des Nations unies la « Question du Liban ». En effet, la résolution requérait que le cessez-le-feu et la cessation des hostilités soient immédiats et effectifs, « de sorte que la paix intérieure et la réconciliation nationale puissent être rétablies sur la base de la préservation de l'unité, de l'intégrité territoriale, de l'indépendance et de la souveraineté nationale du Liban ». En fait, on internationalisait aussi bien la crise libanaise que sa solution. On continua cependant de faire semblant de croire que l'ONU pouvait demeurer le cadre d'une recherche de la paix, arguant du fait que les supergrands avaient montré, malgré la guerre froide, qu'ils étaient encore en mesure de voter ensemble une résolution du Conseil de sécurité.

Assad revenait à Damas où le rejoignit le président Sarkis. Le cessez-le-feu, décidé à New York, était proclamé à Damas. Les apparences étaient sauves.

G.K. : De cet épisode, que peut-on tirer d'éclairant au plan du jeu régional ? Y avait-il un espoir que le Liban s'apaise ?

G.T. : Pour ce qui est du jeu régional, il faut noter qu'au-delà des « lignes rouges » les puissances dites régionales n'ont cessé de négocier entre elles des lignes plus rouges encore ! C'est dans le cadre, bien moins flexible, de ces nouvelles « lignes rouges » que se dérouleront les guerres successives du Liban. Des guerres toutes issues de la confrontation devenue permanente entre deux occupations « symétriques » : l'occupation israélienne et l'occupation syro-palestinienne.

G.K. : Durant la période de sa présidence, Sarkis eut à affronter de nombreux événements difficiles, mais le moment le plus grave ne fut-il pas celui de l'opération israélienne dite « Paix en Galilée » et de l'occupation de Beyrouth quelques mois avant la fin de son mandat en 1982 ?

G.T. : En effet, une nouvelle guerre israélo-arabe va éclater : la plus meurtrière, la première au cours de laquelle Israël put occuper une capitale arabe, Beyrouth, sans que les États arabes, Syrie incluse, y jouent le moindre rôle, sinon verbalement. Car l'engagement de l'armée syrienne « présente » au Liban n'impliqua pas une déclaration de guerre de sa part, en tant qu'État. Ses propres relations avec Israël, envahisseur du Liban, restaient gérées par les accords de cessez-le-feu négociés par Kissinger à la suite de la guerre de 1973. Tout autre, en revanche, devenait son rôle au Liban et sa position régionale.

G.K. : Vous parlez de la guerre de juin 1982 et de ses séquelles ?

G.T. : Juin 1982 fut la date d'une invasion « annoncée» quatre mois plus tôt. Le moment de sa mise en exécution avait fait l'objet de toutes sortes de spéculations et de scénarios qui circulaient partout, y compris dans certains médias.

Dans un article écrit pour le *New York Times* du 26 mars (1982), en tant qu'ambassadeur aux Nations unies, et qui ne manqua pas d'avoir un certain retentissement, je commençais ainsi : « C'est un bien étrange sentiment que celui d'être l'ambassadeur d'un pays dont tout le monde s'accorde à vous annoncer, jour après jour, qu'il sera envahi demain. En fait, malgré les efforts importants des États-Unis et des Nations unies pour maintenir la paix, la scène semble être dressée pour l'apocalyptique guerre israélienne qui pourrait s'étendre aussi loin que Beyrouth, faire exploser le Liban et préparer le terrain pour une nouvelle géographie du Moyen-Orient. »

Je vous épargne ici les détails de l'invasion qui eut lieu le 5 juin 1982, et du rôle pacificateur que voulut jouer l'ONU. Notons quand même qu'à la veille de l'invasion, tandis qu'Israël massait ses forces et commençait à bombarder Beyrouth (plus de 300 morts rien que parmi les réfugiés de la cité sportive, en un seul raid), le Conseil de sécurité se réunissait de nuit et votait, toujours à l'unanimité, la résolution 508 qui demandait, déjà, à Israël et à toutes les parties concernées de suspendre toute activité à caractère militaire. Le lendemain, comme Tsahal avançait sur toute la largeur de la frontière, à l'intérieur du Liban, le Conseil passa une seconde résolution, la 509, condamnant Israël et exigeant le retrait immédiat de ses troupes.

Rien n'y fit. Les terribles événements qui suivirent, on les connaît. Je raconterai cependant un incident survenu au Conseil de sécurité qui nous aide à comprendre la conduite du général Sharon, alors ministre de la Guerre, et les aléas de la diplomatie américaine.

Le matin du 8 juin, heure de New York, comme le Conseil débattait d'un projet de résolution autorisant la Croix-Rouge internationale à intervenir, je reçus une communication téléphonique du Premier ministre, Chafic Wazzan, m'informant que l'armée israélienne avait pénétré à Saïda et que des combats de rues se déroulaient à l'intérieur de la capitale du Sud, en violation des accords présumés conclus avec l'ONU.

J'interrompis le débat pour faire part du message au Conseil et demander une nouvelle résolution. L'ambassadeur américain Jeane Kirkpatrick me répondit : « C'est un mensonge *(sic)* ; Israël nous a promis de s'arrêter avant Saïda. »

Cet incident diplomatique s'accompagnait d'une révélation : les États-Unis acceptaient que l'invasion aille jusqu'à Saïda !

Je suggérai une brève interruption de la séance pour permettre à Kirkpatrick de s'informer auprès de son gouvernement. Quelques minutes plus tard, j'étais toujours à mon siège, l'ambassadeur d'Amérique demanda la parole pour dire avec la plus grande solennité que « Sharon avait menti au Premier ministre Begin et qu'il avait même trompé le Cabinet israélien qui lui avait interdit la veille de poursuivre son avance ». Kirkpatrick était prête, dit-elle, à appuyer toute résolution proposée par l'ambassadeur du Liban, « à qui elle présentait ses excuses ».

Il n'y eut cependant pas de résolution. L'invasion se poursuivait, et elle était sanglante. Je lançai donc « un appel urgent au Conseil de sécurité, à tous les membres de ce Conseil, tant individuellement que collectivement » pour empêcher « l'assassinat d'un État membre de l'ONU [...], la crucifixion du Liban ».

G.K. : Ce moment est un moment majeur de la guerre au Liban. L'émotion est à son comble, l'arrogance et la force semblent n'avoir aucune limite, et la guerre froide n'aide pas à sortir de la crise. Que fait l'ONU pour arrêter cette folie qui s'est emparée des hommes ?

G.T. : En définitive, rien. L'ONU ne fut même pas capable d'envoyer des observateurs à Beyrouth, de faire un rapport sur le siège, sur l'occupation des quartiers civils et sur le blocus qui s'ensuivit ; ne serait-ce que pour signaler les violations des accords de Genève concernant les droits humanitaires, etc. Et cela malgré les résolutions réaffirmant le rôle de l'ONU et de ses observateurs, ainsi que le renouvellement du mandat de la FINUL, en dépit de sa dispersion par l'invasion israélienne.

Et le cynisme israélien atteignait des sommets : tandis que se multipliaient les débats au Conseil de sécurité et que toutes les chancelleries du monde s'affairaient pour résoudre la crise et préparer le retrait des forces d'occupation, l'ambassadeur d'Israël à Washington, Moshe Arens, plus tard ministre de la Défense, posait, par voie de presse, la question suivante : « Peut-être une enclave dans le nord-est du Liban, pas plus d'un quart du pays, devrait-elle être donnée à la Syrie pour répondre à ses soucis de sécurité ? » (*Wall Street Journal* du 11 juin 1982.)

Était-ce une simple fantaisie de diplomate ? un ballon d'essai ? un appât ? ou une grosse indiscrétion qui levait le voile sinon sur « le complot » du moins sur un « plan Sharon » resté secret jusque-là ?

G.K. : Comment avez-vous vécu cette impuissance du Liban à se défendre ?

G.T. : Une certaine éloquence utopiste est, en pareil cas, la seule défense du faible. En fait, au-delà de la défense, une prise d'option sur l'avenir. C'est ainsi que je m'entendis répondre au Conseil de sécurité, avec plus de ferveur que de foi : « Mon pays n'est à la disposition de personne, il n'est pas à vendre, il n'est pas à louer, et je ne crois pas que notre histoire permette de supposer que nous nous tenions à la disposition d'une quelconque communauté internationale, prêts à être partagés, divisés, ou à être livrés en butin. »

J.L.: Vous qui êtes un réaliste, tiendriez-vous ce même discours aujourd'hui?

G.T.: Je crois que oui. Mais concluons l'analyse de la guerre de 1982. Brièvement, dans l'ordre chronologique, le premier développement majeur fut évidemment l'envoi d'une Force multinationale (FMN) patronnée par Washington et proposée au gouvernement libanais suivant le modèle de la FMN stationnée au Sinaï, mais en ignorant précisément la différence entre les deux contextes : au Sinaï, elle émanait d'un « traité de paix », au Liban elle devait s'implanter pendant que la guerre continuait. Elle devait souffrir d'ailleurs des mêmes « déficiences organiques » − si l'on peut ainsi s'exprimer − qui causèrent l'échec de la FINUL. En effet, comme je devais l'expliquer au Conseil de sécurité plusieurs fois, jusqu'en juin 1982, la FINUL était investie d'une « mission dynamique » − le maintien de la paix −, mais ne disposait ni de moyens ni d'instructions pour exercer son « droit » d'utiliser la force, dans l'accomplissement de sa mission et même dans les « cas de légitime défense ». Ses moyens de défense, autant que ses instructions et ordres de missions avaient un caractère purement statique.

J.L. : Mais les contingents de la FMN, les soldats français et américains, ont quand même sacrifié leurs vies.

G.T. : En réalité, ce fut bien plus tard, mais nous y viendrons. Donc, avant la création de la FMN, une mission américaine de haut niveau était déjà à Beyrouth, présidée par un ambassadeur d'origine libanaise, Philip Habib, à titre de représentant personnel du président des États-Unis. Il arriva à Beyrouth en plein chaos, transitant par Damas où il rencontra le président Hafez el-Assad à qui il remit un message du président Reagan. Une fois à Beyrouth, Habib négocia un cessez-le-feu pendant que la capitale était assiégée par les Israéliens qui la bombardaient de toutes parts. De féroces combats se déroulaient à Khaldé, en bordure de Beyrouth, où s'étaient battues contre Tsahal et son aviation les milices palestiniennes autant − certains disent moins − que les milices populaires du Front national et les milices de quartier, tous partis confondus.

Tsahal s'arrêta, théoriquement, aux « frontières » de Beyrouth. Cependant, les officiers israéliens et quelques patrouilles circulaient à Beyrouth-Est, aussi librement qu'illégalement ; Beyrouth-Ouest était encore en feu, et Yasser Arafat, qui en avait assumé le commandement de fait, s'y trouvait toujours. L'armée israélienne − avec Sharon en tête − encercla le 13 juin le palais présidentiel, situé au flanc de Baabda, surplombant Beyrouth. Elle aurait occupé le palais si les diplomates américains qui s'y trouvaient ne s'étaient pas interposés physiquement.

G.K. : Sans reprendre la question sous tous ses angles, pouvez-vous toutefois nous dire en quoi consistait l'accord de cessez-le-feu, et le mandat de la FMN ?

G.T. : Le cessez-le-feu demeura relatif et se négociait par étapes, pendant que les batailles se poursuivaient sporadiquement jusqu'à la Békaa où les Syriens abattirent, le 25 juillet, un *Phantom* israélien venu attaquer des rampes de missiles syriens. Le pilonnage aérien, puis maritime, de Beyrouth-Ouest se poursuivit jusqu'au 20 juillet, date d'une réunion où Sharon lui-même vint à l'ambassade des États-Unis rencontrer Habib et son équipe, aucun Libanais, ni Palestinien n'étant cependant physiquement présents. L'escalade de la violence relançait les progrès des négociations, plutôt que l'inverse.

Arafat avait déjà fait savoir, quelques jours plus tôt, qu'il était prêt à quitter Beyrouth avec ses miliciens armés, près de dix mille. On discutait les listes d'hommes et d'armes. Mais Sharon espérait encore « liquider » Arafat et détruire l'O.L.P. avant leur évacuation, par une opération commando qui pénétrerait dans Beyrouth malgré le siège. D'ailleurs, comme on le sut dès juin, Begin, sur l'insistance de Sharon, avait déjà soumis au général Haig, premier Secrétaire d'État de Reagan, lors de leur rencontre à New York le 15 juin, un plan d'invasion de Beyrouth, pour exterminer l'O.L.P., exécuter ses chefs, détruire son arsenal et saisir ses archives. Au besoin, pourquoi pas, une invasion du Liban tout entier. Lorsque Washington découvrit que Haig avait donné à Begin l'impression qu'il était d'accord, Haig fut contraint de démissionner, et c'est George Shultz qui le remplaça, sans que, bien entendu, les raisons de la démission ne soient annoncées officiellement.

Bref, le document de l'accord de cessez-le-feu demeurera dans les annales diplomatiques comme le seul « accord », pour ne pas dire « traité », négocié entre quatre parties (Israël, Syrie, Liban et O.L.P.) qui ne se reconnaissaient pas mutuellement, qui ne s'étaient ni rencontrées ni adressé la parole. C'est par le truchement du « cinquième » partenaire, le médiateur américain, que le tout fut négocié et consigné sur une feuille blanche sans en-tête, ni signature aucune.

La stipulation la plus importante devait être l'évacuation de l'O.L.P., Arafat en tête, armes personnelles à la ceinture, principalement par voie de mer, compte tenu des destinations. Ce fut un paquebot grec qui, le 30 août 1982, emmena le chef de l'O.L.P. et son état-major, du port de Beyrouth, occupé pour la circonstance par des troupes de la FMN, vers Tunis. C'est là que se trouvait le siège de la Ligue arabe, depuis la signature par l'Égypte des accords de Camp David, et c'est donc là que s'établira l'O.L.P., jusqu'au « retour » à Gaza de l'Autorité nationale palestinienne. Escorté au port par le Premier ministre libanais, Arafat, si l'on en croit certains observateurs, courut le risque d'être assassiné par Sharon en personne, qui observait le départ depuis le toit de l'EDL (Électricité du Liban), fusil télescopique en joue. C'est grâce à l'intervention d'un officier français que Sharon en fut empêché. Il a récemment déclaré qu'il regrettait de n'avoir pu réaliser son dessein. Arafat avait déjà échappé à une chasse à l'homme par hélicoptère pendant le siège de Beyrouth. Sous prétexte qu'Arafat se trouvait réfugié dans un immeuble résidentiel de l'Ouest, une bombe à implosion avait désintégré l'immeuble qui s'était effondré sur ses centaines d'habitants comme un château de cartes.

G.K. : Cela nous conduit aux massacres de Sabra et Chatila. Comment avez-vous vécu ce terrible moment ?

G.T. : Tout d'abord, l'assaut, puis l'invasion de Sabra et Chatila par Sharon et son armée, ainsi que par les milices phalangistes qui le suivirent, semblent avoir été le contre-coup direct de la frustration qu'il ressentit au port de Beyrouth. À quoi s'ajoutait une espèce de revanche : les milices phalangistes qui avaient refusé d'investir Beyrouth-Ouest, au moment du siège, s'y précipitèrent, et se ruèrent directement sur les camps palestiniens. Puis advint l'horreur que l'on sait.

G.K. : Rappelons ici que les massacres eurent lieu au lendemain de l'assassinat de Béchir Gemayel qui venait d'être élu président de la République.

G.T. : Ce fut un drame en trois actes.
Acte premier : quand Sharon a assiégé Beyrouth, prêt à l'envahir, il s'attendait selon les promesses des phalangistes à ce que ces derniers viennent de Beyrouth-Est l'aider à occuper et à « nettoyer » l'Ouest. Une réunion eut lieu au

domicile de Béchir Gemayel au cours de laquelle Sharon demanda à Pierre Gemayel et Camille Chamoun l'exécution du « contrat ». Pierre Gemayel m'a raconté avoir dit à Sharon : « Vous devez comprendre que nous ne pourrons pas gouverner le pays après que vous serez repartis si nous massacrons les musulmans, car ce sera la fin de l'unité libanaise ! » Sharon lui aurait alors demandé pourquoi ils n'y avaient pas pensé avant. Les officiers israéliens venus témoigner devant la commission Kahane, lors de l'enquête sur Sabra et Chatila, ont corroboré ce point, implicitement, disant que les miliciens maronites s'étaient révélés de piètres combattants, plus aptes à opérer des razzias qu'à se battre en guerriers dignes de ce nom. Certains ont même ajouté qu'ils les avaient trahis.

Acte deux : Philip Habib avait déjà choisi Béchir Gemayel pour président avant d'arriver à Beyrouth, avec l'accord implicite du président Sarkis. À ceux qui lui demandaient s'il savait qu'il favorisait ainsi une élection bien peu démocratique de Béchir Gemayel, Sarkis répondait que, s'il ne laissait pas Béchir accéder au pouvoir constitutionnellement, les Forces libanaises occuperaient physiquement le palais présidentiel, sans rencontrer d'opposition. L'armée, déjà divisée en multiples factions, n'aurait pas été un obstacle sérieux vu la présence écrasante des forces d'occupation israéliennes. Le Liban aurait alors été un État définitivement divisé : réduit en fait à deux petits États, tous deux indépendants, mais seulement l'un de l'autre, et tous deux non libanais puisqu'ils dépendraient de puissances étrangères.

Acte trois : dès avant l'invasion, les Américains faisaient connaître leur appui à Béchir Gemayel, en tant qu'homme fort. Ils se sont arrangés pour le faire « adouber » par l'Arabie Séoudite, et donc par les Arabes. Les Syriens, eux, ne voulaient certainement pas de cette élection, et n'avaient pas manqué de le faire savoir en encourageant vivement ceux des députés qui s'y opposaient ; sans toutefois avoir un candidat à présenter contre Béchir.

Vous connaissez la suite. Béchir Gemayel est proclamé président. Il se rend au palais, mais refuse d'y demeurer avant le jour de la passation des pouvoirs. Puis, quelques jours plus tard, le 14 septembre, lors d'un meeting phalangiste tenu dans son propre quartier général, une énorme explosion secoue la ville dans l'après-midi. À l'instant où Béchir Gemayel s'apprêtait à prendre la parole pour annoncer qu'il renonçait à demeurer le chef des Forces libanaises, le bâtiment où se tenait la réunion est pulvérisé.

C'était, aurait-on dit, le signal qu'attendait Sharon pour investir la capitale. La presse israélienne révélera plus tard que l'ordre d'attaque fut donné dans la nuit du 14 au 15. À 0h, mercredi 15, Tsahal envahissait la ville, détruisant tout à très grande échelle. Le 16, les camps de Sabra et Chatila étaient investis.

J.L. : Beaucoup de gens avaient des raisons d'assassiner Béchir Gemayel.

G.T. : À l'annonce de son assassinat, je me suis souvenu d'une conversation téléphonique, extraordinaire à plus d'un titre, avec le ministre des Affaires étrangères de Syrie, Abdel Halim Khaddam. Le 19 juillet, de passage à New York, en rentrant de Cuba, Khaddam me téléphona pour m'annoncer dans son style diplomatique très particulier : « Béchir ne sera pas élu, et s'il est élu, il n'aura pas l'occasion de gouverner... il n'arrivera jamais au palais de Baabda. » Puis d'ajouter : « Il n'est plus utile à ses amis, tu sais qui ! »

J.L. : Comme quoi, si la stratégie de Sadate impliquait le secret, l'assassinat selon les Syriens ne le supposait pas !

G.T. : L'enquête au sujet de l'assassinat s'est arrêtée à un certain niveau, la filière s'étant interrompue... À ce jour la thèse officielle de l'enquête désigne encore « les Syriens », dans la mesure où la personne qui avait posé la charge de dynamite appartenait au PPS (parti populaire syrien), qu'elle fut arrêtée, puis... disparut !

J.L. : Il est étrange que les enquêtes sur les grands assassinats des cinquante dernières années soient toujours suspendues...

G.T. : Personnellement, et en réfléchissant bien à ce que l'on m'avait « annoncé », je suis enclin à croire à la thèse du *joint contract*, un contrat de mafia pour deux clients. L'assassinat de Béchir Gemayel servait tout le monde !

J.L. : C'est la thèse syrienne banale. La vôtre, est-ce une thèse « syro-israélienne » ?

G.T. : C'est, du moins, une rencontre d'intérêts. Mais, à en juger par la suite, c'est de nouveau la thèse de la responsabilité d'Israël qui prime, car la « garde prétorienne » de Béchir Gemayel, qui manquait à l'appel lors de l'assassinat, se retrouve directement impliquée aux côtés de Sharon à Sabra et Chatila ! C'est ce qu'a révélé l'enquête de la commission Kahane, nommée par le gouvernement israélien et dont les conclusions obligèrent Sharon à démissionner.

Ici, un fait capital est à signaler, au risque de bousculer la chronologie. Sharon, qui opérait avec une célérité d'une remarquable précision (à en croire la relation détaillée d'Amnon Kapeliouk, dans *Enquête sur un massacre*), a trouvé le temps pendant que les Gemayel recevaient les condoléances à Bikfaya, entourés d'un monde politique immense, d'arriver là pour s'assurer de la succession de Béchir.

Sharon agissait ainsi, sans masque, comme le représentant de la puissance occupante pour que le candidat à la présidence soit favorable à Israël. Finalement, Sharon et les officiers qui l'accompagnaient durent se résigner au fait accompli, puisque, aux funérailles de Béchir, les phalangistes en foule avaient déjà proclamé son frère Amine Gemayel candidat et président, tout à la fois.

G.K. : Peut-on, avec le recul, reconstituer ce qui s'est passé à Sabra et Chatila ? À cette époque, Beyrouth était divisée en deux : du côté est se trouvait le quartier chrétien et, de l'autre, le quartier musulman. Or, au bout de sept ans de guerre, les gens ne s'aventuraient plus d'un côté à l'autre ! Pour que des miliciens phalangistes aillent à l'opposé de leur zone protégée d'Achrafieh, il fallait bien qu'ils soient couverts par leurs commanditaires... Donc, par l'armée israélienne qui se trouvait encore là.

J.L. : Les massacreurs sont transportés par les Israéliens pour massacrer ! Mais pourquoi les gens de Béchir Gemayel ont-ils perpétré ce massacre ?

G.T. : Je me suis souvent posé la question : que sont devenues, à ce stade, nos fameuses « lignes rouges » ? Le *joint contract* − si entreprise commune il y a eu − qui a abouti à l'assassinat de Béchir Gemayel ne trouvait-il pas une expression nouvelle à Sabra et Chatila ? Et, disons-le franchement − même si la franchise ici frise l'insolence : n'est-il tout de même pas étrange que le préposé à la garde prétorienne de Béchir Gemayel, son « inséparable », en l'occurrence Élie Hobeika, ait été absent à l'ultime meeting phalangiste, quand le président élu faisait ses adieux ? Ce même Hobeika qui se retrouve aussitôt aux côtés de Sharon, au moment du massacre, ayant donc − selon toute probabilité et quelques témoignages – lui-même mené la milice sous protection israélienne jusqu'au lieu du crime... N'est-ce pas curieux qu'il finisse, très peu de temps après, agent puis allié des Syriens dans ce « pacte tripartite » de triste mémoire signé chez le président Assad en personne en 1985, entre Forces libanaises, milices d'Amal, et Parti socialiste d'un Joumblat désabusé et ironique ?

LA PRÉSIDENCE D'AMINE GEMAYEL

G.T. : Je me trouvais à Paris après l'élection d'Amine Gemayel à la présidence de la République, quand Philip Habib, délégué par le président Reagan pour le représenter à la cérémonie d'investiture – François Mitterrand ayant déjà délégué de son côté François de Grossouvre –, m'entraîna avec lui au Liban, dans son avion présidentiel. Il attaqua soudain un sujet de fond, dépassant le cas d'Amine Gemayel : « Est-ce que Beyrouth se décidera enfin à prendre au sérieux l'initiative de paix de Reagan du 1er septembre, que les Israéliens ont essayé de "fusiller" ? Ne faudrait-il pas relancer la question ? »

J.L. : N'était-ce pas là, de la part de Habib, une manière d'ouvrir le premier volet d'une négociation de paix contraignante ? Une ouverture sur des négociations régionales afin d'encadrer des négociations en vue du retrait israélien ?

G.T. : Je lui rappelai alors notre point de vue, à la suite du discours de Reagan le 1er septembre : en disant que « la paix au Moyen-Orient devait passer par une paix au Liban », le président américain invitait les Israéliens à empêcher un règlement de la question libanaise afin de garder le Liban en otage, non pas tant pour l'occuper que pour y piéger les uns et les autres, les enliser et les empêcher de poursuivre leurs négociations de paix. De plus, Habib devait bien savoir, ainsi que Shultz et Reagan, qu'Israël ne permettrait jamais au Liban ni à aucun autre État arabe de développer des « relations privilégiées » avec les États-Unis. Le moins que l'on puisse dire c'est qu'Israël est un amoureux exclusif et jaloux.

À l'atterrissage – nous volions très bas –, Philip Habib, observait la ville avec une grande attention, le nez collé au hublot. Il voulait voir Beyrouth de près. « Les salauds », dit-il, « mais maintenant nous allons vite négocier la paix, et penser immédiatement à la reconstruction ».

Il était prévisible que Philip Habib, avant de quitter Beyrouth, poserait de nouveau la question de la FMN qui avait quitté le Liban avant l'assassinat de Béchir : durée, rôle, etc. De même que l'ambassadeur de France, Paul-Marc Henry, qui avait à son actif d'avoir été le seul parmi les diplomates appelés en consultation le 5 juin par le président Élias Sarkis à avoir prédit qu'Israël allait envahir le Liban, jusqu'à occuper Beyrouth. Précipitamment rendu à Baabda sur la convocation de Sarkis, il tint ses propos en tenue de plage, détendu et trop exubérant pour être pris au sérieux par un président soucieux et peu enclin à l'humour.

En effet, le sort de la FMN allait devenir la préoccupation majeure : il fallait tout à la fois qu'elle ne soit pas ce que les Américains appelaient trop souvent *a bone of contention*, un élément de discorde, mais au contraire un instrument de réunification du pays, de pacification surtout, puisqu'elle seule pouvait superviser l'évacuation israélienne, et plus tard – qui sait ? – le retrait syrien.

Composée de troupes de plusieurs puissances, donc engageant ces puissances politiquement autant que militairement, elle aurait dû être plus efficace qu'elle ne l'avait été jusqu'alors, au cours de sa première mission. C'est le contraire qui se produisit : son mandat était encore moins explicite que lors de sa première mission et les moyens dont elle disposait pour réaliser la paix étaient encore plus réduits. La FMN devait se désintégrer – on le verra plus tard – faute de coordination entre les commandements des diverses forces nationales. Ce qui révélait une disparité entre les objectifs de la paix que l'on recherchait au Moyen-Orient et les moyens qu'on était prêt à investir pour y parvenir. Plus encore, certains ont été jusqu'à nous dire qu'on ne pouvait pas demander aux Américains d'établir une *pax americana,* à la manière d'une *pax romana,* sans y engager des « légions américaines », à la manière des légions romaines. Donc des forces combattantes, et non des « forces d'observation », telles les Forces de maintien de la paix susceptibles de se transformer – exemple la FINUL – en forces otages.

G.K. : Il serait trop long d'évoquer le voyage d'Amine Gemayel aux Nations unies et ses rencontres avec Ronald Reagan à Washington et François Mitterrand à Paris, rencontres au cours desquelles des consultations eurent lieu à propos des négociations avec Israël et le rôle de la Force multinationale. À ce moment-là, quelles sont vos fonctions aux côtés du nouveau président libanais ?

G.T. : J'ai fini par accepter un arrangement temporaire, sans aucune fonction officielle, avec juste le titre de « conseiller personnel ». Nous convînmes que je dirigerais les négociations avec Israël à partir du palais présidentiel, mais ne participerais en aucun cas à des réunions israélo-libanaises.

Mais essayons d'abord de résumer, aussi brièvement que possible, les « négociations du 17 mai ». Le dilemme libanais qui voua l'accord à l'échec était le suivant : négocier avec Israël seul son retrait du Liban était dénué de sens tant que ce retrait était subordonné par Israël aux retraits palestinien et syrien. La Syrie était déterminée à ne pas se retirer du Liban tant qu'Israël occuperait le Golan, ce qu'Israël n'était pas prêt à envisager, à moins que cela fasse partie d'un accord de paix global au Moyen-Orient, chose bien lointaine et chaque jour plus complexe.

En termes plus clairs : on ne négociait pas à Khaldé et Kyirat-Schmona, où se discutaient, avec la participation de Washington, les articles d'un traité de plus en plus surréaliste. On négociait là où se poursuivait la guerre, donc par milices et missiles interposés. Chaque fois que surgissait, au cours des négociations, une difficulté ou un désaccord, les combats s'intensifiaient. Si la paix était jugée de plus en plus impossible, le retour à la guerre ouverte était suicidaire. On espérait que la dynamique de la recherche internationale d'un règlement équilibré de la question du Moyen-Orient conduirait, à un certain moment, à l'ouverture de brèches. Ce ne fut, hélas, pas le cas. La guerre froide devint de plus en plus intense, et le rôle syrien, de plus en plus direct et violent.

David Kimshe, le négociateur israélien, lança un premier avertissement au négociateur libanais, Antoine Fattal, sur le ton de la confidence : « Si nous ne progressons pas les trois jours suivants, ça ira très mal. »

J.L. : Était-ce un ultimatum israélien ? ou un simple moyen de pression pour intimider le président et son équipe ? Qu'avez-vous répondu ?

G.T. : C'était le rappel de l'ultimatum reçu dès l'arrivée du président Gemayel à Washington. Un représentant du Département d'État nous remit une copie des décisions du Conseil des ministres israéliens, spécifiant non seulement le modèle des négociations mais aussi les résultats qu'Israël

237

attendait pour concéder la paix. Nous avions, bien évidemment, refusé le scénario et proposé une formule tripartite que Washington imposa à Israël. Une formule qui se révéla difficile, sinon impossible à gérer. D'où la remarque en apparence fortuite de Kimshe à Fattal. Mais, bien avant, un messager israélien avait remis au président Gemayel une « note verbale » de trois pages disant que la politique qu'il suivait mettait en péril l'indépendance du Liban et le sort des chrétiens d'Orient. Étrangement, cette note était datée du 22 novembre, date de l'indépendance libanaise. C'était une remise en question de l'intégrité du Liban et de son indépendance, la menace d'un retour, clair et franc, d'Israël à la politique qu'avaient menée Ben Gourion et Moshe Sharatt dès 1948 : provoquer une partition du Liban par maronites interposés. Mais n'était-ce pas aussi la politique poursuivie très activement par Israël depuis 1975 ? Cette politique servait souvent, sans qu'ils l'aient peut-être voulu, aussi bien les Palestiniens que les Syriens, séparément ou ensemble.

En refusant les « retraits simultanés », Syriens et Palestiniens rendaient le retrait israélien impossible quelle que soit l'issue des négociations.

La menace israélienne fut mise à exécution. C'était lors du déclenchement de la « Guerre de la Montagne », le jour où une patrouille israélienne, sur ordre de son commandement, emmena le général Aoun inspecter les positions qui devaient être, le moment venu, livrées à l'armée libanaise. Était-ce une embuscade ? Aoun, sans armes et sans escorte armée, essuya des tirs nourris auxquels, aux dires des Israéliens qui l'accompagnaient, et qui en furent aussi la cible, il échappa, dirent-ils, « par miracle ».

En dépit de l'escalade, on faisait semblant de « négocier activement », on rédigeait des textes, on consultait Washington, on recevait des émissaires, y compris le Secrétaire d'État américain en personne, et ce plus d'une fois... Il n'y avait hélas rien à faire! Jusqu'au moment où, en mars, on se vit obligé d'arrêter.

Mais ce n'était que tactique. Il nous fallait réorienter notre politique et tenter d'inverser les jeux. À l'occasion de la conférence des pays non alignés, à New Delhi, Amine Gemayel, accompagné d'une large délégation libanaise, fit une tentative de dernière heure pour rallier la Syrie aux négociations de paix avec Israël ou gagner son appui. En vain.

Quelques semaines plus tard, à la mi-mai, le Secrétaire d'État américain George Schultz arrive pour conclure un accord qu'il était le seul à vouloir. Il fait un ultime aller-retour à Damas, avec un reste de confiance en soi à l'américaine, qui étonne tout le monde. Pendant qu'il pleuvait des bombes syriennes sur le palais présidentiel de Baabda, le Secrétaire d'État revint informer le président Gemayel du rejet syrien. C'était un *niet* total : pas d'accord, pas de trêve, et pas même de rencontre syro-libanaise. Avant d'autoriser la signature libanaise, le président du Conseil, Chaffic Wazzan, déclara que c'était le plus triste jour de sa carrière de juriste. Se contentant de regarder sa montre, Schultz demanda à Morris Draper combien de temps il fallait pour terminer le texte hébreu d'un accord déjà ficelé. Puis il ajouta : « OK. On signe après-demain, le 17 mai. » La signature eut lieu, mais sans champagne, et surtout sans promulgation. Un diktat comme on n'en faisait plus. Schultz se rendit directement en Arabie Séoudite avec l'espoir d'obtenir son appui. Sans résultat.

G.K. : Quelles sont les conséquences de cet accord avorté?

G.T. : La scène du drame s'était, entre-temps, étendue : la VIe flotte en vint presque à une confrontation avec les vaisseaux soviétiques qui croisaient en Méditerranée pour la première fois dans l'histoire récente. Le *New-Jersey*, le bâtiment le plus important de la VIe flotte, criblait d'obus énormes (1,2 tonne) certaines positions syriennes et druzes, et, chose étonnante, les dégâts étaient minimes.

Cependant, à Souk el-Gharb, dans le Chouf, à une vingtaine de kilomètres de Beyrouth, ce qui restait de l'armée légitime menait une bataille rangée, inutile elle aussi, contre une coalition de milices druzes, chiites, palestiniennes et syriennes. On pense que c'est grâce à cette intervention de l'artillerie navale américaine, faite à distance par le *New-Jersey*, que le combat a cessé. La conséquence, c'est que tout le monde resta sur ses positions.

L'épisode final de la « Guerre de la Montagne » c'est-à-dire du Chouf, s'est déroulé ainsi : les combattants restants des Forces libanaises étaient assiégés, avec leur « combattant en chef », le docteur Samir Geagea, dans une église de Deir-El-Kamar. Il fallut une très discrète et longue négociation entre Américains, Syriens et Israéliens (leurs officiers de liaison étaient, tout au long, présents au Chouf : « ligne rouge bis » !) pour leur assurer un « passage sûr » par autobus anonymes jusqu'à la mer, puis en bateau jusqu'à Jounieh. Ils laissaient derrière eux des villages en ruines, animés d'une haine jusqu'ici inconnue, et des terres brûlées.

Le dernier tableau de cette série de drames se déroula le matin du 23 octobre 1983 : deux déflagrations énormes emportaient les quartiers généraux des contingents américain et français de la force multinationale causant un grand nombre de victimes. Personne ne soutint que ces attaques étaient strictement locales, inspirées par les seuls Syriens ou organisées par eux. Personne non plus ne pourra expliquer pourquoi les *marines* américains se « redéployèrent en mer », selon le communiqué de Washington, abandonnant leurs positions aux milices chiites prosyriennes, simplement, prétendaient les Américains, parce qu'elles étaient les plus proches des lieux et les plus fiables. Nous assistions à la dernière manifestation de la *twilight diplomacy* des États-Unis, la « diplomatie crépusculaire ». Mitterrand, lui, est courageusement venu à Beyrouth, affirmant ainsi, malgré l'épreuve, la présence française.

C'était la dernière bataille de la guerre froide, le dernier baroud d'honneur du « terrorisme » de la gauche, alors mobilisé par Moscou, et appuyé par une flotte soviétique venue au large de Beyrouth, dans les « eaux chaudes » où les Russes, depuis Pierre le Grand, rêvaient de pouvoir naviguer un jour.

J.L. : « Crépusculaire » ou non, la mission accomplie par Mitterrand à Beyrouth à la fin de septembre 1983 me paraît digne de respect, plus en tous cas que le « déguerpissement » pur et simple du pouvoir américain. Qu'un chef de l'État français se soit rendu au Liban – pour la première fois ! – en ces circonstances tragiques me paraît symbolique de la force des liens qui unissent nos deux pays. Mais ce qui me paraît important en cette affaire, c'est moins une présence française honorable qu'une fuite américaine qui l'est moins – et symbolise un attachement aveugle au principe de la stratégie du « zéro mort », témoignage d'irresponsabilité de la part d'une grande puissance mondiale qui revendique un droit d'intervention universel sans être prête à en payer le prix humain...

G.T. : À partir de la guerre du Chouf, Washington avait pour ainsi dire déplacé sa médiation. Les Israéliens s'étant, théoriquement du moins, retirés de la montagne, c'était avec la Syrie et ses alliés que les émissaires américains négociaient maintenant la paix au Liban.

La dernière réunion à laquelle je me rappelle avoir assisté au palais présidentiel eut lieu le 25 septembre 1983. Le médiateur américain de l'époque, Robert MacFarlane, conseiller à la sécurité nationale du président Reagan, était arrivé tard le soir de Damas. Avant son départ de la capitale syrienne, il avait appelé le président Gemayel pour lui demander son accord sur un « arrêt immédiat des combats ». Une demande purement formelle, le médiateur américain sachant pertinemment que Gemayel était impatient de dire oui.

MacFarlane rapportait avec lui *two pieces of paper* – c'est ainsi qu'il décrivit l'accord – qu'il tendit à Gemayel. Il regarda autour de lui en souriant et dit : « Dans mon pays, on célèbre d'habitude ! » Gemayel, imperturbable, poursuivit sa lecture puis dit avec mélancolie : « Oui... mais cela ne mérite pas de champagne. Juste un verre de whisky. »

Le plus important des « deux bouts de papier » était un communiqué commun libano-syrien appelant à une conférence de paix à Genève, le 31 octobre 1983. Tous les détails y étaient inscrits : les représentants des différentes « communautés », les observateurs – Syriens, Américains et Séoudiens –, le lieu, le calendrier et le nombre de jours nécessaires. Seul manquait le communiqué final tant attendu.

Après que le whisky eut été servi, MacFarlane annonça que le président Reagan était « au moment même » aux Nations unies en train d'attendre un coup de téléphone de Gemayel. Il devait prononcer son discours le lendemain matin et voulait annoncer à l'Assemblée générale que « la paix était enfin atteinte au Liban ». Gemayel l'appela et tout eut lieu selon le scénario mis en place.

Mais quel fut le prix de cette paix pour le Liban ? Rendue publique par la presse de Washington, la réponse ne fut pas longue à venir. Le *Washington Post* du 29 septembre affirmait que les Américains avaient poussé les Libanais à concéder à la Syrie un rôle majeur dans les affaires intérieures libanaises. Puis, le lendemain, ce même journal publiait une déclaration du désormais célèbre ambassadeur séoudien, le prince Bandar – qui s'était fréquemment rendu à Damas et à Beyrouth, parfois en passant par Chypre, en tant que médiateur, relayé plus tard par Rafic Hariri –, saluant le rôle personnel de Reagan dans le rapprochement entre les États-Unis et la Syrie.

À l'issue de la conférence de Genève, Chafic Wazzan – accomplissant son dernier acte de Premier ministre avant de démissionner – annonça l'abrogation unilatérale de l'accord non promulgué du 17 mai. En fait, cette innovation dans la jurisprudence internationale fut imposée par Hafez el-Assad comme condition *sine qua non* de la tenue d'une conférence au sommet avec Gemayel. Conséquence directe de cette conférence : un nouveau gouvernement fut formé, sous l'égide de la Syrie. C'était un gouvernement de « réconciliation », dirigé par le chef de l'opposition Rachid Karamé, et composé principalement de Seigneurs de la guerre des deux bords, avec une accentuation de la représentation musulmane pour contrebalancer le pouvoir de la présidence de Gemayel. Ce gouvernement dura jusqu'à l'assassinat du Premier ministre Karamé le 1er juin 1987, alors qu'il approchait d'un accord sur les réformes constitutionnelles et probablement – on ne le saura jamais – sur la réconciliation entre la Syrie et le « Front libanais », représenté par le président Camille Chamoun.

La morale de cette histoire était que la Syrie souhaitait réquisitionner les leaders survivants des diverses guerres – fussent-ils les pantins du Mossad –, tout en rejetant leurs pseudo-victoires et en stigmatisant leurs causes politiques. D'obscures négociations avaient eu lieu, échangeant d'anciens secrets contre de nouvelles alliances. La nouvelle paix allait être une *pax syriana*..., mais celle d'un vainqueur sans victoires.

Le phénomène du général Aoun

G.K.: À la fin de son mandat, Amine Gemayel laisse le Liban en proie à une guerre fratricide.

G.T.: Avant de quitter le palais présidentiel, Amine Gemayel avait formé un gouvernement militaire présidé par le général Aoun, avec pour mission, suivant la lettre de la Constitution, de convoquer le Parlement en collège électoral afin de combler la vacance à la première magistrature de l'État. Ce que le général ne semblait pas pressé de faire. On le soupçonnait déjà d'être candidat à la présidence.

Le Liban allait maintenant fonctionner sans président, mais avec deux demi-gouvernements, tous deux néanmoins entiers par la loyauté que chacun recueillait de ses partenaires et partisans. En outre, les deux demi-gouvernements prétendaient exercer les pouvoirs présidentiels intérimaires et jouissaient tous deux d'une bien curieuse « reconnaissance » diplomatique émanant des mêmes missions précédemment accréditées auprès de Gemayel.

Le premier des deux gouvernements était celui du général, mais réduit de moitié puisque les officiers musulmans refusèrent leur nomination.

Le second gouvernement était celui du Premier ministre (intérimaire depuis l'assassinat de Karamé) Sélim El-Hoss, qui ne reconnaissait pas la légalité du décret nommant le gouvernement du général.

G.K.: C'est le moment épouvantable de toutes ces guerres intracommunautaires et des responsabilités du général Aoun.

G.T.: En toile de fond de ces guerres, ce que l'on est convenu d'appeler le « phénomène Aoun ». Une popularité, dans le « pays chrétien », sans précédent, qui refusait tout dialogue et allait au devant de tous les sacrifices pour le « héros historique ». La psychose anti-syrienne prenait – et continue à prendre – chez ses adeptes, aujourd'hui en nombre relativement restreint, des formes de fanatisme violent alimenté par un discours où s'amalgament une foi religieuse, un patriotisme désespéré et l'attente de sauveurs miraculeux. Un messianisme utopique à toute épreuve.

Signe clair de démence politique, si ce n'est intellectuelle, le gouvernement d'Aoun se caractérisait par une fiesta perpétuelle au palais présidentiel avec des manifestations de masse – aussi incompréhensibles qu'irrationnelles – de femmes en délire offrant leurs bijoux, de jeunes gens, parfois même d'enfants, campant dans les bois et les jardins, pendant que circulaient librement des boissons et de la nourriture préparées sur place. En clair, tous les signes d'une ivresse païenne. Les gens étaient peu soucieux du fait qu'à tout moment « les diables pouvaient se déchaîner », pendant que le « général leader » continuait de haranguer les foules, annonçant constamment de nouvelles victoires qui n'arrivaient jamais. Une vraie scène de Jugement dernier, mais de mauvais goût.

Au sommet de son délire de popularité, Aoun disait parfois à ses visiteurs – comme seul un mégalomane heureux pouvait le faire – qu'il était « à la fois de Gaulle et Churchill ». Ne menait-il pas une guerre de libération contre la Syrie et contre Israël tout à la fois ? Il lui arrivait même de poser devant les micros dressés en permanence sur le perron du palais, en réformateur universel, débitant à la Khadafi des doctrines qui devraient régir, à l'avenir, les relations entre les nations.

G.K. : N'y a-t-il rien pour la défense du général Aoun ?

J.L. : Nous fûmes un certain nombre, ni naïfs ni illuminés, en France et ailleurs, à voir en Aoun un espoir pour le Liban, la « libanité », la survie de cette nation. Je me souviens d'avoir écrit un article en ce sens dans *Le Nouvel Observateur*, et c'est à cette époque que j'ai demandé de m'inscrire sur une liste de citoyens d'honneur libanais... Fondé ou non, un espoir – ou refus du désespoir – était lié au nom et à la personne du général Aoun...

G.T. : Aoun démontra combien était profondément ancrée la foi en un Liban libre, et jusqu'où pouvait aller ce « fol amour ». Une stricte objectivité m'incite à admettre que le « syndrome Aoun » et la popularité du général dans les cercles extrémistes, bref, sa défense têtue de la souveraineté du Liban et de son indépendance, quel qu'en fût le prix, auront peut-être contribué à forcer les Arabes et la communauté internationale à réunir une conférence de paix et de réconciliation pour le Liban, la conférence de Taëf, à laquelle – hélas ! – le général Aoun s'obstina à ne pas assister, et qu'il faillit même saboter.

(Entretien du 18 juillet 2001, Roussillon)

6.

Le Liban d'après-guerre
1990-2000

LA CONFÉRENCE DE TAËF

Gérard Khoury: Pour clore le chapitre de cette longue épreuve du Liban, le moment n'est-il pas venu d'analyser la conférence de paix de Taëf, d'où est né le Liban de l'après-guerre, et qui s'est tenue précisément au moment où la violence avait atteint un niveau intolérable?

Ghassan Tuéni: La violence avait atteint un tel niveau qu'elle devenait un danger pour tous, car la guerre au Liban entretenait tumultes, crises et conflits dans chaque État arabe. La conférence devait être réunie parce que les Arabes les plus sages, et surtout leurs partenaires internationaux, en étaient arrivés à la conclusion qu'une paix au Liban devenait pour eux tous impérative. Au moment de la fin des guerres du Liban, nous nous trouvions une fois de plus – la dernière? – face au paradoxe qui nous hantait depuis l'établissement d'Israël en 1948, à savoir que le mouvement unioniste déclenché par la Nahda, cette fameuse renaissance arabe, produisait précisément l'effet contraire de son principe de base: plutôt que l'union, le progrès et la libération, les Arabes accentuaient le morcellement, les luttes intestines, et ouvraient toute grande la porte à de nouvelles pénétrations étrangères. En effet, la guerre qui pouvait avoir servi les intérêts des uns et des autres devenait dangereuse pour tous.

Parallèlement, les derniers idéalistes libanais espéraient qu'une paix libanaise permettrait au Liban de jouer à nouveau un rôle constructif dans la recherche d'un règlement global au Moyen-Orient.

G.K. : Lakhdar El-Brahimi, délégué par la Ligue arabe, avait cependant réussi à réunir les conditions objectives nécessaires pour la tenue de la conférence de Taëf.

G.T. : Lakhdar El-Brahimi, magnifique diplomate mais aussi homme politique perspicace, s'était assuré l'alliance et la collaboration du président de la Chambre des députés, Hussein el-Husseini, car ce qu'il fallait faire précisément c'était trouver le cadre nécessaire pour la convocation d'une sorte d'Assemblée constituante appelée à reformuler la constitution, mais à laquelle s'associerait la Ligue arabe, des représentants des États arabes concernés, et en filigrane, des représentants virtuels des puissances étrangères intéressées à un retour de la paix. Le tout sous l'égide d'un consensus reconnaissant à la Syrie – prix de consolation ou prébende ? – un « rôle privilégié » au Liban.

Convoquée par le roi Fahd d'Arabie, la conférence s'était réunie le 22 octobre 1989 sur un fond de violence croissante et de désordre politique toujours plus grand. Un accord arabe, atteint au sommet tenu à Casablanca les 25 et 26 mai 1989, stipulait déjà que les guerres libanaises devaient cesser, et que la Syrie devrait alors se soumettre à la procédure qui serait décidée pour son désengagement militaire et politique.

À signaler cependant que, comme de plus en plus de députés maronites se montraient prêts à se rendre à Taëf, le général Aoun soumit ses amis inconditionnels et les supporters du Front libanais à un jeu de valses hésitations que la conférence devait surmonter.

G.K. : Comment s'est passée la conférence ?

G.T. : Le débat constitutionnel fut dominé par le désir obsessionnel de prévenir un exercice dit abusif du pouvoir du président (maronite) de la République. Ce qui fut finalement obtenu, avec l'accord des députés maronites − tous candidats à la présidence −, au bénéfice d'une nouvelle « institution indépendante » : le conseil des ministres, érigé en pouvoir constitutionnel *sui generis* sous la présidence du Premier ministre. C'est aussi dans cet esprit que fut conçu un transfert au président de la Chambre de pouvoirs traditionnellement échus au pouvoir législatif. Les députés avaient accepté ces innovations, sans se douter qu'elles allaient devenir la source de futures impasses constitutionnelles. Une politique complexe de restrictions et d'équilibres, destinée à donner aux « présidents » maronite, sunnite et chiite des représentations − sinon des prérogatives − relativement égales, fut acceptée sans enthousiasme, mais acceptée quand même. On passait ainsi de la séparation des pouvoirs − règle sacrée de la démocratie parlementaire − à une répartition des pouvoirs, non pas seulement entre les présidents, mais entre leurs communautés.

Le confessionnalisme, c'est-à-dire l'alibi des guerres dites civiles, était traité ainsi d'une manière irréaliste, ce qui ne tarda pas à devenir contre-productif. Le Liban se trouva bientôt gouverné, *de facto*, par une *troïka* présidentielle.

On n'eut pas à attendre longtemps pour s'apercevoir que l'État sorti de Taëf était un collage de communautés éclatées puis rassemblées de nouveau sur un mode fonctionnel plutôt qu'organique, dans un esprit de conservation plutôt que d'innovation créatrice. Le scénario n'était guère favorable à l'instauration d'un nouvel ordre sociopolitique.

Jean Lacouture : Mais comment en est-on arrivé là ?

G.T. : Les choses se sont mises en place au cours de débats parlementaires, et surtout en coulisse, où les députés irréconciliables furent amenés à abandonner leur réserve en se disant, obnubilés par la mythologie des complots : « La guerre doit se terminer. C'est une décision des Grands. Pas la peine de faire semblant ! »

Le résultat final fut annoncé par une déclaration tripartite du roi d'Arabie Séoudite, du roi du Maroc et du président de l'Algérie. Constitués en « comité de surveillance », ils s'étaient attribué la mission de suivre les réformes constitutionnelles, de vérifier leur bonne application, d'aider à la réconciliation nationale et de servir d'arbitre, à la demande de l'une ou l'autre des parties. La déclaration affirmait également qu'il devait y avoir un retrait syrien au moment où les autorités libanaises le réclameraient, après la formation d'un gouvernement de réconciliation nationale. Mais rien ne fut si simple.

La déclaration fut soumise, avant sa publication, au président Assad qui la rejeta en bloc. La version révisée selon ses directives donnait à la Syrie le droit de décider elle-même du redéploiement de ses forces, en accord avec le gouvernement libanais de « réconciliation nationale »... qui ne devait jamais se former ! Le Liban se trouvait privé de fait de son droit le plus élémentaire ; il se trouvait dans l'impossibilité de demander à la Syrie le retrait de ses forces et pas même un retrait partiel. La Syrie remit en cause également la mission de surveillance du Comité tripartite, qui fut enterrée sur-le-champ. En fait, la Syrie se substitua *de facto* au comité, un rôle qu'il lui était facile d'exercer puisqu'elle bénéficiait de la présence oppressive de son armée sur le terrain.

J.L. : En somme, après les modifications apportées par le président Hafez el-Assad, que demeurait-il des dispositions si difficilement négociées à Taëf ?

G.T. : Deux choses très positives : la remise en forme de tous les articles ambigus de la constitution, et surtout un préambule qui est un des rares textes constitutionnels dans le monde affirmant un respect absolu pour les libertés et les droits de l'homme tels qu'ils sont énoncés par les documents internationaux les plus récents. Ce préambule proclame le statut souverain « éternel » du Liban, avec des limites définitives et non contestables, et une déclaration de loyauté nationale exclusive de tous les citoyens. Il définit également l'arabité du Liban en termes qui allaient plus loin que le Pacte national de 1943 : le Liban fut déclaré « État arabe par identité et appartenance ». Une affirmation concluant, constitutionnellement, un long débat qui divisait les Libanais depuis la création de la République libanaise, et qui fut aggravé par la guerre de 1975.

De plus, le préambule confirmait un engagement constitutionnel inattendu, celui de rejeter l'implantation *(tawtin)* au Liban des réfugiés palestiniens. Un engagement destiné à apporter la tranquillité aux chrétiens, toujours soucieux d'équilibre démographique, mais qui satisfaisait également les autres communautés. Cette proclamation solennelle devint bientôt une composante majeure de la politique étrangère du Liban.

G.K. : Les acquis dont vous parlez sont restés, hélas, abstraits et théoriques. À quoi attribuez-vous le fait que Taëf n'ait pas établi la paix libanaise qui était escomptée ?

G.T. : À plusieurs raisons qui seraient trop longues à analyser. La plus importante est la chute du Comité de surveillance, chacun des chefs d'État arabes ayant été trop préoccupé par ses propres problèmes pour s'encombrer d'un conflit avec la Syrie. Le prétendu équilibre constitutionnel permit à la Syrie de devenir le seul arbitre des conflits entre les « trois présidents » des trois communautés principales, puisque aucun membre de cette *troïka* ne disposait du

251

pouvoir constitutionnel de trancher, ni donc d'une suffisante indépendance pour agir sans en référer à Damas.

L'APRÈS-GUERRE AU LIBAN

G.K. : À qui donc a bénéficié la guerre au Liban ? A-t-elle servi de lieu de diversion pour les règlements entre Américains, Égyptiens et Israéliens à Camp David ? Le Liban a-t-il été le dernier théâtre d'affrontement entre Américains et Soviétiques ?

G.T. : Je dirais d'une formule que cette « guerre pour les autres » avait engendré « une paix pour les autres », plutôt que pour les Libanais. Les autres, c'était les Syriens, bien évidemment, mais aussi tous ceux qui pouvaient continuer à déstabiliser un pays demeuré sans exercice réel de sa propre souveraineté.

J.L. : On ne peut pas saisir le sens de cette guerre, mais on peut essayer de déceler en tout cas les « complots » – même si tout ne tient pas à cela – qui ont provoqué ce non-sens de quinze ans qui se prolonge, et tenter peut-être de comprendre la volonté des faiseurs de troubles.

G.T. : Disons que les faiseurs de troubles sont las de la guerre pour différentes raisons et que le bilan est désastreux pour tous, car, en définitive, qui a gagné la guerre ?

Ce sont les profiteurs, c'est-à-dire les milices transformées en mafias, ainsi que certains seigneurs et sous-seigneurs de la guerre qui n'eurent aucun complexe à étaler leur fortune avec obscénité et à vouloir accéder aux plus hautes charges de l'État. De plus, au palmarès des perdants, ce sont les Palestiniens qui terminent avec le bilan le plus négatif: ils furent amenés à différer la révolution qu'ils entreprirent en Palestine une génération plus tard, après avoir bradé près de vingt années à se battre contre un ennemi qui n'était pas le leur : un certain Liban, puis l'autre, qui se détruisirent ainsi mutuellement et mirent leur patrie en péril, après avoir offert à l'ennemi, le vrai, les prétextes d'une invasion perpétuelle.

Régionalement, les grands bénéficiaires des guerres du Liban furent d'abord les Israéliens : ils ont voulu prouver qu'une société multiconfessionnelle constituée en État-nation était impossible, que le régime des minorités était détruit et que, pour finir, les Arabes étaient des barbares, fussent-ils chrétiens ou musulmans.

La dernière phase de la guerre du Liban est en quelque sorte le dernier épisode de la guerre froide. Match nul, entre l'Amérique et l'Union soviétique, puisque Washington retire ses forces sans gloire ni victoire, et que Moscou perd en route la faculté de protéger ses alliés, principalement la Syrie. Celle-ci devient un satellite virtuel de l'Amérique, faisant ainsi sans le vouloir le jeu de son ennemi, Israël, tout en perpétuant vis-à-vis du Liban un « irrédentisme » sur place !

G.K. : À ce titre, connaissez-vous cette conférence d'Arnold Toynbee en 1957 au Cénacle libanais ? Après un résumé de l'histoire antique et moderne de la région et de l'inscription du Liban dans ce contexte, Toynbee prévenait les Libanais que leur sort était lié aux nouvelles hégémonies américano-soviétiques remplaçant le partage d'influence entre Anglais et Français. Je le cite : « À l'heure actuelle, les pays arabes sont devenus l'objet d'une lutte entre l'Amérique et la Russie, pour déterminer le tracé, au Levant, de la frontière entre ces deux empires mondiaux. Cette frontière doit-elle coïncider avec les limites, au Nord, de la Turquie et de l'Iran ? Ou doit-elle coïncider avec la frontière entre les croisés et les musulmans ? Évidemment, cette question est d'une importance capitale pour l'avenir du Liban. Si la frontière russo-américaine se stabilise aux limites septentrionales de l'Iran et de la Turquie, les perspectives pour le Liban sont assez favorables. En ce cas, tous les pays arabes seraient rassemblés sous l'égide américaine. Au contraire, si cette frontière s'établit sur la crête de l'Anti-Liban, la république libanaise risquera, à mon avis, de partager le sort de l'État d'Israël. Comme Israël, le Liban n'est pas viable s'il se trouve dans un état permanent d'hostilité envers ses voisins à l'Est. »

N'est-ce pas ce qui s'est joué en 1982 entre les Américains et les Soviétiques en pleine guerre d'Afghanistan, commencée en 1979 ? La frontière géostratégique est restée fixée aux limites septentrionales de l'Iran et de la Turquie et n'est pas passée par l'Anti-Liban.

J.L. : Toynbee, le grand Toynbee, me paraît avoir été parfois mieux inspiré qu'ici. Résumer l'ensemble de ces problèmes à la pure stratégie militaire, sans tenir compte des facteurs de natalité et d'échanges économiques, me paraît bien artificiel. Les cas d'Israël et du Liban, en dépit de certaines analogies, me semblent fort différents. Les survies d'Israël et du Liban se fonderont sur d'autres facteurs au XXIᵉ siècle.

G.T. : Nous avons connu au Liban la seule confrontation, depuis la guerre du Vietnam, entre des forces américaines et soviétiques, par alliés interposés. C'est la seule fois où les Soviétiques ont envoyé deux torpilleurs en Méditerranée ; démonstration destinée à prouver en quelque sorte que la sixième flotte américaine avec son énorme *New-Jersey* n'était pas la seule à pouvoir s'y trouver !

G.K. : Ce défi lancé aux Américains n'a pas été relevé par eux. Cette situation « à chaud » ne leur donnait-elle pas une belle occasion de mettre un frein aux mouvements dits « terroristes », de régler la question israélo-palestino-arabe et de stabiliser ainsi le Moyen-Orient ?

À moins que la politique américaine n'ait été qu'une opération de contrôle de la déstabilisation. Pour l'instant, examinons comment le Liban est entré dans l'après-guerre et avec quelles contraintes, notamment le protectorat syrien.

J.L. : Quelles sont les raisons du maintien de cette prétention syrienne sur un pays qui a depuis un demi-siècle un statut international largement reconnu et qui est visiblement reconnu comme une nécessité internationale ? C'est une question que je me pose depuis plusieurs années. L'existence de Beyrouth, par exemple, ne sert pas seulement les Libanais. C'est une place qui a sa raison d'être géo-historique, financière bien entendu, intellectuelle et morale aussi. Pourquoi les Syriens s'accrochent-ils à ce qui paraît, en tout cas pour nous, une fiction, c'est-à-dire la « syrianité » du Liban et de Beyrouth ?

Pourquoi cette globalisation de l'ambition syrienne sur le Liban y compris le Mont-Liban, qui visiblement ne relève pas de la Syrie historique ? Je retourne la question : pourquoi cette globalité de l'ambition de l'impérialisme des Syriens sur l'ensemble libanais, alors qu'ils auraient pu jouer avec peut-être plus de succès la carte du détachement du nord du Liban et de la « syrianisation » de Tripoli. Pourquoi les Syriens essaient-ils de « syrianiser » le tout ?

G.T. : Parce que Damas pense que le Liban sera maintenu comme tel, c'est-à-dire dans son intégrité territoriale avec les garanties internationales et une certaine sympathie tant de la part de l'Occident que de certains pays arabes, sinon tous. Sachant donc qu'elle ne peut pas l'annexer purement et simplement, même pas dans la perspective d'une unité arabe plus ample – ce qui demeure toujours le rêve baassiste –, la Syrie se réfugie derrière des slogans lancés par Hafez el-Assad et qui ont acquis valeur de dogme :

1. La Syrie et le Liban sont un seul et même peuple, sous la forme de deux « États-frères ».

2. L'unité des deux États, dite « unité syrienne », ne sera entreprise, ni même agréée par Damas, que si elle est librement plébiscitée par tout le peuple libanais.

3. Les deux États et leurs gouvernements doivent avoir des politiques parallèles et complémentaires, régies maintenant par un traité de « fraternité, de coopération, et de coordination » signé le 22 mai 1991, devant servir de point de départ à une série d'accords dans tous les domaines, surtout en politique étrangère où le droit du Liban à une négociation de paix séparée avec Israël est aliéné à la faveur d'une « unité des deux processus de paix ». Ce qui veut dire en termes pratiques : une négociation pour deux par Damas seul.

4. La *présence* militaire syrienne au Liban, originellement à titre de force de dissuasion, puis d'équilibre avec l'occupation israélienne, ne dépend plus de la volonté du Liban (ce qui était la proposition de base), ni même d'une « consultation » entre les deux gouvernements, mais de l'application par le Liban de réformes constitutionnelles souhaitées par la Syrie, et de l'établissement d'un gouvernement agréé par la Syrie comme « véritablement » représentatif de l'union nationale.

En filigrane, derrière ces slogans qui dissimulent mal la situation d'otage du Liban, se profile la crainte syrienne de voir l'expérience de la République arabe unie (R.A.U.) se répéter, mais cette fois avec des rôles inversés : ici, la Syrie serait l'Égypte trompée, et le Liban jouerait le rôle de la Syrie redevenue indépendantiste ; ici : « séparatiste ».

G.K. : Est-ce que les résultats de Taëf étaient à la mesure des attentes ?

G.T. : La réforme constitutionnelle votée à Taëf fut suivie dans la plus grande précipitation par l'élection présidentielle de René Moawad tenue dans un aéroport du Nord du Liban, pendant que continuait la guerre menée par le général Aoun à la fois contre les « Forces libanaises » et le Beyrouth islamo-palestinien. Hélas, ce président n'eut même pas le loisir de former un gouvernement ! Venu à Beyrouth pour célébrer la fête nationale du 22 novembre, il devait mourir assassiné par l'explosion d'une bombe placée à l'intérieur de sa voiture. Il ne resta de son passage à la présidence que son discours du 22 novembre où il affirmait une claire volonté d'indépen-dance : mettre fin par la force – mais laquelle ? – à l'occupa-tion du palais présidentiel par le général Aoun ; charger Sélim El-Hoss, président du Conseil en exercice, de former le premier gouvernement national de réconciliation.

G.K. : L'assassin de Moawad a-t-il été retrouvé ?

G.T. : Aucunement. Il n'y eut qu'un semblant d'enquête sans résultat. Il était impératif de procéder à l'élection d'un successeur, ce qui fut fait avant même l'enterrement du président assassiné. La guerre, en fait, n'avait pas cessé. Le général Aoun continuait à se battre en refusant de recon-naître la légitimité du processus de Taëf. On élut donc Élias Hraoui à Chtaura, petite bourgade de la plaine de la Békaa, sous « protection » syrienne. À peine le nouveau président avait-il prêté serment qu'il fut transporté dans une caserne de l'armée libanaise dissidente au fond de la Békaa d'où il gouverna pendant un certain temps avant de pouvoir rega-gner un appartement d'emprunt à Beyrouth, toujours sous protection syrienne. Son premier geste fut de charger Sélim El-Hoss de former un gouvernement à la suite d'approxima-tives consultations parlementaires.

L'acte le plus important du gouvernement formé par Hoss devait être celui de mettre fin par la force au gouvernement séparatiste du général Aoun. L'ordre n'en fut donné que bien plus tard. La mission fut confiée à l'armée libanaise à peine reconstituée sous le commandement du général Lahoud. Dans la décision du conseil des ministres, tenu exceptionnellement à cette fin le 12 octobre 1990, figurait un mandat requérant l'assistance militaire des forces syriennes, mandat auquel la Syrie s'empressa de répondre dans les vingt-quatre heures en recourant à l'aviation. Le général Aoun devait quitter la présidence aussitôt après l'attaque aérienne et prendre refuge à l'ambassade de France où il demeura jusqu'à son « transbordement » en France comme réfugié politique.

G.K. : Pourquoi la Syrie a-t-elle été aussi prompte à intervenir et le gouvernement libanais aussi déterminé à agir ?

G.T. : Une fois encore, il nous faut souligner la conjugaison entre la guerre libanaise et le contexte régional : le fait majeur intervenu entre l'élection du président Hraoui et la chute du général Aoun n'est autre que la « Tempête du désert », la guerre de l'Amérique contre l'Irak, avec la participation d'un contingent symbolique de l'armée syrienne. Donc un réalignement des forces en présence. Cela permit à la Syrie − plutôt que de commencer à se retirer du Liban − d'élargir son occupation aux régions qui étaient sous le contrôle du général Aoun, avec la bénédiction implicite des Américains et de leurs alliés arabes, notamment de l'Arabie Séoudite.

G.K. : Aoun était-il un allié de l'Irak que l'Amérique autant que la Syrie voulait voir abattu ?

G.T. : Pour comprendre ces jeux politiques aux nuances du désert, il convient de rappeler que la Syrie et l'Irak sont deux régimes baassistes, mais tellement éloignés et frères ennemis que c'était en fait un nouvel épisode de leur guerre qui se jouait au Liban. Preuve en est que l'Irak envoyait armes et munitions à toutes les factions combattantes, sans exception, souvent simultanément. Rien n'illustre mieux l'inimitié de ces deux régimes que l'échec de la tentative du roi Hussein de Jordanie de les réconcilier. Je me souviens de ce que m'avait raconté le roi Hussein quand il avait réuni Saddam et Hafez el-Assad pour la première fois. S'étant retrouvés sous une tente à la frontière jordanienne, ils ne s'étaient même pas salués, et s'étaient assis en même temps sans autre forme de politesse que ce mot formel « *Tfadal* » (« je vous prie »). Après avoir discuté une journée entière, ils se sont quittés, toujours sans se saluer !

J.L. : Sans avoir découvert un seul point commun ?

G.T. : Aucun ! L'idéologie du parti Baas dont ils se réclament tous les deux fut de peu de poids face à la divergence de leurs politiques nationales et internationales. Rien ne sera dit entre eux sur la réunification du Baas, ni sur la forme possible d'un nouveau Congrès interarabe du parti. Chacun a son comité « régional », son comité « national » ; de plus, ni l'un ni l'autre n'est près d'oublier que l'un, la Syrie, fit partie des « forces alliées » ayant envahi l'autre, l'Irak. Pour la Syrie, cet engagement auprès des alliés lui valut une « licence » : le droit d'user de son armée et de son aviation pour abattre le général Aoun et son régime, le 13 octobre 1990.

J.L. : Les relations syro-irakiennes seraient donc purement gestionnaires ?

G.T. : Gestionnaires, oui, mais avec une arrière-pensée politique constante.

L'IDÉOLOGIE DU PARTI POPULAIRE SYRIEN

G.K. : Quelle est la différence entre la conception du Croissant fertile des baassistes et celle du PPS?

G.T. : Il faut d'abord chercher la différence dans les racines idéologiques et les perspectives historiques. Le Baas n'a jamais parlé du Croissant fertile, et n'a jamais tenté de le réaliser. C'est un vieux projet de Noury Es-Saïd, depuis ses premières années au pouvoir en Irak. Quand le PPS fut fondé, on parlait encore de Croissant fertile, mais le PPS n'a jamais souscrit au projet irakien comme tel. Tout autre était son approche. Le Baas vint ensuite, donnant au courant unitaire panarabe sa première forme organisationnelle. Le PPS maintenait l'existence d'une Grande Syrie avec des frontières naturelles. Des frontières qui furent, disons-le, historiquement « variables ». Un moment situées aux limites du Sinaï, elles atteignaient au nord le mont Taurus englobant toute la Mésopotamie et bien évidemment la Palestine et la Jordanie, autant que les territoires cédés par la France à la Turquie : Antioche, Mersin et Alexandrette.

J.L. : Cette vue a-t-elle une légitimité historique?

G.T. : Il y a eu l'empire de Zénobie... Puis la province syrienne sous l'Empire romain, qui était moins importante. Enfin, une désignation arabe : Bilad el-Cham. En fait, le véritable théoricien, j'allais dire l'« inventeur » de la Syrie aux frontières naturelles était le père Henri Lammens, auteur, en

1924, d'une histoire de la Syrie qu'il enseignait à l'Université jésuite de Beyrouth, l'USJ.

J.L. : Le royaume de Palmyre ressemblait-il à cela ?

G.T. : Au gré des conquêtes de Zénobie et des guerres romaines, oui, mais pour un temps relativement court, le temps d'une conquête. La source d'inspiration n'était pas tant les frontières, jamais stables dans l'Antiquité, qu'un esprit d'indépendance et une identité que l'on peut qualifier de syro-arabe, évidemment pré-islamique, tout comme le royaume dit arabe des Nabatéens et dont on retrouve certains vestiges encore inexpliqués dans le désert jordanien, particulièrement à Pétra.

G.K. : Antoun Saadé, instituteur syrien et fondateur du PPS en 1932, en appelait donc à ces racines historiques qu'on peut qualifier d'arabes ?

G.T. : Pas tout à fait. Comme il était un disciple des écoles sociologiques et nationalistes de la fin du XIXe et du début du XXe, les prémisses idéologiques de Saadé se rattachaient non pas au facteur arabe en tant que langue et culture, mais aux doctrines des frontières naturelles comme creuset culturel. L'arabité de la Syrie, dans sa conception, est la dernière strate, la dernière composante en termes d'histoire, de la personnalité, de l'identité syrienne. Ce qui fait que la Syrie d'aujourd'hui est certes arabe, mais d'une arabité quand même distincte. La notion prédominante est le rôle des facteurs géographiques – y compris le climat – dans la formation, à travers les siècles, d'une société nationale cohérente et distincte. Ainsi Saadé dissociait-il la nation syrienne des sociétés proprement arabes du désert comme la Presqu'île arabique – source première de l'arabité – et bien évidemment de l'Égypte, entité géoculturelle ayant une formation historique qui lui est propre : son africanité d'abord, le Nil, le delta, et toute la civilisation pharaonique.

G.K. : Autant d'accents donc qui rappellent certains débats, nous y revenons sans cesse, de l'époque de la Nahda ?

G.T. : Tout à fait. Saadé a pensé avoir tranché le débat autour des identités nationales en prônant ce qu'il qualifiait de « définition scientifique » de la nation syrienne, par opposition aux nationalités qualifiées illusoires : l'arabe, d'inspiration islamique, et la libanaise « isolationniste et maronitaire », ainsi que l'islamique à ses yeux irréelle. Il n'a pas inventé la Syrie, la nation était là, disait-il, en gestation, potentielle. De Georges Samné aux théoriciens du Quai d'Orsay jusqu'à Khalil Gibran en Amérique, puis au propre père d'Antoun Saadé, Khalil Saadé en Argentine, les adeptes de la nationalité syrienne ne manquaient pas.

Pour comprendre le phénomène du PPS il faut le placer dans le contexte des événements des années 30, dans une Europe où naissaient les quasi-religions – en quelque sorte païennes – du nationalisme à orientation fasciste et nazie. D'où la translation littérale du nom du parti : « social-nationaliste syrien ». À cela il faut ajouter le caractère charismatique du chef, le Zaïm, envers qui le parti pratiquait un véritable culte de la personnalité. Un aspect de la constitution du parti inspiré sans doute du *Führerprinzip*, ou du Duce... Cependant, les enquêtes judiciaires n'ont établi aucune relation directe avec Berlin ou Rome. Mais une synergie, dirions-nous aujourd'hui, s'était créée. De plus il nous faut signaler que le PPS s'est particulièrement distingué par son non-confessionnalisme religieux, puisqu'il a été le seul avec le parti communiste à développer une idéologie totalement laïque et totalitaire, *Weltanschauung* disait Saadé, qui galvanisait ses membres issus de toutes les confessions, surtout les minoritaires. La séparation entre la religion et l'État, ainsi énoncée, était un des dogmes du projet de réforme du parti.

J.L. : Y a-t-il encore un parti ou un courant grand-syrien dans le Liban d'aujourd'hui ?

G.T. : Aujourd'hui, il y a un parti très minoritaire totalement et servilement assimilé par le pouvoir syrien, sans qu'il soit pour autant encouragé en Syrie, ni interdit comme il le fut par le passé. Un paradoxe qui mérite d'être ici signalé : il y a toujours eu, et c'est encore le cas, davantage de Libanais PPS que de Syriens PPS, plus de chrétiens et de Druzes PPS que de musulmans PPS. Les musulmans, eux, continuent de rêver de l'unité arabe. Rêve traduit par le Baas, le parti au pouvoir en Syrie, en une idéologie d'État à laquelle on a adjoint un socialisme d'occasion. En Syrie, le PPS a été perçu comme une école de pensée anti-arabiste, d'autant plus que, en matière de racines historiques, il fait remonter la Syrie, comme nous l'avons dit, à l'antiquité ante-islamique. Selon Saadé, ce n'est pas l'Islam qui a uni ou formé la Syrie, c'est la Syrie qui a dominé l'Islam dans ses deux périodes les plus glorieuses : l'Empire omeyyade et l'Andalousie.

J.L. : Ma question à Ghassan est peut-être indiscrète, mais inévitable. Ayant été à une époque membre du PPS, avez-vous tout à fait rompu avec ce mode de pensée ? En reste-t-il quelque chose au fond de vous ? Y a-t-il une rupture avec cette idéologie, ou une subtile continuité ?

G.T. : Il n'y a pas une rupture de fond. Je continue de penser qu'il y a une relation organique entre la « Syrie naturelle » et le Liban. Mais il y a eu rupture avec le parti à cause de son orientation, et bien entendu de son *leadership*. Ces différends fondamentaux ne s'accompagnaient pas cependant d'une remise en cause des fondements d'une certaine nationalité « syrienne ». Dans plusieurs écrits, j'ai expliqué que les États-nations allaient être dépassés par des ensembles régionaux plus vastes et qu'il fallait tenir compte de l'émergence de communautés subnationales qui recherchaient des expressions politiques autonomes. Le parti rejetait tout ceci avec une rigidité idéologique qu'il ne m'était possible d'accepter ni au titre d'enseignant en sciences politiques – ce que j'étais –, ni au titre de journaliste, moins encore enfin au titre d'homme politique. Nous étions quelques anciens à vouloir que le parti renonce à ses tentations de nationalisme morbide inspirées, il faut bien le dire, des modèles fascistes européens. Notre tendance fut rejetée par Antoun Saadé, jusqu'à sa condamnation à la peine de mort et son exécution en juillet 1949. Après Saadé, le parti a connu plusieurs écoles, suivant des péripéties qu'il serait trop long d'expliquer ici. J'ai représenté la tendance libérale du parti jusqu'à ma suspension en 1958 ainsi que celle de toute une vieille garde prônant elle aussi une politique d'ouverture vers un Liban souverain. Disons en deux mots que l'identité politique libanaise devait une bonne part de sa légitimité à son système démocratique libéral en opposition aux dictatures environnantes, toutes déjà atteintes par le culte – de plus en plus excessif – de la personnalité. Ceux qui dirigent le PPS à l'heure actuelle sont satisfaits d'être comme beaucoup d'autres partis au Liban, placés au service des agences syriennes ou du moins bénéficiaires de la « présence » syrienne. Ils sont ministres, députés, etc., mais la base populaire du PPS devient de plus en plus mince et fractionnée. Les jeunes qui n'ont pas connu Antoun Saadé n'ont que faire des débats idéologiques. Il est vrai que ma génération fut subjuguée dans sa jeunesse par la vision utopique d'une Grande Syrie, continuatrice d'une vaste histoire de puissance et de liberté. Nous n'étions cependant nullement pressés d'être alliés au gouvernement syrien quel qu'il soit, et surtout pas à la Syrie militarisée depuis 1949, baassiste et autocratique.

G.K. : Sur le plan historique, il existe un contentieux syro-libanais. La Syrie pense qu'elle a fait les frais des règlements de la Conférence de la paix, après la Première Guerre mondiale. Il y a certes des éléments à prendre en considération, mais ce n'est pas ici le Liban, c'est la France qui est en cause :

1. L'échec du nationalisme syrien arabe, avec la chute du royaume arabe de Faysal, a abouti à un découpage, à un morcellement du pays qui a créé un mouvement de protestation de la part des nationalistes syriens, qui ont âprement discuté la manière dont les territoires avaient été découpés. Pourquoi, disaient-ils, Tripoli a-t-elle été incorporée au Grand Liban, alors que le port pouvait être considéré comme le débouché naturel de Damas sur la mer ? Cette protestation n'a cessé de gêner l'action du mandat français.

2. L'agrandissement du Mont-Liban au-delà des demandes des nationalistes de la Montagne a provoqué le ressentiment des Syriens dès 1920 et constitué un contentieux constamment soulevé durant les mandats. La question de Tripoli a été alors posée comme aussi celle du rattachement de la Békaa au Grand Liban.

J.L. : À la conférence de Taëf a-t-on envisagé de redessiner les frontières du Liban ?

G.T. : Non, à Taëf on est au contraire parti du principe établi par le pacte national, scellé entre Béchara el-Khoury et Riad el-Solh lors de l'indépendance en 1943 : le Liban dans ses frontières actuelles − quelquefois désignées comme naturelles – est une entité souveraine indiscutable, la « patrie définitive » de tous les Libanais. Le principe fut de plus consacré par la Constitution. Ce point s'adressait précisément à la Syrie. Plus encore, le texte constitutionnel était destiné à rassurer les chrétiens sur le fait que les « unionistes » potentiels, donc les musulmans, renonçaient à leur rêve.

J.L. : Dans la conscience libanaise ce principe est donc bel et bien intégré, sauf peut-être pour quelques idéologues comme ceux du PPS ?

G.T. : Même les idéologues du PPS n'en parlent plus. Et s'ils en parlent, c'est comme d'un espoir lointain, semblable à celui des idéologues de l'unité arabe.

J.L. : Revenons à la situation actuelle, compte tenu de ce qui s'est dit à Taëf. Pour un patriote libanais, la présence syrienne au Liban provoque-t-elle une blessure, une amertume profonde ?

G.T. : Oui, chez ceux qui l'avouent autant que chez ceux qui ne l'avouent pas, comme un bon nombre de musulmans sunnites qui se croient obligés de dire : « Ah non ! la présence syrienne est une nécessité, sans quoi le pays irait aux Israéliens. » Ils savent que ce n'est pas vrai, mais ils le proclament tout en se plaignant en privé, pour la simple raison que la Syrie gouverne le Liban, par le biais des services secrets, et que ces services sont dangereux.

Mais il n'y a pas que l'opposition silencieuse des sunnites. Il y a l'opposition maronite, à l'ombre du patriarcat. L'événement majeur de l'après Taëf, et peut-être de l'après-guerre, c'est la visite du Patriarche maronite au Chouf, la montagne dite druze, qui fut le théâtre d'affrontements majeurs et sanglants durant la guerre, comme d'ailleurs en 1860.

La visite a scellé une réconciliation entre les Druzes et les maronites et permis le retour de nombreux chrétiens dans les villages d'où ils avaient été expulsés.

C'est depuis cette rencontre que Walid Joumblat, théoriquement qualifié de prosyrien, a prôné, avec ses partisans, ministres et députés compris, une politique réclamant le « rééquilibrage » des relations syro-libanaises, « dans l'intérêt même de la Syrie, et sans nuire pour autant au pacte historique et géographique de fraternité entre les deux États indépendants et souverains ».

G.K. : Soulignons dans le contexte de l'idéologie nassérienne, baassiste ou PPS, la faillite de tous les projets unitaires arabes au XXe siècle. À quoi s'ajoutent les échecs face à Israël. Pour la Syrie, en conséquence, mettre la main sur le Liban est une forme de compensation. Le droit international interdit que l'on touche aux frontières, mais à travers sa présence au Liban, la Syrie, de son point de vue, règle *de facto* un contentieux historique et trouve ainsi un moyen de surmonter d'autres échecs.

G.T. : La Syrie, si c'est cela que vous voulez dire, s'est toujours opposée aux accords de paix séparée entre Palestiniens et Israéliens. Elle s'est déclarée ouvertement contre les accords d'Oslo en 1993 et a hébergé à Damas les factions palestiniennes qui s'y opposaient. Cependant, elle ne semble pas avoir voulu, ou pu aller jusqu'à remuer ses adeptes dans les camps palestiniens du Liban au-delà de quelques déclarations sans conséquence. C'est de la relation triangulaire entre la Syrie, l'Iran, et le Hezbollah (libanais) que dépendra l'avenir de la paix, tant entre Israël et le Liban qu'entre la Syrie et Israël. Ce qui préoccupe le Liban, c'est de se voir, une fois de plus, devenir l'enjeu d'une paix séparée négociée entre Damas et Washington. Une négociation qui se déroulerait non pas autour d'une table de conférence, mais par guerre interposée. Une guerre dont le Liban serait, encore une fois, le « théâtre ». On ne convoquera les diplomates qu'après coup, simplement pour signer. Ce que le Liban espère seulement, c'est de se trouver à la table des négociations plutôt que de figurer au menu.

(Entretien du 23 juillet 2001, Roussillon)

7.

L'Amérique et le Moyen-Orient
1990-2000

LA GUERRE DU GOLFE ET SES PROLONGEMENTS

Gérard Khoury: Après les échecs du nassérisme, le redressement militaro-politique de Sadate, le coup de théâtre du voyage à Jérusalem et les accords de Camp David, le seul acteur suffisamment puissant économiquement et politiquement reste l'Irak, autour duquel gravitent les Palestiniens en quête d'un soutien renouvelé.

La première guerre du Golfe, Iran-Irak, s'était conclue grâce au soutien des Américains en faveur de l'Irak et de son dictateur qui n'était pas encore diabolisé, compte tenu des avantages économiques et géostratégiques que ces derniers tiraient de sa présence.

La deuxième guerre du Golfe – c'est-à-dire la guerre du Golfe proprement dite, désignée comme l'opération « Tempête du désert » – a-t-elle eu pour fonction d'affaiblir et de mettre hors jeu un acteur devenu trop gênant, qu'on désignait désormais comme un nouvel Hitler, tout comme d'ailleurs on désignait Nasser au moment de la nationalisation du canal de Suez?

Dans le jeu triangulaire Turquie-Iran-Irak, l'équilibre de la puissance ne devait pas échapper aux Américains. L'annexion d'une partie du Koweit par l'Irak – fondée sur de fallacieux arguments historiques – et encouragée par le silence apparemment complaisant des États-Unis allait donner l'occasion à ces derniers de réunir et de conduire une « croisade » occidentalo-arabe pour punir le tyran sans le détrôner.

La version de l'arabisme baassiste irakien a conduit au dernier coup de boutoir contre l'unité arabe et les rêves de modernité. Saddam Hussein a ainsi achevé d'immoler la Nahda sur l'autel de la dictature.

Pourrions-nous maintenant examiner le cas difficile de l'Irak ?

Jean Lacouture : Dix ans après la guerre du Golfe, comment est vu l'Irak par les Arabes en cet été 2002 ? Comme un martyr de la cause arabe, ou comme un pays relativement marginal ?

G.K. : En faisant le choix de s'emparer d'une partie du Koweit, le chef irakien a exposé son pays à des représailles prévisibles. Il n'en demeure pas moins que les alliés ont créé une situation qui, vue d'un œil profane, est totalement paradoxale : tandis que le peuple irakien paye un prix incommensurable, Saddam Hussein est maintenu au pouvoir. Pourquoi ? Parce que sa présence légitime la présence d'une force militaire dans le Golfe sans susciter l'opposition de la monarchie séoudienne.

Ghassan Tuéni : Les Irakiens sont aujourd'hui un peuple martyr contraint de simuler un rôle de peuple heureux, tandis que son chef continue à construire des palais et à dépenser plus d'argent pour la défense de son régime que pour la nourriture et les médicaments ! Sans être obsédé par une mythologie du complot, on est tout de même amené à se poser la question suivante : les Américains n'ont-ils pas tendu un piège à Saddam Hussein, où ce dernier se serait empressé de tomber, quand ils lui ont fait savoir qu'ils n'interviendraient pas dans ses affaires avec les autres pays arabes ?

J.L. : Pierre Salinger et Éric Gilbert ont soutenu, parmi d'autres, cette thèse. Il est vrai que les Américains savaient infiltrer les services de renseignements. Ont-ils, dans un premier temps, provoqué Saddam Hussein pour qu'il aille s'enferrer au Koweit, coalisant contre lui une large majorité de dirigeants arabes ? Et ont-ils, dans un deuxième temps, réussi la formation d'une coalition anti-irakienne où l'Égypte et la Syrie se retrouveraient contre l'Irak avec l'ensemble du monde arabe, Palestiniens et Jordaniens exceptés ?

Ce serait là une opération comme les Anglais des grandes époques savaient les conduire ! Je n'en crois pas les Américains capables – Kissinger excepté, bien sûr.

Saddam Hussein est une brute, mais il n'est pas aussi bête qu'on a voulu le faire croire. Il avait soupesé les risques d'une telle entreprise. D'autre part, quand on lit le compte rendu de l'entretien entre Mme Glaspie, l'ambassadeur américain, et Saddam Hussein, on voit qu'elle ne dit pas formellement : « Si vous vous jetez sur le Koweit, on fermera les yeux... » Elle est simplement évasive. Saddam Hussein avait d'autres sources d'informations que les Américains. Il devait, par services spéciaux interposés, savoir où en était le Pentagone, où en étaient les autres forces de l'Occident. Après tout, il avait aussi beaucoup de relations en France et en URSS... Je n'arrive vraiment pas à croire au piège, ou qu'il s'y soit aussi stupidement jeté...

G.K. : Edgard Pisani, chargé à l'époque d'une négociation par le président Mitterrand, m'avait dit deux choses :

1. Saddam Hussein n'écoutait pas ses conseillers, y compris Tarek Aziz ; il n'était perméable qu'aux avis qui allaient dans son sens.

2. Il invalidait les renseignements ou conseils qu'on pouvait lui donner, par un excès de prudence et d'un piège possible.

J.L. : Je l'ai entendu parler ainsi, en effet, mais c'est l'idée du piège qui me gêne ; je ne vois pas très bien où commence le piège et comment un type aussi rusé s'y jette.

G.T. : Un des objectifs possibles du piège serait que l'Amérique ait amené les Arabes à s'affoler, notamment le Koweit et l'Arabie Séoudite, et à réclamer la protection américaine, inversant ainsi le courant historique anticolonialiste. Quand les Koweitiens ont applaudi le premier drapeau américain placé sur un pétrolier koweitien, un journaliste jordanien a écrit un article leur rappelant que, pendant un demi-siècle, l'ambition suprême avait été de supprimer les drapeaux étrangers. Les Américains ont conduit les Syriens à faire partie de la coalition contre l'Irak, et ce fait coïncide avec une évolution inespérée de la position syrienne au Liban.

G.K. : La présence américaine au Moyen-Orient est bien pourtant une présence coloniale !

G.T. : En ce qui concerne la guerre du Golfe, et pour compléter les propos de Pisani, je tiens un témoignage de l'ancien ministre soviétique des Affaires étrangères Evgueni Primakov, qui avait été le dernier à voir Saddam, avant le commencement de la frappe américaine. J'ai vu Primakov quelque temps après, dans son bureau de Moscou. Je le connaissais depuis l'époque où il était correspondant de Tass. Je lui ai demandé alors quelle était selon lui la vérité. Il m'a répondu : « La vérité, c'est que, quand j'ai téléphoné à Bush pour lui dire que Saddam acceptait l'ultimatum américain, on me fit savoir que c'était trop tard. J'ai rappelé les responsables à Washington pour leur dire que le dernier délai était minuit, et qu'on était encore en deçà. On m'a répondu : Vous pensez bien que pour bouger les troupes qui doivent frapper à minuit, on pousse les boutons bien avant!» En réalité, les Américains ne souhaitaient pas qu'une médiation soviétique réussisse. Était-ce parce que la médiation était soviétique? Ou était-ce précisément parce qu'ils ne souhaitaient pas que Saddam Hussein revienne en arrière, autrement dit parce qu'ils voulaient qu'il s'entête et tombe dans le piège. Ainsi, Koweitiens, Séoudiens et autres se seraient alliés à cette opération «Tempête dans le Désert» selon un scénario préécrit?

G.K. : Il s'agit là de l'autre thèse suivant laquelle, après l'écrasement des Iraniens par Saddam Hussein et la réussite irakienne, il fallait affaiblir l'Irak à son tour dans le jeu triangulaire entre Turquie, Irak et Iran.

G.T. : Ne peut-on y voir quelque chose de plus simple, qui est la thèse du «*double containment*» : contenir l'Iran, mais aussi l'Irak. On pourrait parler aujourd'hui d'un «triple *containment*» incluant la Turquie, où l'on constate tous les jours de nouvelles difficultés.

G.K. : Il faut aussi tenir compte des contradictions internes à l'Irak, pays dirigé par des sunnites minoritaires face à des chiites et à des Kurdes majoritaires. Les chiites irakiens ne risquaient-ils pas de rejoindre leurs frères iraniens?

G.T. : C'est exact. Mais nous avons déjà noté le fait que les chiites irakiens s'étaient bien battus comme des Irakiens et n'avaient pas rejoint les chiites iraniens. Il y a, en effet, deux écoles chiites également reconnues : l'iranienne et l'irakienne. Si cette guerre s'était développée, on aurait vu des chiites se battre contre d'autres chiites pour des raisons religieuses et non pas nationales. Mais il y a aussi les Kurdes. Aujourd'hui

Saddam Hussein est très complaisant, car il permet que 20 %
de son territoire soit virtuellement – donc pratiquement –
occupé par les Turcs qui entreprennent des opérations de
poursuite des Kurdes au-delà de leurs frontières. Et alors que
les Turcs publient des communiqués militaires sur les opérations, le dictateur irakien nie toute présence turque sur son
territoire. Veut-on faire éclater l'Irak, puis – qui sait? – la
Syrie, où les Kurdes ne manquent pas non plus? Rappelons-
nous que lors de la grande révolte des Kurdes en Irak, c'est
avec des armes israéliennes qu'ils se battaient.

G.K. : Une des thèses que défendait pendant la guerre du
Golfe le *New Yorker*, c'était que le jeu des États-Unis était
justement de fractionner, d'atomiser, d'affaiblir, de manière à
maintenir dans cette région une instabilité qui ne soit contrô-
lable que par eux-mêmes. Ce serait donc le contrôle de la
déstabilisation et de la guerre que viseraient les Américains
et non pas la stabilisation et la paix!

J.L. : Pour s'arrêter aux origines immédiates de la guerre
du Golfe, vous ajoutez donc crédit à l'hypothèse de l'ha-
meçon tendu par les Américains pour que Saddam Hussein
vienne s'y enferrer. Vous croyez la thèse de Salinger valable?

G.T. : On parle aussi de « bêtise koweitienne ». Mais une
bêtise anticipée ne devient-elle pas synonyme de complicité?
Les Séoudiens, plus perspicaces, avaient convaincu les
Koweitiens de payer les dix milliards que Saddam Hussein
réclamait pour compensation au forage « extra-territorial »
koweitien, et pour se bien tenir! Il n'en fut rien.

L'AMÉRIQUE ET LE MOYEN-ORIENT

Où va la politique américaine au Moyen-Orient ?

G.T. : Au fond, si l'on essaye de s'interroger au début du XXIe siècle sur le propos de la stratégie de la plus grande puissance du monde, de la seule grande puissance au Moyen-Orient, on peut commencer par indiquer trois objectifs : *containment* à l'égard de la puissance russe, préservation d'Israël, et préservation de l'approvisionnement pétrolier ; l'objectif d'Israël étant à peu près le même.

Aujourd'hui, l'épouvantail soviétique ayant disparu, les Américains peuvent-ils le remplacer par celui de l'Islam ? N'oublions pas que la CIA avait largement manipulé, durant les années 70, les mouvements islamiques ou islamistes à des fins politiques. À propos de l'assurance pétrolière, se pose la question de savoir pour combien de temps encore le pétrole restera une donnée fondamentale de la géopolitique mondiale. Et, partant de là, pendant combien de temps les Séoudiens, les Koweitiens, les Émirats seront vraiment des composantes essentielles de la stratégie américaine ? Jusqu'à quel point et à quel prix ira la protection des émirs du Golfe ? À terme, seul le renforcement d'Israël est déterminant pour la politique américaine. Plus Israël est puissant, plus les intérêts américains sont protégés ; et plus les électeurs des partis démocrate et républicain seront bienveillants à l'égard de leurs candidats ! Est-ce à ces deux thèmes fondamentaux que se réduit la stratégie américaine, ou peut-on en voir une autre se dessiner, plus créative, plus positive ?

G.K. : Les États arabes et notamment les régimes modérés sont-ils en position et en mesure de relancer le processus de paix ? Ne sont-ils pas dans un embarras total à l'égard de l'Amérique ?

G.T. : Les régimes modérés, s'ils s'engagent dans la voie du compromis, vont d'abord se livrer à de la surenchère, comme toujours. Et cette surenchère créera une situation à nouveau ingérable. Elle excitera les foules plutôt que de les retenir. Talleyrand disait : « Il faut agiter le peuple avant de s'en servir. » Oui, mais force est de constater qu'à ce jour ces régimes arabes n'ont même pas mieux exploité leur cynisme que leur lyrisme ! Il y a une incompatibilité totale chez les Arabes entre la rhétorique et la réalité, c'est-à-dire le possible.

G.K. : On a été trop loin dans l'humiliation de cet « homme arabe » brimé dans son amour-propre. Il ne faut pas oublier que la structure psychique et sociale du moyen-oriental n'est pas celle de l'occidental. Un Arabe humilié vit l'humiliation comme quelque chose qu'il subit et dont il n'est pas responsable. Ce vécu est de l'ordre de la honte et non de la culpabilité qui, elle, caractérise davantage le sentiment ressenti par un occidental qui se considère comme responsable des conséquences d'une action ou d'un événement. Les peuples du Moyen-Orient sont, comme ceux de la Grèce antique, régis par un sentiment de honte plutôt que de culpabilité, deux catégories mentales très différentes. La personne coupable, en reconnaissant l'erreur ou l'échec, est à même de les dépasser ou de les expier. L'humiliation renvoie à la culpabilité de l'autre et donc à l'esprit de revanche, et, si le rapport de forces ne le permet pas, à une violence impuissante qui ne fait qu'alimenter l'humiliation et la spirale !

G.T. : Ce qui accentue ce sentiment d'impuissance et d'humiliation, c'est le double registre sur lequel joue Israël. D'un côté, la victimisation avec une surexploitation de l'antisémitisme, de l'autre une politique de superpuissance atomique, à qui il ne fut jamais demandé d'adhérer au traité international de contrôle des armes de destruction massive.

Tout le monde sait que Tsahal, depuis 1973, est plus puissante que toutes les armées arabes réunies, lesquelles sont même privées des munitions et des pièces de rechange « soviétiques », tandis que Washington ne cesse d'améliorer et de moderniser l'armement israélien, notamment l'aviation, dont Israël a été autorisé à fabriquer des modèles améliorés qu'il se propose de vendre à la Chine et à l'Inde. Libéré qu'il est des contingences « soviétiques » d'hier.

Le seul pays qui ait vraiment tenté de briser l'élan américain, c'est l'Irak. Ce qui – la stratégie politique de Saddam Hussein étant ce qu'elle est – a mené le monde arabe à la tragédie et l'Irak à la destruction et à la servitude.

G.K. : Y a-t-il un redécoupage possible de la région, avec la création d'un État kurde, par exemple ? L'Amérique veut-elle entre autres, remodeler le Moyen-Orient ?

G.T. : Les violences de la Tchétchénie ou de l'Afghanistan présagent-elles d'une carte qui se refait ? Que veut l'Amérique en laissant pourrir des conflits mineurs ? Ou bien ne le sait-elle pas, car elle n'en veut rien savoir, mais se laisse entraîner, comme au Vietnam, par une dynamique sans encadrement stratégique ? Ne sommes-nous pas menacés d'un éclatement majeur, c'est-à-dire d'un conflit nucléaire, fût-il accidentel ou contrôlé, qui nous surprendrait tous, hyper-puissance non exclue ?

G.K. : Vous évoquez l'éventualité de nouveaux cataclysmes alors que nous n'avons pas fini d'analyser les horreurs passées. S'il est incontestable que l'Holocauste constitue un des crimes majeurs du XXᵉ siècle, il n'en demeure pas moins que la perpétuelle activation de la culpabilité occidentale pose problème.

J.L. : Pourtant le rapport des Allemands au judaïsme, à l'arabité ou à l'islam me paraît vraiment de nature différente.

D'autre part, la conscience juive considère la germanité autrement qu'elle n'appréhende le monde arabe.

G.T.: Les Arabes vivent le sionisme comme le prix à payer pour une faute qu'ils n'ont pas commise. Ce sentiment est parfaitement légitime, même s'il faut trouver désormais les moyens de le dépasser.

G.K.: Il faut aussi qu'Israël ainsi que l'opinion sioniste internationale lèvent cette terrible hypothèque qui consiste à taxer d'antisémitisme toute critique de l'occupation et de la répression dans les territoires occupés.

G.T.: Si nous observons la politique actuelle d'Israël, trois phénomènes me semblent déterminants en la matière :

1. Le comportement criminel de Sharon dans l'actualité immédiate.

2. Une volonté internationale de tenir les Arabes dans un état d'infériorité militaire et politique par rapport à Israël. Pourquoi cette volonté ? Parce que tout accord avec les Arabes, à Washington ou même à Paris, doit prendre en considération le fait qu'Israël est déterminé à garder les Arabes dans un état d'isolement et continuer à être le partenaire exclusif des Américains.

3. De surcroît, le colonialisme économique veut s'implanter – loin du champ de bataille – dans des pays arabes d'importance relative sur le plan panarabe, comme le Qatar, ou – au Maghreb – comme le Maroc ou la Tunisie ; ces deux derniers pays n'étant pas loin d'établir avec Israël une reconnaissance diplomatique.

J.L.: Il est normal qu'Israël ait des représentations diplomatiques avec tous... Quoi qu'on puisse penser ou écrire sur son « colonialisme », Israël essaie diplomatiquement de

rompre l'encerclement. Je dirais que c'est « de bonne paix » !
Si nos critiques peuvent être violentes contre l'impérialisme
militaire de Sharon, on peut trouver normal qu'il déploie un
tel jeu diplomatique.

G.T. : Il ne s'agit pas simplement d'avoir des représentations diplomatiques − et de plus dans un contexte juridique
d'« état de guerre » −, mais de rompre précisément ce pacte
arabe qui empêche toutes relations économiques avec Israël,
tant que ce dernier n'aura pas signé la paix globale.

G.K. : Avec le plan Pérès, élaboré par l'actuel ministre des
Affaires étrangères, Israël avait tenté de donner une nouvelle
impulsion à son pouvoir : une forme de colonisation économique des Arabes.

G.T. : Faut-il rappeler à Israël que les Arabes ne sont pas
des « sous-hommes », mais des peuples susceptibles de se
relever et de retrouver un niveau de développement culturel
et économique, donc politique, qui leur permettra de rejeter
le néocolonialisme ?

G.K. : L'action diplomatique est légitime du point de vue
israélien et elle aurait même pu contribuer à un processus de
paix. De son côté, l'homme de la rue dans les pays arabes
ressent la politique israélienne comme une source d'humiliation et de domination constantes. Il faudrait donc pour
qu'une démarche diplomatique ait des chances d'aboutir que
l'on trouve le moyen de part et d'autre de casser ou de
fissurer le mur de la méfiance.

G.T. : Avant de casser ce mur, il faut cesser la violence et
commencer à établir un dialogue. Israël semble avoir regretté
même la paix avec l'Égypte, et, de plus, revient sur tous les

accords conclus avec les Palestiniens. Cette paix avec l'Égypte est d'ailleurs souvent décrite comme « paix froide ». Je crois même qu'il faut parler de « paix frileuse ».

J.L. : Oui, mais j'ai connu un temps où, lors d'une négocation à Paris, à l'hôtel Crillon, il y avait une salle pour les diplomates arabes et une autre pour les diplomates israéliens. Et cela s'appelait « conférence » ! Maintenant il n'y a pas un Premier ministre israélien qui n'ait pris Arafat dans ses bras, y compris Netanyahou ! Pas Sharon, il est vrai...

G.T. : Rappelons quand même que Yehoud Barak a assassiné de ses propres mains, le doigt sur la gâchette, des membres importants du Fath très proches d'Arafat, au cours d'opérations terroristes à Beyrouth en avril 1973 puis à Tunis !

La grande tragédie israélienne, c'est une remise en question intérieure de la société israélienne. Sharon a besoin d'une énorme victoire pour redonner aux Israéliens confiance dans la survie de leur pays quand il annonce qu'Israël sera obligé de continuer à vivre et à se gouverner « l'épée à la main » pendant les cent années à venir.

Par ailleurs, nous nous sommes plus d'une fois posé la question : qu'est-ce qui ne va pas dans l'esprit arabe, depuis l'élan impulsé par la grande Nahda ? Les Arabes sont-ils condamnés à demeurer incapables de relever le défi israélien ? Il n'y a pas de raisons à cela. L'apport des nouveaux historiens israéliens est une donnée rassurante ; l'effort qu'ils déploient pour écrire l'Histoire au plus près des réalités plutôt que des fantasmes est déterminant pour l'avenir du dialogue israélo-arabe. Ce mouvement contribue à sortir les Arabes de leur enfermement et à faire reculer l'intégrisme qui est, pour une part, une riposte au sionisme. L'intégrisme politique israélien ne pousse-t-il pas dialectiquement la politique arabe à une sacralisation des préceptes de la sunna et du Coran, semblable à la sacralisation de la Torah?

J.L.: Le quart au moins de l'intelligentsia arabe n'a rien à faire avec le Coran, et peu avec l'Évangile...

G.T.: Mais hélas cette intelligentsia ne veut rien avoir à faire avec les gouvernements non plus! L'intelligentsia arabe issue de la Nahda n'a plus de prise sur la réalité, et il est à craindre qu'elle soit en train de perdre – si ce n'est déjà fait – sa capacité d'influence sur les courants d'opinion. Mais il y a une nouvelle race d'intellectuels, de professionnels, des forces vives issues des universités, particulièrement des Palestiniens, mais d'autres aussi, dont l'existence hélas est estompée par le terrorisme. Ce sont des hommes de dossiers, des hommes de chiffres, de langues étrangères, des hommes de « prospectives », de solutions réalistes et pragmatiques, plutôt que de rhétoriques nostalgiques et romantiques. Bouteflika en Algérie, venu au pouvoir après la faillite de l'intégrisme, est un signe avant-coureur de défis inattendus auxquels il faut donner leur chance.

J.L.: Voilà bien, en effet, l'exemple d'un État qui ne parvient pas à se normaliser.

G.K.: Rappelons qu'Israël, au moment de sa fondation, est composé essentiellement de Juifs d'Europe de l'Est, d'ashkénazes; par la suite arrivent les séfarades d'Afrique du Nord. Au départ donc, les structures de l'État d'Israël sont des structures tout à fait occidentales, et les grands personnages de l'État d'Israël – Ben Gourion, Golda Meir, etc. – puisent dans les mêmes idées politiques et la même culture que les hommes politiques européens. Or, le monde arabe vient d'un autre héritage qui est celui de l'Islam et de structures familiales et claniques que l'on a connues en Europe occidentale, mais avant la Révolution française. Il y a donc disparité, décalage ou différence entre Arabes et Israéliens. L'appréhension du monde et de l'histoire n'est pas la même pour les Arabes, les Israéliens et les Occidentaux.

Edward W. Said dans ses récents écrits attire notre attention sur le fait que les Arabes après 1948 ont cherché aux problèmes posés par le sionisme des solutions militaires et non politiques. Nous avons donc des sociétés arabes brimées par les militaires !

Pour amorcer une explication, il faudrait peut-être adopter une approche comparatiste, explorer d'autres voies d'explications que celle uniquement politique et militaire et tenter de comprendre les fonctionnements comparés des monothéismes, ce qu'on n'analyse pas beaucoup et qui est, de mon point de vue, à l'origine des passions humaines et des blocages politiques.

Je songe à la lecture critique des Écritures, comme celle de Renan pour le christianisme au XIXᵉ siècle, ou à celle de Diéguez qui nous oriente vers une anthropologie psychogénétique au XXᵉ siècle. Dans cette optique, on peut avancer que les monothéismes judaïque et musulman sont plus accomplis, mais aussi plus absolutistes que le monothéisme chrétien. Entre l'Absolu et le monde, il n'y a pas d'intermédiaire. C'est vraiment le respect le plus exigeant et intransigeant de la lettre dans le judaïsme ou l'islam. Le christianisme, pour sa part, a accepté qu'un homme fait à son image par Dieu intercède entre l'Absolu divin et les nécessaires compromis humains. On peut s'interroger sur les conséquences politiques de cette solution métaphysique. En effet, la double nature – humaine et divine du Christ – n'a-t-elle pas largement contribué à permettre au monde occidental de conjuguer l'exigence d'un absolu et la gestion des crises politiques ? À Byzance, quand l'empereur veut mater des émeutes, il peut invoquer sa nature divine. Au

XXᵉ siècle, les prêtres ouvriers ou Dom Helder Camara se réfèrent à la nature humaine. L'islam comme le judaïsme aujourd'hui sont enfermés dans un absolutisme de la lettre.

J.L. : S'il est vrai qu'une bonne part de l'intelligentsia et des responsabilités arabes a été entre les mains des chrétiens, en quoi leur comportement a-t-il été plus politique que celui des musulmans ? Riad el-Solh et les dirigeants syriens de la même époque, Jamil Mardam Bey, par exemple, proposent-ils une vue différente sur ces problèmes fondamentaux ?

G.T. : Riad el-Solh est un magnifique exemple de la Nahda et a su conjuguer l'héritage arabe et l'ouverture à l'Occident. Cette attitude est aussi illustrée par Makram Obeid, le chrétien, qui disait : « Moi j'agis en musulman et mes collègues agissent en chrétiens. Nous agissons ensemble pour la révolution de l'Égypte et son unité. » Mais nous sommes loin maintenant du temps fort des indépendances et de l'arabisme marqué par une politique américaine moyen-orientale qui ménageait les Arabes en raison des nécessités de l'approvisionnement pétrolier. Les Américains aujourd'hui ont adopté une stratégie empirique. Avec les missiles balistiques intercontinentaux et les sous-marins atomiques, le Moyen-Orient représente une valeur qui s'est estompée. Je crois qu'il ne faut plus voir la stratégie politique américaine en termes strictement militaires, même si George W. Bush s'accroche comme un enfant à son jouet : le bouclier anti-missiles. Il y a certainement une réalité qui nous dépasse, qui dépasse Bush personnellement.

J.L. : Pas personnellement, son état-major aussi. Interrogée sur les perspectives en Palestine, Condoleezza Rice s'est contentée de répondre : « Monsieur Arafat a eu sa chance à Camp David, il l'a manquée, tant pis pour lui ! »

C'est un écho à ce que déclarait Lyndon Johnson, il y a une vingtaine d'années : « Nasser a perdu le match, on verra ce qu'il en sera dans quelques générations, mais pour la nôtre le résultat est affiché : zéro pour lui. » N'y a-t-il pas à Washington quelque chose d'un peu plus subtil que cette philosophie du tableau d'affichage ?

G.T. : Je ne sais pas. Les Américains ont développé une méthode de raisonnement très brutale : quand on essaye de les convaincre, ils répondent en langage codé, secret, sans faire l'effort d'entrer dans d'autres logiques que la leur : « C'est comme ça, c'est à prendre ou à laisser, qui n'est pas avec nous est contre nous ! »

J.L. : Que veulent les Américains ? Veulent-ils un *dominium* israélien sur l'ensemble du Moyen-Orient, de la Mésopotamie au Nil, ou un condominium turco-israélien ?

G.T. : Je crois que les Américains ne comprennent pas l'Islam. Ils avaient misé sur un certain islamisme pour combattre le « communisme athée » ; quand ils ont vu l'Islam s'allier avec le communisme, ils ont crié à la honte et à la trahison. Deuxième déception : les Afghans. Ils ont dressé l'Afghanistan contre l'Union soviétique, transformant l'Afghanistan en école de terrorisme, avec les talibans au pouvoir. Ils ont produit un grand nombre d'Afghans, des *alumni*, diplômés ès Afghanistan, qu'ils ont semés partout dans le monde arabe. Ces Afghans se trouvent aujourd'hui en Algérie, surtout en Arabie Séoudite et sont la véritable troupe de Ben Laden. C'est la bonne vieille histoire de l'apprenti sorcier. Les Américains étaient à mille lieues de penser que des Afghans pouvaient aller s'infiltrer en Amérique, y poser des bombes et mettre en péril en 1993 les Twin Towers à New York.

Il existe en Amérique aujourd'hui une puissance noire qui grandit et qui s'islamise ou du moins qui est prête à accueillir les germes d'un islamisme activiste, donc potentiellement terroriste. Le terrorisme tombe sur l'Amérique à l'étranger aussi, partout où elle se trouve, en Afrique ou bien là où elle a implanté sa flotte, dans le Golfe.

Ces opérations ponctuelles portent pourtant un message. Elles accentuent la vulnérabilité. La force du terrorisme ne se mesure pas quantitativement. Ce n'est pas une guerre de champs de bataille.

J.L. : Il n'y a pas encore apparemment de véritable stratégie du terrorisme, qui ne se manifeste jusqu'ici que par des « coups »...

POUR UNE POLITIQUE EUROPÉENNE AU MOYEN-ORIENT

G.K. : Face à cette politique américaine qui ressemble davantage à un *statu quo* qu'à une politique – un *statu quo* préservant les intérêts d'Israël et les intérêts pétroliers – verra-t-on émerger une politique européenne ?

J.L. : Les Européens souhaitent comme toujours jouer un rôle, bien entendu, mais il y a d'importantes divergences entre eux. Pour le moment, c'est la politique française qui s'affirme seule vraiment concernée par le Moyen-Orient ; les Français sont les seuls qui prétendent avoir une vocation à jouer un rôle, celui d'être au moins « à l'écoute » des Arabes. Les Italiens et les Espagnols ont ébauché quelques démarches, mais apparemment sans conviction. La France ? Quand elle rappelle les droits des Arabes, on parle de son arrogance, de sa prétention ou, mieux, de son « antisémitisme » ! Il y a un petit frémissement du côté des Allemands, mais ils sont naturellement « infirmisés » par leur histoire contemporaine. Les Anglais sont agacés par tout ce que les Français peuvent tenter sur le terrain du Moyen-Orient. Quant aux pays protestants d'Europe du Nord, ils sont à peu près inconditionnellement pro-Israéliens par Bible interposée, à part les Suédois. Pour le moment, la division européenne est très profonde et on ne voit pas très bien les possibilités d'un « jeu européen », limité à la France, que maintes campagnes disqualifient comme « antisémite », alors que le pionnier de la politique « palestinienne » fut Pierre Mendès France... Qu'en attendez-vous à Beyrouth ?

G.T. : Nous pensons que la France et l'Europe sont en mesure d'agir avec plus de subtilité que les Américains. L'Europe est mieux placée que les États-Unis pour avoir une vision et pour la défendre dans la mesure où ses intérêts sont moins étendus et moins impériaux que les intérêts américains qui vont de l'Extrême-Orient jusqu'à l'Amérique latine. Il y a aussi ce qu'on appelle déjà « la communauté méditerranéenne » ou l'impact direct sur l'Europe de la nouvelle « Question d'Orient ».

G.K. : Quels sont les moyens potentiels de cette politique européenne, de cette politique méditerranéenne de la France ?

G.T. : Dans la mesure où il n'y a pas de solutions militaires aux problèmes politiques, mais plutôt des solutions politiques aux problèmes militaires, la porte est grande ouverte pour les initiatives européennes. L'absence de moyens militaires n'empêche pas l'efficacité politique et diplomatique.

G.K. : Il y a donc des possibilités, si les hommes politiques européens s'en persuadent...

J.L. : Il faut l'appui direct et déclaré des États-Unis. L'Europe peut servir de brise-lames au gros cuirassé américain, qui est seul visible en Israël. Pour Ariel Sharon, un ministre des Affaires étrangères européen ne pèse pas lourd face à un fonctionnaire américain !

G.K. : Il n'y a donc pas de rôle possible pour l'Europe, tant qu'elle ne s'est pas renforcée politiquement et militairement.

J.L. : Reparlons de l'attitude des dirigeants arabes concernant la cause palestinienne. Ne commencent-ils pas à se sentir un peu gênés par leur silence ? Le peuple palestinien est dans l'abîme. Que peut-on attendre des pays arabes et principalement des Égyptiens ?

G.K. : L'Égypte est dépendante des Américains ; Moubarak n'a pas de marge de manœuvre, car son pays est le deuxième pays au Moyen-Orient, après Israël, à bénéficier d'une aide américaine qui se chiffre en milliards de dollars.

G.T. : Moubarak est en train d'envoyer des signaux contradictoires dans toutes les directions. Les Américains essaient de le restreindre. Il menace de rompre les relations avec Israël, puis revient sur ses propos et les nie, les attribuant à tel ou tel conseiller ou éditorialiste.

Il n'y a, hélas, pas de diplomatie arabe imaginative, avec un potentiel significatif d'action. Je crois au retour de la formule de la conférence de Madrid, c'est-à-dire sous l'égide de l'Europe, de la Russie, de l'Amérique et des Nations unies. Mais nous n'en voyons pas les prémices.

G.K. : Force est de constater que les deux causes principales qui ont mobilisé les Arabes au XXᵉ siècle – l'unité arabe

et la lutte pour la Palestine – ont échoué. À l'aube du
XXIe siècle, le siècle qui vient de passer ressemble de plus en
plus à un siècle pour rien ! C'est un siècle d'apprentissage de
l'échec, de la défaite et de l'humiliation. Les perspectives
d'avenir sont plutôt sombres...

J.L. : La Nahda aujourd'hui nous paraît une immense
tentative avortée. Est-ce la fin d'une époque ou, pour parler
comme Péguy, simplement d'une « période » ? Actuellement,
les perspectives arabes sont franchement désastreuses. Tout
ce qui émerge dans cette partie du monde n'est pas arabe,
mais turc, israélien ou persan. Nos derniers propos semblent
rendus caducs, au fur et à mesure, comme tout ce qui a surgi
depuis un siècle, depuis la Nahda !

G.K. : Ce constat que l'on fait sur la Nahda et les possibilités
des pays arabes, signe aussi l'échec de l'Europe, car en définitive elle n'a plus qu'une marge de manœuvre très réduite ! Et
pourtant, du point de vue des aires géographiques et sur le plan
des intérêts, le Proche-Orient et l'Europe sont interdépendants.
C'est politiquement et économiquement aberrant. Le temps est
bien loin où la France et l'Europe avaient un rapport privilégié
avec le Liban, ancré dans une longue histoire. C'est au cours de
la Deuxième Guerre mondiale que les alliances ont changé, et
c'est au lendemain de la guerre qu'Israël est devenu l'interlocuteur privilégié du monde occidental.

J.L. : Pour le moment, les États-Unis surtout, mais
l'Europe aussi, sont représentés par Israël dans cette région.
Israël – compte tenu d'un million de Séphardim, excipant de
l'immense histoire biblique enracinée là – s'est implanté
pour beaucoup plus longtemps que le royaume franc du
XIIIe siècle. Rien à voir avec les colonisations anglaise et française réunies.

G.K. : On peut considérer ce phénomène d'implantation comme un type particulier de colonialisme.

G.T. : Plus complexe que le colonialisme classique, parce que c'est une implantation qui réaffirme de prétendues racines historiques !

J.L. : Un Juif de la périphérie de Cracovie peut se réclamer d'une autre légitimité historico-mystique, à Jérusalem, qu'un Français à Constantine…

G.K. : Nous arrivons donc à ce constat sur le monde arabe : il y a dans le jeu plus de participants exogènes à ce monde, comme la Turquie, l'Iran chiite et Israël que de joueurs arabes. Les pays arabes ont perdu la main ainsi que les atouts qu'ils avaient.

J.L. : Le pied du nageur a-t-il touché le fond ? Car cela ressemble au fond. Alors même qu'une partie importante du monde arabe, le peuple palestinien, est aussi piétiné qu'il l'est maintenant, qu'est-ce qui est possible, sinon un concert de gémissements alentour ?

G.K. : Les Arabes ne peuvent-ils pas au moins protester, réagir, manifester leur réprobation ?

G.T. : Les Arabes ? Vous savez comme nous sommes tout à fait imprévisibles. Dans l'immédiat, les gouvernements arabes sont tous incapables de mener des guerres conventionnelles contre Israël, qui est quant à lui incapable de conquérir, ou même de vaincre sans conquête. Israël sera incapable de gérer les conséquences de ses victoires.
Le danger qu'Israël aura à affronter, très sérieusement, c'est d'être submergé – et je dis bien submergé – par

l'énorme flot de violence que va très probablement susciter sa toute-puissance aveugle. Qui alors sera en mesure d'arrêter les *desperados* venus de toutes parts rallier le cri de guerre d'un *jihad* sans objectif précis, sinon la guerre pour la guerre, la violence pure?

(Entretien du 28 juillet 2001, Roussillon)

8.

L'après 11 septembre

LES ORIGINES POSSIBLES DES ATTENTATS AUX ÉTATS-UNIS

Gérard Khoury: Nous étions sur le point de terminer nos entretiens quand sont intervenus les attentats du 11 septembre dernier. Il nous a paru indispensable de nous réunir une dernière fois pour tenter d'en comprendre le sens et d'en mesurer les conséquences. Après la condamnation unanime des premiers jours, des opinions et des jugements sont apparus à la télévision et dans la presse. Qu'est-ce qui a pu pousser ceux qu'on a appelés des « kamikazes » à ces gestes inouïs ?

Jean Lacouture: Qu'est-ce qui peut pousser des hommes à ces gestes extravagants et terrifiants ? Tenter de les « comprendre », d'en chercher sinon les « raisons » du moins les « causes » expose à être traité d'avocat de Ben Laden. Quelques jours après le 11 septembre, j'ai rencontré à Paris un très bon historien anglais, capable – ce qui est rare chez les Anglais actuels – de critiquer Washington. Il arrivait des États-Unis où il avait été reçu à la Maison Blanche et avait vu le président lui-même. Il rapportait à son sujet quelques-unes des balourdises qui font la gloire de ce gentilhomme du Texas.
Je me suis entendu lui dire, à mon propre étonnement, que derrière ces attentats horribles j'entendais le hurlement des exclus de tout poil... Il y a eu naturellement un ricanement

291

alentour, sur le thème: «Le milliardaire comme avocat du pauvre, c'est bien trouvé!» Du coup, relevant ce défi, et aggravant mon cas, j'ai poussé la provocation plus loin, en faisant valoir qu'au cours de l'histoire beaucoup d'hommes riches ont soulevé les pauvres, que l'histoire des révolutions est très souvent faite par des nantis, romains, russes ou anglais. Ce n'est pas parce qu'un type a besoin de manger le lendemain qu'il conduit une révolte. L'alliance entre les milliardaires et les va-nu-pieds est de tous les temps.

Cette provocation de ma part était-elle justifiée? Je m'attendais, quand je tenais ce discours, à ce que l'on vît dans tel ou tel pays les plus pauvres du monde, dans les villages indiens, dans des tribus africaines, ou dans des petits pays latino-américains, des danses du scalp autour des images du World Trade Center ou du Pentagone. Il y en a eu, mais relativement peu. Quelques Palestiniens ont applaudi, mais on a vu aussitôt Arafat donner son sang pour les blessés de New York. Ben Laden comme vengeur des pauvres et des exclus, cela reste un paradoxe...

N'abandonnons pourtant pas tout à fait cette piste. Dans les mois à venir, après les bombardements, quand Ben Laden aura été pulvérisé ou quand d'une manière ou d'une autre son sort aura été scellé, il commencera à ressembler un peu à Che Guevara. C'est, me semble-t-il, plus ou moins commencé, et pas seulement dans le monde musulman et en Orient. Mais tenons-nous en au monde de l'islam.

En quoi Ben Laden est-il représentatif de l'islam? En quoi est-il l'héritier de Ghazali, des wahhabites et de l'Égyptien Hassan el-Banna, de trois quarts de siècle de fondamentalisme qui a coupé court à la modernisation de l'islam par Mohammed Abdo et Jamal Eddine al-Afghani?

Ghassan Tuéni: Afghani était persan, probablement d'origine afghane, mais, à l'époque, il n'y avait pas de frontières, au sens moderne du terme, même si des sociétés et des structures différentes coexistaient. Ce qui est curieux, c'est que Afghani a été salué, et suivi un certain temps, par une pensée moderniste d'intellectuels arabes. Mais son mouvement était sans racines sociales et historiques, susceptibles de déclencher un élan ou même un courant de renouveau, donc de Nahda. L'antinomie est flagrante : le wahhabisme répondait, par contre, au type de société qui en fut l'environnement – la Presqu'île arabique, le désert. D'où son enracinement. Le retour d'un certain wahhabisme avec Ben Laden correspond, hélas, à l'infertilité de l'Afghanistan déshérité qui l'a accueilli.

J.L. : C'est en 1929, face au fort courant moderniste animé par ces grands esprits, qu'a pris naissance en Égypte (l'un des pays les plus modernisés du monde musulman) le mouvement des Frères musulmans conduit par Hassan el-Banna. Ben Laden se situe-t-il à une crête de cette vague fondamentaliste qui a succédé à la vague moderniste de l'islam ? Gilles Kepel, bon historien de l'islam politique, pensait que l'an 2000 marquait plutôt un déclin de l'islam fondamentaliste : et c'est alors que s'affiche le défi de Ben Laden et d'Al-Qaida, la « base ». Y aurait-il un mouvement dialectique entre l'islam moderniste et l'islam fondamentaliste, quand, en Iran, par exemple, le « khatamisme » moderniste semble en voie de prendre le dessus ? Le geste effrayant de Ben Laden serait ainsi comme le sursaut hystérique des fondamentalismes déclinants, un chant du cygne qui serait un cri du dragon ?

Faut-il, par ailleurs, chercher une tradition du terrorisme à travers l'islam, une tradition terroriste qui existe aussi dans les autres grandes religions monothéistes, à l'intérieur du judaïsme et du christianisme ?

Dans l'opération Ben Laden, je m'interroge sur la part d'histoire politico-sociale du monde marginalisé et la part d'histoire de l'islam proprement dit. Le récent article d'Abdelwahab Meddeb sur la « maladie de l'islam » est un incomparable objet de réflexion...

G.T. : Un paradoxe est à signaler ici : la « modernité » dans la pratique du terrorisme de Ben Laden, au service de la régression idéologique. Serait-ce la résultante du fait que ce même Ben Laden avait pratiqué le terrorisme pour le compte des Américains et du régime taliban qu'ils avaient aidé à instaurer ? Comment situer ce « terrorisme d'occasion », cet islamisme fondamentaliste qui se veut l'ennemi des riches et de leur mondialité, tout en étant issu d'un courant de Séoudiens milliardaires ? Et comment peut-il être, ou vouloir être, accepté comme le défenseur de la cause palestinienne, une cause de déshérités certes, mais qui cherche à se placer dans le contexte du système des nations modernes, à être légitimée par l'ONU, donc par le droit international et non par une vague *charia* servie par le *jihad* ?

J.L. : Son père était un ouvrier yéménite qui travaillait sur les quais de Djeddah... avant de faire fortune !

G.T. : Les Ben Laden sont devenus les grands capitalistes de l'Arabie Séoudite, avec tout un réseau de sociétés et de banques. Ben Laden a été l'allié, sinon l'instrument, des Américains, tant que ça les arrangeait. L'islamisme d'Oussama Ben Laden n'était pas alors dirigé contre l'Occident, mais bien au contraire, puisqu'il avait été formé à l'école la plus agressive de l'Occident : la CIA et son Amérique !

J.L. : Une telle alliance peut-elle servir à qualifier quelqu'un ? On peut être l'allié des Américains de bien des façons... S'il avait survécu, Trotski aurait pu être l'allié des Américains contre Staline après 1945...

L'APRÈS 11 SEPTEMBRE

L'ISLAM ET LES ISLAMISMES

G.T. : L'islamisme de Ben Laden n'est pas la continuation de la ligne de Hassan el-Banna et des Frères musulmans d'Égypte qui était la réaction au courant moderniste de Jamal Eddine al-Afghani et surtout de Mohammed Abdo. Ben Laden a oscillé entre la recherche d'une alliance internationale et son opposition à l'ordre international, dans un mouvement de balancier... Il ne nous a jamais donné une vision de l'avenir de l'islam, telle que celle défendue par Banna ou d'autres fondamentalistes ; il ne fait guère que répéter des versets du Coran et de prétendues *fatwas* qu'il n'est d'ailleurs pas habilité à prononcer... Il n'a jamais proposé de solutions pour la question palestinienne, pas plus qu'il ne s'est exprimé, tel Khomeiny, sur le devenir du monde musulman, de la « République islamique » ou sur le rôle de l'islam dans l'histoire. Son mouvement est strictement négatif, tandis que Banna et les autres islamistes sont beaucoup plus légitimistes, en ceci qu'ils ont une vision de l'avenir de l'islam.

J.L. : Ne trouve-t-on aucune tentative de théorisation chez Ben Laden ?

G.T. : Aucune, autant que je sache, sinon sa dénonciation de l'Occident des « mécréants ».

J.L. : C'est une épée de l'islam, mais une épée qui ne pense pas... Qu'en est-il du *jihad* pour Ben Laden ?

G.T. : Dans l'islam, il y a deux *jihad*, un *jihad* « pour », c'est-à-dire un *jihad* incitant une personne à faire des efforts pour devenir un meilleur musulman, et un *jihad* « contre »,

295

un *jihad* guerrier pour propager l'islam, étendre son empire ou le défendre s'il est menacé. Pour Ben Laden, le *jihad*, c'est la lutte contre les *koufars* – les mécréants, les infidèles. C'est une « anti-croisade », doublement utopique : d'abord parce que l'Amérique est loin d'être le successeur de Pierre l'Ermite ou de Richard Cœur de Lion ; ensuite parce que cet appel lancé au monde moderne pour l'inciter à vivre suivant « la religion de Dieu et les enseignements de son prophète » est à contre-courant de l'Histoire. C'est là un long débat.

Le *jihad* initial était destiné à répandre l'islam dans le monde. En prenant le terme à la lettre, Ben Laden voulait-il islamiser le monde ? Il ne l'a pas dit.

G.K. : L'échec de la tendance réformiste et « laïcisante » de l'islam n'a-t-elle pas abouti à la radicalisation obligée de l'islam ?

Des nuances déterminantes sont-elles repérables aujourd'hui entre les différents islam ?

G.T. : Nous pourrions rapidement nous demander aussi pourquoi, en 1929, dans une Égypte accédant à une société moderne, avec un roi plus ou moins populaire, et un peuple pouvant s'appuyer sur l'héritage révolutionnaire d'Arabi Pacha et de l'esprit réformiste des universitaires de Taha Hussein, pourquoi dans cette Égypte-là émergent les Frères musulmans ?

J.L. : Pourquoi en Égypte ?

G.K. : Est-ce la pression du colonialisme anglais qui avait provoqué cette cassure avec la modernisation de l'islam ? Ou est-ce une tendance intrinsèque à un certain islam qui s'exprime, déjà à l'époque, face à la modernité ?

J.L. : À mon sens, l'interrogation sur la naissance de ce mouvement en Égypte reste absolument entière, parce que la réponse esquissée sur le colonialisme anglais ne me paraît pas fondée ; le colonialisme anglais est plutôt moins pointilleux et gênant pour l'islam que le colonialisme français à la même époque ; les Français étaient plus assimilateurs, tandis que les Anglais laissaient faire et ne se mêlaient pas beaucoup de la vie religieuse. Ils étaient, je pense, relativement libéraux en beaucoup de domaines, et en dehors de l'occupation militaire et des travaux publics, ils ne se mêlaient pas de ces choses.

La réaction antibritannique me paraît tout à fait secondaire pour expliquer l'émergence des Frères musulmans. Le début de la corruption de la monarchie est un meilleur facteur d'explication. Dès l'origine, en effet, les Khédives, Fouad et Farouk, n'ont jamais cessé de jouer, de façon assez éhontée, le jeu de l'Occident. Ce pourquoi naît en Égypte le mouvement des Frères musulmans. C'est aussi parce que c'est un terrain où les idées fourmillent, que l'Égypte est un chaudron plus ouvert à diverses influences et diverses tentatives, parce que l'université d'Al-Azhar avait été prise en main par les libéraux comme le cheikh Abdel Razeq et qu'il s'agit d'une réaction aux progrès du modernisme au cœur de l'islam. Est-ce la trop grande audace des questions soulevées par le cheikh Abdel Razeq ou par Taha Hussein qui aboutit à la réaction en retour ? C'est parce que le progrès était trop beau que la réaction a eu lieu là. C'est un mouvement proprement dialectique : c'est la grandeur d'Abdel Razeq et de Taha Hussein qui appelle la vengeance de Hassan el-Banna...

G.T. : Cela me paraît logique, en effet. Il faut faire une relecture du wahhabisme, car on ne l'appréhende aujourd'hui que par son aspect négatif : empêcher le progrès, voiler les femmes, etc., mais le wahhabisme, en fait, était né comme un mouvement fondamentalement anti-ottoman, comme nous l'avons vu en parlant de la Nahda. L'islam était proposé comme le seul principe unificateur des tribus arabes dans leur rejet de l'impérialisme ottoman. Par la suite, le wahhabisme s'est développé comme régulateur de la société séoudienne contemporaine qui vit une schizophrénie totale : il y a le modernisme, avec les ministres du pétrole, issus des plus grandes universités d'Amérique, des ministres technocrates et modernes, tel Ahmad Zaki Yamani, Aba el-Khaïl, Faysal al-Hegelan et leurs successeurs ; et, à côté, il y a la société séoudienne plus réelle, non encore libérée du tribalisme, et régie par la *charia* et la loi du talion. On le voit bien dans le pouvoir judiciaire, avec toutes les mises à mort qui s'étalent, et les mains des voleurs que l'on tranche… tandis qu'on ne punit point la corruption quasi publique qui hante les sphères supérieures de la société, l'affairisme, etc.

J.L. : Un sociologue argentin avait défini le tiers-monde par « la coexistence en un même pays de sociétés non contemporaines ». On est en même temps au VIIe siècle et au XXIe siècle. Dans la même rue et au même moment, on côtoie New York et Tombouctou.

G.T. : Oui, mais une fois que l'on entre à l'intérieur des enceintes des villas princières ou néo-bourgeoises de Riyad, sans parler des plages de Djeddah, les femmes ne sont pas voilées et vous parlent un anglais parfait. Au Koweit, certaines femmes sont au volant de leurs voitures.

G.K. : Pourquoi l'Égypte s'est-elle orientée dans une autre direction, à partir du même islam ? Parce que l'Égypte est le seul pays qui avait une tradition d'État, un fonctionnement de la presse avec une parole plus libre qu'ailleurs dans l'Empire.

Cela va permettre l'émergence, en Égypte, d'une critique aussi bien de l'islam que de la modernité. L'Égypte pouvait même prétendre à une stature potentiellement comparable à celle des Ottomans. N'oublions pas que la modernisation de l'Égypte avait déjà pris son élan avec Mohammed Ali, tout en sauvegardant une tradition islamique et une liberté de parole acquise grâce à une certaine européanisation.

G.T. : Une tradition islamique moderne, pas seulement celle de Mohammed Ali, mais aussi celle des penseurs comme Mohammed Abdo, et les autres... qui ont déjà prêché la réforme de l'islam, à partir d'une pensée islamique classique — ce que fait Ghazali ; il y a aussi, bien évidemment, le mysticisme des soufis.

G.K. : Un autre facteur est à souligner si l'on veut réfléchir en profondeur à cette radicalisation de l'islam, de cet islam extrémiste : c'est la radicalisation religieuse en Israël. Le succès de cette radicalisation religieuse des partisans d'un Grand Israël et de la légitimation religieuse et historique de l'État d'Israël est un exemple pour les musulmans islamistes.

J.L. : En effet, à l'exception du Soudan, on ne trouve pas aujourd'hui de fondamentaliste à l'intérieur des gouvernements des pays arabes, alors qu'en Israël le parti SHASS, dirigé par des rabbins extrémistes demande sinon l'élimination physique, du moins l'expulsion des Palestiniens des terres contrôlées par Israël. Il faut le souligner : à travers Israël, il y a une légitimation du fondamentalisme, dans le même temps qu'on trouve la plus noble résistance au colonialisme...

G.T. : Dans le monde musulman ne sont fondamentalistes, dans ce sens, que ceux qui n'ont pas de frontières avec la

Palestine, c'est-à-dire ceux qui ne risquent pas des mesures de rétorsion, tels les Séoudiens et les Iraniens, ainsi que l'Irak malgré son baassisme. Les Iraniens disent : « on ne s'arrêtera pas avant d'avoir libéré Jérusalem », mais ils ne risquent pas de représailles, sachant qu'ils ne sont pas à la frontière d'Israël. Ils se contentent de financer le Hezbollah au Liban. Les Iraniens ont été parmi les plus extrémistes des États musulmans. Que dire des Soudanais, des Somaliens, des Yéménites ! Les Séoudiens le sont de moins en moins, quant à l'Égypte et la Jordanie, elles ont déjà conclu une paix séparée avec Israël, fortes du fait que les Palestiniens négociaient déjà la leur. Seul Nasser était prêt, lui, à mener les Palestiniens plutôt qu'à se faire mener par eux.

G.K. : Cela crée une situation intenable pour les pays frontaliers d'Israël : Jordanie, Égypte, Syrie et bien évidemment Liban. Ce sont ces pays mêmes, les premiers à s'ouvrir à l'Occident à la fin du XIXe et au début du XXe siècle, qui ont été près de réussir leur développement économique, en conjuguant les données socio-économiques nécessaires au développement et les désirs d'accéder à la modernité. Les impasses du développement économique conduisent à la paupérisation et à la frustration. Il y a donc quelque chose qui est de l'ordre d'une faillite et d'un échec face aux tentatives d'instauration de la démocratie.

De surcroît, étant donné l'état endémique de guerre depuis cinquante ans dans ces pays proches du champ de bataille, une déstructuration mentale se fait sentir, c'est-à-dire que l'état psychique est favorable à l'emprise des mouvements radicaux. Ces pays n'ont plus la capacité de gérer des mouvements modérés : les uns après les autres, ils ont été battus en brèche et ont échoué. Les gens ne peuvent plus s'identifier à un modèle de développement occidental, puisqu'il a fait faillite.

L'APRÈS 11 SEPTEMBRE

LES ÉCHECS DE L'UNITÉ ARABE

G.K. : Le problème de fond ne serait-il pas davantage politique que religieux ? Parallèlement à ce constat sur l'état des pays musulmans, il faut bien évoquer les déceptions concernant les projets d'unité arabe durant le XXe siècle. Ne s'agit-il pas plutôt de tirer les conséquences des échecs de l'élan impulsé par le mouvement de renaissance arabe ?

G.T. : Personnellement, j'appartenais à une génération qui s'opposait aux unitaires arabes précisément au nom du pragmatisme historique. Nous étions amusés par les discours stéréotypés que l'on entendait chez les héritiers de la Ouroua al Wuthqa', la société secrète du temps de la Nahda. Particulièrement, par les propos d'un grand utopiste, l'émir Amin al-Nassereddine, druze de surcroît, qui répétait sans cesse : « Je ferme les yeux et je vois défiler devant moi les cavaliers de l'unité arabe du Golfe à l'Atlantique ! » Le problème, c'est que quand on ouvrait les yeux, le paysage « du Golfe à l'Atlantique » était tout autre. Il l'est encore.

À bien y réfléchir, on se demande si nous ne nous sommes pas trompés de renaissance à la fin du XIXe siècle ! Nous avons supposé que la chute de l'Empire ottoman serait suivie d'une renaissance arabe, la Nahda. La majorité des historiens de l'époque avaient pensé que c'étaient les courants de renaissance, les mouvements indépendantistes, tant arabes que turcs, qui avaient conduit à la chute de l'Empire. Mais ne serait-il pas tout aussi plausible de comparer la fin du XIXe siècle aux périodes qui ont suivi la chute de l'Empire byzantin, la chute de l'Empire romain, la chute du Saint-Empire romain germanique, puis, plus récemment, la chute de l'Empire britannique, la fin de l'Empire français ?

G.K. : *Tout empire périra*, tel était le titre d'un ouvrage de l'historien Jean-Baptiste Duroselle, et c'est une loi de l'histoire !

G.T. : Il est évident que tous les empires sont détruits de l'intérieur par des courants nationalistes, libertaires, quelquefois seulement modérément réformistes. Ce qui est moins évident, c'est le degré de renaissance qui suit la chute ou l'éclatement des empires, c'est-à-dire l'ordre nouveau qui émerge. Après la chute de Rome, ce ne fut pas tout de suite la Renaissance, mais bien plutôt le Moyen Âge. Le Quattrocento vient bien plus tard. Si l'on compare objectivement (et non subjectivement) ces périodes à l'ordre nouveau qui prévaut dans l'Orient arabe après la chute des Ottomans, ne constatons-nous pas que l'on tendait vers et que l'on espérait une renaissance, mais qu'en fait ce ne fut pas cette renaissance nationaliste libérale unitaire pour laquelle on œuvrait qui pointait à l'horizon ? Bien au contraire, on est en présence de sociétés moyenâgeuses, de sociétés qui traînent péniblement leurs féodalités, un tribalisme, de l'obscurantisme surtout religieux. Peut-être faut-il réécrire cette période de l'histoire et dire comment et pourquoi le rêve s'est si vite fracassé. Peut-être avons-nous pris trop vite nos rêves messianiques pour des réalités.

En fait, la renaissance espérée a engendré deux courants contradictoires : une renaissance libérale, réformiste même en religion, unitaire mais nationaliste ; et puis une renaissance à contenu islamique, dont les ressorts religieux furent plus puissants que l'utopie littéraire. Disons que le premier courant n'était pas scientifique, dans le sens que Marx et Engels donnaient à ce terme.

J.L. : Puis-je vous rappeler que le Moyen Âge européen est ⸱ e grande époque à beaucoup d'égards. Les XIIe et XIIIe siècles ⸱ de très grands siècles, bâtisseurs et spirituels...

G.T.: Certes, mais après la chute de l'Empire romain, ce fut d'abord le temps des barbares.

J.L.: Trois siècles de temps des « barbares », qui, selon Montesquieu, inventent la démocratie « dans les forêts »...

G.K.: N'est-il pas trop tôt pour juger de l'échec de la renaissance arabe et de l'unité arabe ?

J.L.: Si nous songeons aux unités dans l'Europe du XIXe siècle, nous constatons que l'unité italienne, par exemple, a transformé les Italiens et que l'événement a eu une valeur d'accouchement. Or, pour les pays arabes, il n'en va pas ainsi, parce qu'ils sont toujours en attente de l'avènement...

G.K.: Depuis les indépendances, il ne s'est déroulé que cinquante ans...

G.T.: Pour les masses arabes qui avaient vécu le rêve manqué à Versailles en 1918, le rêve de la révolte et du royaume de Faysal, c'était Nasser qui, après la débâcle de 1948, allait ramener, pour ainsi dire, l'Empire égaré. Versailles nous avait légué un tout autre empire, aussi ennemi que l'ottoman. Nasser était la réponse à cette colère, et devait faire advenir ce rêve. On peut remarquer combien précisément ce mot de « rêve arabe » revient dans toute notre littérature, tout notre langage, et dans la morphologie politique ! Il n'y a pas longtemps, le fils de Talal Ibn Séoud, le jeune et intrépide prince milliardaire Walid, a organisé une grande manifestation artistique en plein centre du Beyrouth en voie de reconstruction, un *happening* géant où se retrouvaient télévision, cinéma, théâtre, chants et danses. Trois générations étaient là pour chanter *Al Helm Al Arabi (Le*

Rêve arabe), chacun dans son dialecte et suivant sa musique. Et les slogans qui revenaient étaient précisément ceux qui avaient naguère décrit Nasser comme *Al Batal El Asmar,* le héros brun qui devait réunifier les Arabes, peut-être à cheval, comme le roi Abdallah menant son armée vers la Palestine en 1948, à cheval, sabre au clair. Des images d'Épinal... Nasser n'a pas été Garibaldi, pas plus que le chérif Hussein, le roi Faysal ou le roi Abdallah. Il n'y a pas de Mazzini à l'horizon, pas de Bismarck non plus. D'ailleurs, l'Europe d'aujourd'hui, c'est autre chose, il ne s'agit pas de refaire le Saint-Empire romain germanique !

G.K. : En Europe, l'évolution des idées politiques et des idées religieuses s'est faite progressivement, et les chocs et les conflits ont pu être surmontés peu à peu. Dans le monde arabe, tout est arrivé en même temps : les idées politiques occidentales, la modernité puis sa remise en cause, l'arabisme puis maintenant l'islamisme. Tout a été trop vite, provoquant davantage de heurs et de malheurs que de changements et de progrès. Il y a eu certes l'espoir d'une unité potentielle grâce à la langue et à la civilisation arabes, mais le résultat est aujourd'hui un repli vers le religieux, le confessionnel, le communautaire. L'islam redevient le dénominateur commun, après les échecs du nationalisme arabe.

G.T. : Il se trouve que, dans la culture même des chrétiens arabes, il y a, intégrés et bien enracinés, des éléments d'islam, de culture islamique. Quand on lit l'archevêque Georges Khodr, le père Samir Khoury, ou encore les penseurs coptes d'Égypte, on a l'impression de lire du musulman en langue chrétienne ! Mais un islam tel qu'on le prêchait et le pensait aux temps des philosophes, des mystiques et des poètes des siècles d'or de l'Empire. Les impératifs de fixité dans les interprétations de la parole sacrée du Coran sont ce qui empêche la renaissance de prendre son essor de façon totalement libre, sur les pas de Ghazali et d'Ibn Khaldoun. On en voit aujourd'hui la caricature en Afghanistan avec la destruction des bouddhas! L'islam a refusé, au début du XXe siècle, la réforme qui lui était proposée, l'équivalent de ce qu'a été pour le catholicisme la Réforme protestante – c'est-à-dire le regard critique sur les textes bibliques –, et il s'est cantonné dans une rigidité dogmatique dont la Nahda essayait de le tirer. L'Église catholique elle aussi avait refusé une ouverture contre laquelle l'Inquisition s'est érigée, mais elle a fini par accepter une libre pensée. Sans la tolérance, l'unité des nations n'aurait pas été possible!

G.K.: On touche ici du doigt un problème de fond. La libre pensée permet l'esprit critique sans lequel point de modernité.

G.T.: Absolument, c'est aujourd'hui le grand problème. Il faut savoir s'il s'agit de renaissance ou de régression. Je crois que si l'on enferme l'islam dans une sacralisation totale, rigide et figée, « pure et dure », on ne pourra déboucher que sur des talibans, ou encore ceux que l'on dénomme les Afghans arabes qui sévissent en Algérie!

G.K.: Si on n'évite pas cet enfermement, quelles sont les perspectives possibles pour sortir de l'impasse? Il ne s'agit pas d'un problème entre mondes chrétien et musulman, mais d'une réouverture de l'islam, du renouveau des capacités « interprétatives » de la lettre du Coran.

G.T.: Les musulmans ne sont pas en train d'assassiner des chrétiens. Les statistiques indiquent qu'ils sont en train d'assassiner d'autres musulmans! C'est le drame de l'islam.

L'islam d'aujourd'hui, même s'il est pour le moins osé de le dire, doit faire un bond de six siècles et passer de la querelle chiite/sunnite à une querelle entre la modernité, donc un certain degré de laïcité, et le conservatisme rigide, moyenâgeux, inquisiteur.

G.K. : La question est donc – après ce que Jean Lacouture a nommé « cent trente ans de rêve, puis cinquante ans de combat » – de savoir si nous allons être à même, chrétiens et musulmans réunis, mais tous islamisés de culture, d'affronter les défis actuels de la réalité contemporaine, d'impulser une nouvelle Nahda.

G.T. : S'il est naturel qu'un chrétien arabe minoritaire aspire à la laïcité de l'État et de la société, combien de musulmans aujourd'hui sont-ils prêts à accepter publiquement cette laïcité ? C'est un débat qui s'est posé à Beyrouth : le Premier ministre, Rafic Hariri, tout moderne qu'il soit, a créé un scandale, lors d'un récent conseil des ministres, en s'opposant violemment au vote d'un projet de loi instaurant le mariage civil volontaire ! Face à l'insistance du président de la République, il a brandi l'arme absolue de la démission. Nabih Berri, chiite de son état et président de la Chambre des députés, a refusé de laisser débattre des projets de lois visant à « supprimer progressivement le confessionnalisme politique », quoique ce principe premier de la réforme constitutionnelle ait été agréé à la conférence de Taëf. Supprimer le confessionnalisme est un leitmotiv repris dans tous nos discours, sans que nous ayons fait le premier pas depuis !

Nous sommes plus fanatisés aujourd'hui que nous ne l'étions il y a vingt-cinq ans, au début de cette guerre dite « civile », ou confessionnelle. Il ne s'agit pas ici du Liban seulement, mais de tout le monde arabe : la Syrie, l'Irak, le

Yémen, sans parler de l'Égypte où les querelles religieuses ont connu une certaine violence. Le patriarche copte orthodoxe, le pape Chenouda, est accusé de faire de la surenchère politique quand il excommunie ceux qui se rendent à Jérusalem sous occupation israélienne, même pour un pèlerinage. Étrange signe des temps : cette attitude est en réalité une translation politique d'une antique attitude vis-à-vis du messianisme sioniste. Le messie n'est-il pas déjà venu sur terre ? Pourquoi donc faut-il reconquérir le Temple pour attendre sa venue ?

C'est à croire que nous sommes tous atteints de schizophrénie, du moins dans les expressions contradictoires de notre ou de nos cultures. Le chrétien est devenu aussi extrémiste que le musulman ! Le chrétien d'Orient n'a pas − ou pas encore − supprimé, comme l'a fait Rome, le « crime du déicide ». Un litige de moins entre l'islam et le judaïsme, mais un litige quand même entre chrétiens, puis entre chrétiens et juifs.

G.K. : À mon sens, on n'aura pas de réponse à ces questions de la radicalisation de l'islam, des impasses de l'arabisme si on n'analyse pas les différences entre les fonctionnements qui ont permis la laïcité en Occident et ceux qui la barrent dans le monde arabe et musulman, à l'exception de la Turquie kémaliste. La structure des monothéismes chrétien et musulman est essentielle pour la compréhension de la réalité politique.

J.L. : On peut se demander si, à un certain moment, les retards, les piétinements et les échecs de l'arabisme ne dynamisent pas l'islam. Après l'échec du nassérisme, l'islam prend le relais de l'arabisme avorté. Mais l'islam ne se déploie pas sur le même territoire que l'arabisme. Il ne le recoupe pas. Une sorte de passage ou de relais se produit dans les années 70 et provoque des frénésies absurdes en

Afghanistan. Il ne faut pas oublier que les horreurs intégristes en Algérie doivent quelque chose à l'Afghanistan, car nombre des assassins ont été formés en Afghanistan. D'un bout à l'autre de l'islam, il y a des correspondances !

Si l'islam avait été plus ou moins rénové, racheté, ou rajeuni par Jamal Eddine al-Afghani, le problème est de savoir si cet arabisme, dont nous mesurons les impuissances, n'a pas été submergé par l'islamisme. Certains bons experts ont annoncé que la vague islamiste à son tour allait refluer, que la situation en Afghanistan et les massacres en Algérie sont des spasmes d'agonie. Le problème demeure de savoir si l'arabisme n'a pas été recouvert par l'islamisme depuis près de trente ans maintenant...

Constatons, d'autre part, qu'en général les unités se font par opposition. Si l'Europe donnait de si grands espoirs il y a cinquante ans, c'est parce qu'elle était un rempart contre Staline. Les unités se font *contre*. L'arabisme avait une chance formidable : Israël. Il y avait un adversaire, dût-on refuser de le reconnaître. Mais cet adversaire commun n'a pas servi de catalyseur et de pôle de renaissance. Aujourd'hui encore, tandis qu'Israël traverse une phase de caricature avec le sharonisme, rien ne se passe vraiment du côté arabe. Beaucoup d'ennemis d'Israël n'avaient même pas envisagé que cela puisse aller jusque-là ! Sharon agit comme seuls les plus pessimistes prévoyaient qu'il allait agir. Quelles en sont les conséquences dans les pays arabes aujourd'hui ? Quelques vagues conférences et rappels d'ambassadeurs ! Quand on pense que l'Europe s'est mobilisée pour les Albanais, pour le Kosovo... Mais qu'est-ce que le Kosovo vu de Londres, de Paris ou de Madrid, comparé à ce qu'est Jérusalem pour les Arabes, et pour nous ?

G.T. : Cette absence de réaction, c'est la honte des Arabes !

J.L. : Quand les Palestiniens sont crucifiés à Gaza, les Arabes ne se regroupent pas. Qu'est-ce encore que l'arabisme ?

G.T. : C'est le drame du siècle. Mais il n'y a pas de réponse à votre interrogation qui soit universellement admise, sinon l'accusation facile soulignant la carence des gouvernants, leurs divisions, leurs égoïsmes personnels et l'égocentrisme de leurs régimes.

Si l'on essaie cependant d'aller un peu plus loin dans l'analyse, trois hypothèses se présentent que je vais tâcher d'énoncer brièvement : l'islamisme issu de la régression du nationalisme arabe déclenché par la Nahda aurait pu quand même être un facteur d'intégration, une *asabiyâ* (Ibn Khaldoun), n'était-ce la division religio-confessionnelle au sein des sociétés arabes. De plus, il y a osmose, contagion du nationalisme religieux prôné par le sionisme. Chez les chrétiens, cette contagion a été entretenue par Israël qui avait établi les relations illicites que l'on connaît avec certains secteurs chrétiens, mais qui, de plus, a créé et répandu le mythe d'un Moyen-Orient où s'imposait une « alliance des minoritaires » face au déferlement islamiste. En fait, disent ceux qui critiquent cette attitude, ce qu'Israël propose est une nouvelle alliance : « Israël, son Dieu et l'Amérique ! » Mais ce n'est là, au mieux, qu'une « phrase », un « bon mot », pour couvrir une protection illusoire.

Résumons : *primo*, il y a un cri de guerre de l'islamisme montant. Mais un cri de guerre qui demeure quand même moins impérieux que les craintes, à l'intérieur des sociétés arabes uni-religieuses (musulmanes), qu'inspirent certains courants islamistes d'inspiration iranienne. Je pense surtout au khomeinisme qui répand, non seulement chez les chiites mais chez les sunnites aussi, l'imagerie – devenue réalité – d'une « république islamique » où le fondamentalisme religieux pourrait véhiculer des ambitions politiques et des intérêts économiques contraires aux aspirations arabes.

Les mêmes craintes sont exprimées vis-à-vis d'une Turquie kémaliste où, il est vrai, un islamisme sunnite est en état de résurgence, sans pour cela empêcher une alliance militaire active avec Israël. Assez active pour ressusciter les craintes des ambitions ottomanes d'antan.

Il faut aussi prendre en compte les complications que peuvent causer les luttes interislamiques du sous-continent indien, celles des États centre-caucasiens, les révoltes philippines, enfin la contagion possible du modèle des États musulmans pétroliers de l'Extrême-Orient, tous mondialisés à outrance, laïques et financièrement puissants et agressifs. Faut-il rappeler le fait que deux États au moins, le Pakistan et l'Inde, ont déjà l'arme nucléaire qu'aura bientôt l'Iran?

Secundo, l'absence d'une réalité unitaire concrète, d'un leadership actif, tel celui de Nasser, ou d'un simple pôle d'attraction, a fait que les sociétés arabes se placent dans une orbite divergente plutôt que convergente. Ainsi, face à la « colère commune » et malgré l'unité de la langue, les cultures se diversifient de plus en plus, les obstacles économiques et sociaux s'accentuent, enfin les régimes politiques s'écartent chaque année davantage les uns des autres. Comment, en effet, trouver un principe intégrateur entre monarchies et dictatures militaires, ou plutôt comment unir, dans une même stratégie politique de longue haleine, des sociétés tribalo-pétrolières, des sociétés rurales sous-développées, des sociétés cosmopolites déjà affiliées à la mondialisation technologique et économique? Ce ne sont plus les frontières géographiques qui s'affirment, ce sont plutôt des frontières entre des modes de pensée, donc d'action.

Ici, une parenthèse s'impose. Déjà, sans intégrisme ou fondamentalisme, les sociétés arabes étaient loin d'être des havres de libertés. Je pense surtout à la liberté d'enseigner, seule garante du progrès, mais aussi aux libertés politiques et à la liberté de la presse, par opposition à la floraison des journaux d'État. Ce manque de liberté rend impossible toute transparence politique, donc toute responsabilisation. Impossible aussi un rôle efficace des intellectuels, des partis prônant le changement, enfin des nouvelles classes montantes, surtout les jeunes. Triste réalité qu'accentue la complicité entre les dictatures militaires, les régimes autoritaires protégés par les armées suréquipées et par un « complot du silence » entre les nations dont les arrière-pensées économiques ne sont plus secrètes.

Comment s'étonner si, dans un monde arabe dans cet état, rien ne se fait pour relever ce que nous semblons désigner ici, ensemble, comme le « défi de la colère » ? Bref, quel monde arabe, demain ? Quel islam ? L'islam et le nationalisme trouveront-ils un principe nouveau de compatibilité ?

L'Égypte, qui donne généralement le bon exemple, a une attitude clairement négative à l'égard du fondamentalisme sans réussir en fait à en bannir entièrement les activités. Depuis l'assassinat de Sadate par des militaires intégristes, pendant la parade du 6 octobre 1981, la justice punit tout acte défini comme illicite par le droit musulman (la *charia*). Les arrestations sont donc fréquentes, les condamnations aussi. Mais l'activisme continue, allant jusqu'à bénéficier de *fatwa* pour imposer, par exemple, le divorce à un couple où l'un des conjoints a été considéré par le tribunal comme mécréant.

Face à un terrorisme de police, la terreur psychologique, sociale et même culturelle continue. Mais le président Moubarak ne désespère pas d'enrayer l'intégrisme.

Cas paradoxal, la Syrie, peut-être à cause de sa dictature militaire que nul ne saurait appuyer, est le pays arabe le plus violemment anti-intégriste. Les autorités, civiles d'apparence, y prônent, avec plus ou moins de sincérité, une idéologie socialo-baassiste – donc de nationalisme arabe progressiste – entachée par le gouvernement d'une minorité religieuse non avouée – les Alaouites –, qui domine une majorité sunnite empêchée de se manifester comme telle ! Le terrible massacre de Hama en 1982 est loin cependant d'être oublié, quoique Bachar, dans un acte remarquable de catharsis, se soit référé à la date, et seulement la date, en disant que c'était un acte de violence « exceptionnel »... donc condamnable.

G.K. : La majorité sunnite en Syrie a tellement été mise à l'écart dans l'histoire contemporaine qu'elle aura un jour à prendre une revanche.

Revenons donc pour l'instant à votre énumération. Vous venez de développer deux hypothèses, une première sur l'arabité, une deuxième sur la montée de l'islam avec deux islams, un islam arabe, et un islam autre. Quelle est la troisième hypothèse ?

G.T. : La troisième, qui n'est pas à proprement parler une hypothèse, mais un constat, c'est le fractionnement du Moyen-Orient en communautés, musulmanes et autres. Des minorités – une balkanisation, nous l'avons dit –, encouragées par Israël, qui prétend être la seule « grande puissance » régionale, devant donc devenir gendarme et arbitre tout à la fois.

À ce constat, j'ajoute que la valeur religieuse de Jérusalem, tant pour les musulmans que pour les chrétiens, est en voie de devenir l'essence unificatrice d'un front dont la portée, la charge affective historique n'est pas à ignorer. L'avenir de la région, c'est-à-dire des Arabes, de l'islam, de la chrétienté d'Orient, et d'Israël aussi, se joue à partir de Jérusalem. Tant que les trois religions monothéistes se battent pour la *civitas Dei* (cité de Dieu), la paix sera impossible. Mais peuvent-elles ne voir en Jérusalem qu'une cité humaine, donc susceptible d'être partagée ? Telle est la question.

G.K. : En fait, la troisième explication est une hypothèse qui est historiquement « correcte ». Les règlements à la conférence de San Remo ont instauré des systèmes politiques au Proche-Orient fondés sur l'utilisation des minorités par les grandes puissances pour contrer les tendances unitaires arabes. C'était une volonté consciente de recourir aux minorités pour éviter les dangers d'une majorité musulmane dont le poids aurait risqué d'affaiblir le jeu occidental. Ce passage d'une lettre de Robert de Caix du 11 avril 1920, adressée au Quai d'Orsay, résume bien la philosophie de la politique des mandats : « La paix dans le monde serait en somme mieux assurée s'il y avait en Orient un certain nombre de petits États dont les relations seraient contrôlées ici par la France et là par l'Angleterre, qui s'administreraient avec le maximum d'autonomie intérieure, et qui n'auraient pas les tendances agressives des grands États nationaux unitaires. » Quant à Jérusalem, il me semble difficile de lui ôter la valeur symbolique qu'elle représente pour les trois monothéismes. Il faudrait, pour qu'elle devienne une cité humaine, que les religions du Livre acceptent ensemble la laïcité !

J.L. : Mais ce qui me frappe, c'est que ce fonctionnement arabe, encouragé par Israël, ne soit pas allé plus loin, jusqu'à la dissociation. Le Liban aurait pu éclater. La guerre au Liban a été terrible, mais le Liban se retrouve encore entier aujourd'hui, après un quart de siècle de violences aussi « dissociantes » que destructrices.

G.T. : Ce qui a évité l'éclatement de la Syrie c'est « l'alaouitisation » de l'armée syrienne à travers le parti Baas. La militarocratie syrienne est le fait d'une caste militaire qui est affiliée a une communauté, laquelle s'identifie avec le « parti unique », après avoir liquidé les partis rivaux, à l'intérieur même de la communauté.

Ce qui a empêché l'éclatement du Liban, c'est un consensus régional et international. C'est la réunification de l'État qui a permis la réunification de l'armée.

En Égypte, on s'aperçoit chaque jour davantage combien Hosni Moubarak n'est pas Nasser, ni même Sadate. Il gère un vague nassérisme d'occasion, appuyé par une armée qui, n'étant plus préoccupée par la guerre, se contente d'être la gardienne du Temple. C'est-à-dire d'une société militaire déguisée en « démocratie populaire » à parti unique. En politique étrangère, l'alliance avec l'Amérique empêche la détérioration des relations de paix – une paix froide – avec Israël, mais pas davantage. Il n'y a pas d'initiatives audacieuses qui secoueraient l'équilibre arabe, donc rien au-delà des discours de solidarité sans conséquences pratiques.

Un adage arabe, post-nassérien, disait qu'il n'est de guerre sans l'Égypte, ni de paix sans la Syrie. D'où un monde arabe sans guerre ni paix. Mais pour combien de temps encore ?

J.L. : Plus je réfléchis, plus je trouve que la carte du monde arabe est d'une stabilité prodigieuse étant donné toutes les occasions d'explosion !

L'exemple le plus formidable, c'est l'histoire de l'Irak. C'est un pays envahi, piétiné, coupé en morceaux et qui demeure ! Dans la guerre, la très longue guerre irako-iranienne, les chiites irakiens sont restés de bons soldats irakiens et ils ont lutté contre leurs coreligionaires chiites de l'autre côté de la frontière iranienne. Je trouve « la poussière arabe » très décourageante. Mais, en même temps, la stabilité des frontières y est étonnante. La morphologie est extraordinairement stable.

G.T. : Si l'on touche à une pierre de ces États constitués en 1920-1921, tout s'écroule. C'est un argument constamment utilisé par la diplomatie libanaise. La remise en question des frontières libanaises entraînerait nécessairement la remise en question des frontières de tous les États arabes et, en premier lieu, de ceux qui pourraient être tentés de remettre en question les frontières libanaises : c'est-à-dire les Syriens. En langage de droit international, ce que l'on appelle le *state system* du Moyen-Orient est un tout indivisible.

LE RÔLE DES GRANDES PUISSANCES

G.K. : Après cette approche critique de l'horizon arabo-islamique, examinons le rôle qu'ont joué les pays occidentaux. L'Amérique me fait penser à l'Angleterre qui n'a jamais voulu assimiler les colonisés, utilisant les pays pour ses intérêts, mais ne s'appuyant pas sur une idéologie semblable à la mission civilisatrice de la France, et sans désir d'amender les pays colonisés.

G.T. : Ni de faire de ces pays des départements français !

G.K. : Les Anglais ont moins gêné le mouvement des intellectuels et des idées que les Français. Les Français − ou plutôt certains Français comme Massignon, Gaulmier ou Bounoure −, tout en utilisant l'universalité de cette mission civilisatrice comme un moyen politique, ont quand même tenté de faire une place à l'Autre, alors que les Anglais d'hier et les Américains d'aujourd'hui semblent poursuivre leur politique impériale avec une sorte d'indifférence à l'égard de l'Autre. La volonté d'assimilation des Français avait des inconvénients, mais l'universalisme français constituait une compensation possible. Avec les Anglo-Saxons, si l'Autre ne sait pas saisir sa chance, alors tant pis pour lui. Ce qui constitue une forme d'exclusion aboutissant à une frustration, non seulement économique, mais aussi humaine.

L'absence d'inscription des hommes et des peuples dans la réalité du monde favorise donc les solutions extrêmes : on n'existerait de nouveau face à l'Occident qu'en retrouvant les racines identitaires islamiques et en les affirmant même avec violence, si l'on n'est toujours pas entendu. C'est une interprétation possible.

J.L. : Il faut s'arrêter un instant à cette perspective d'histoire identitaire. Comment se manifeste l'identitaire à propos de Ben Laden ? Ce qui me paraît assez saisissant, c'est que l'on voit très mal la relation de Ben Laden avec l'ensemble du monde musulman. Apparemment, Ben Laden reste une sorte de phénomène complètement « détouré », « découpé », qui ne se raccroche à rien de précis, puisque dans le monde islamique, jusqu'à nouvel ordre – nous parlons en décembre 2001 –, je ne vois nulle part se manifester une quelconque adhésion, comme on a pu la voir se manifester à propos de Khomeiny il y a vingt-cinq ans. Où est Ben Laden, non pas physiquement, ce qui n'a plus grande importance, mais du point de vue spirituel et politique ? Je ne vais pas pleurer sur son isolement, bien entendu, mais je trouve assez curieux qu'il y ait si peu d'antennes, de liaisons repérables. Il y a de plus en plus de points d'interrogation sur la riposte américaine, sur ce qu'est vraiment l'Afghanistan, sur le degré exact de responsabilité des talibans, mais je ne vois pas où et par qui le prophétisme de Ben Laden est reconnu, même comme personnage prophétique... Il n'y a pas de « sociabilisation » de Ben Laden. C'est une sorte d'orage qui a éclaté, de phénomène avec un visage et quelques phrases très violentes et provocantes, qui ne paraissent pas aller très loin, une sorte d'épiphénomène, mais on ne voit pas autour de lui se manifester ce que j'appréhendais : une mythification, comme celle qui était apparue dans un tout autre registre autour de Che Guevara, il y a trente-cinq ans. La « guévarisation » de Ben Laden est-elle en cours ? Le caractère peu attirant de l'équipe dirigeante américaine, de son processus d'opération, de ses méthodes de bombardements aurait pu y aider. Le processus « prophétique » attend-il la mort de Ben Laden, les ruisseaux de sang qui couleront sur son visage, martelé par un flic ou par l'un de ses compagnons ? Peut-être faut-il qu'il meure pour apparaître comme un mythe... Pour cesser de ressembler au « docteur No » et faire rêver les désespérés du Tiers Monde...

G.T. : Celui qui prend seulement une revanche contre quelqu'un qu'on n'aime pas. Je regrette seulement d'être celui de nous trois qui doive signaler une certaine popularité de Ben Laden, même si elle n'est pas quantifiable, par haine d'une Amérique surpuissante, et qui souscrit si aveuglément à la violence israélienne.

J.L. : Dans l'état d'extrême ressentiment qu'exprime à sa façon, et de manière partielle, le geste criminel du 11 septembre, explosion de ressentiment dirigé en l'occurrence par l'islam ou le tiers-monde contre les États-Unis, en tant que puissance commerciale à New York et puissance stratégique à Washington, trouve-t-on une ressemblance avec le ressentiment anti-français ou anti-anglais des années 20, 30 ou 40, manifesté par les différentes révoltes anti-françaises ou anti-anglaises, révolte druze, soulèvement de Damas, résistance palestinienne ? Dans quelle mesure, nous autres Anglais et Français, sommes-nous aussi responsables devant l'histoire de ce qui est arrivé le 11 septembre ? La question n'a guère été posée.

G.T. : Vous avez raison, il y a là une certaine continuité dans la responsabilité. Une sorte de responsabilité à retardement. Cependant, les musulmans et les Arabes, ulcérés par l'Amérique, étaient rassurés par le fait que l'Europe n'avait pas dit un oui total aux États-Unis, mais un « oui mais »... Ils s'accrochaient à ce que Schroeder avait dit, en applaudissant Chirac, Tony Blair étant par contre classé comme un auxiliaire de l'action américaine. Les Arabes, et même certains États islamiques, éprouvaient le besoin de se trouver un allié occidental pour légitimer leur opposition ou leur réserve vis-à-vis de l'Amérique. Ils ne voulaient pas être identifiés à Ben Laden, et il était plus facile de dire à travers l'Europe : voyez, les Américains l'ont bien cherché !

J.L. : L'Europe ? Elle n'a même pas eu à se conduire servilement envers les Américains : ils ne l'ont même pas « sonnée »...

G.K. : Y a-t-il une continuité du ressentiment ? Dans ce cas, le premier acte du ressentiment serait Mayssaloun.

J.L. : Rappelons que Mayssaloun est l'opération militaire par laquelle la France a « cassé » le premier nationalisme arabe.

G.K. : Pour être exact, il faut souligner qu'il y a, dès ce moment-là, une coresponsabilité, même si les niveaux de responsabilité sont différents en fonction de la capacité des uns et des autres. Si la France est responsable à 70 ou 80 %, l'émir Faysal, son interlocuteur, l'est à 20 ou 30 %. La responsabilité est donc fonction de la puissance et de la marge de manœuvre qu'elle permet. On peut se demander pourquoi un leader arabe n'est pas capable de saisir une occasion qui lui est donnée, pourquoi il attend que les solutions nécessaires au monde arabe soient octroyées par le monde occidental ?

Il a fallu attendre Nasser et le discours de Suez pour une mise en œuvre d'une politique arabe volontariste, mais hasardeuse...

J.L. : Le rejet de l'Occident colonial qui s'affirme avec le discours de Suez n'est que l'écho de maintes formes de rejet des humiliés. Cela, à une époque où les Américains soutiennent le nationalisme arabe contre Londres et Paris. C'est plus tard que les Américains se retournent contre le nationalisme arabe, devenu peu ou prou l'allié des Soviétiques, et jouent la carte musulmane, quitte à ce que cela les conduise à nourrir le terrorisme jusqu'au 11 septembre 2001.

Si les Américains ont joué très tôt et pendant longtemps la carte islamiste, dût-elle couver le terrorisme, pensez-vous que les Israéliens ont joué le Hamas ?

G.K. : Cela semble aujourd'hui attesté. C'était une manière de lutter contre le côté démocratique et « laïque » du mouvement palestinien et de la charte palestinienne, tout en affaiblissant Arafat.

G.T. : Certes, mais il ne faut pas pour autant occulter la crise qui déchire la société politique israélienne. D'abord, l'incapacité israélienne à convertir les victoires militaires en victoires politiques. Chaque victoire a été suivie par une acquisition de territoires − objectif israélien obsédant −, mais elle a préparé le terrain à une guerre plus grave. Cette escalade de la violence, qui culmine dans la crise actuelle, fait réfléchir les Israéliens et les plonge dans une schizophrénie aussi pathétique que celle qui paralyse les Arabes. Sharon promet la sécurité par la violence, mais la violence génère une contre-violence qui rend la sécurité encore plus précaire. C'est un enlisement sans horizon visible en Israël.

J.L. : D'un voyage au Vietnam, j'ai rapporté, en cette fin de 2001, quelques notes. Je ne lis pas le vietnamien, mais dans les deux journaux, *Vietnam News* et *Courrier du Vietnam*, à diffusion minime, qui reflètent le pouvoir et sont publiés en anglais et en français à Hanoi, j'ai vérifié que, si le Vietnam a pris position contre les frappes américaines sur l'Afghanistan (ce que l'on peut comprendre en raison de l'histoire des deux pays), le pouvoir de Hanoi est très modéré sur la question. Aucune tentative de justification de l'opération Ben Laden. En revanche, j'ai eu un entretien curieux avec le général Giap, qui à quatre-vingt-onze ans est toujours capable de se prononcer dans un grand débat d'histoire. Comment réagit-il au 11 septembre ? Après un bref moment de réflexion, il m'a dit : « C'est très nouveau, très nouveau... Ainsi les États-Unis sont vulnérables... Tiens... » Et, s'il n'a pas ajouté qu'il regrettait de ne pas l'avoir compris plus tôt, c'était pourtant implicite. Je ne sais pas si les révolutionnaires tiers-mondistes réagissent comme lui, mais j'ai cru percevoir une nostalgie, le regret de ne pas avoir usé d'une certaine violence à l'encontre du Grand Empire...

Ce qui étonne, en tout cela, c'est l'apparente surprise américaine. Comment peut-on régner sur le monde sans en payer le prix humain ? Zéro mort ! Voilà qui aurait surpris Disraeli ou Lyautey...

G.K. : C'est le contrecoup de la puissance, de la surpuissance. Est-ce qu'il n'y a pas, à vos yeux, un refus des États-Unis d'assumer ce rôle de surpuissance quand, en 1983, les Américains ont été frappés de plein fouet par le premier geste majeur de terrorisme, lorsque les chiites s'en sont pris à la Force multinationale, à Beyrouth, avec la mort de plus de deux cents *marines* américains et d'une soixantaine de soldats français. Partir n'était-il pas symboliquement une erreur pour une superpuissance ?

J.L. : C'est l'incapacité d'assumer des responsabilités mondiales ?

G.T. : La culture politique américaine n'est pas une culture qui prépare à l'empire.

J.L. : Malraux disait que l'Amérique est le premier grand empire qui se soit créé sans le vouloir. C'est oublier que, à l'aube du XXe siècle, Theodore Roosevelt affichait une mentalité impériale : le *big stick*...

G.T. : Il ne regardait que son Amérique, l'Amérique du Sud et le Canada... « L'impérialisme » est né d'une évolution socio-économique et politique qui mène un État puissant à devenir un empire face à un vide ; le sous-développement appelait la création de nouveaux marchés, premier pas vers un protectionnisme colonial. Là aussi, il faut relire Ibn Khaldoun. Cette évolution se faisait en Amérique, mais le protestantisme américain – le quakerisme surtout – a freiné cette tendance, à la faveur de la doctrine Monroe : « Nous ne sortons pas de nos frontières !» De là à croire religieusement au droit naturel des peuples à l'autodétermination, il n'y avait qu'un pas.

J.L. : Il faut dire aussi que, pour les Américains, assumer des responsabilités mondiales rappelle l'affaire du Vietnam. Cruel précédent. Beaucoup d'Américains en tirent cette conclusion : « Quand on sort de chez nous, ça tourne mal ! Quand on est impliqué par Roosevelt dans des histoires européennes, on n'a que des ennuis ! Du Vietnam, on rentre à la maison avec 50 000 morts ! Et vaincus. Après l'effondrement de l'empire soviétique, pourquoi irait-on se mêler des affaires du monde ? Mieux vaut maintenant profiter de la réussite de notre société opulente en se barricadant contre les poseurs de bombes... »

LA QUESTION DU PÉTROLE

G.T. : L'impérialisme économique reste pourtant une donnée fondamentale. Les Américains sont favorables à la mondialisation, à la communication – intellectuelle autant que commerciale – par l'Internet, mais ils ne veulent pas assumer les responsabilités politiques consécutives à leur expansion économique. Ils veulent bien être présents en Afghanistan le temps qu'il faudra pour enrayer le terrorisme et, s'il y a lieu, construire des gazoducs et des oléoducs pour transporter le gaz du Caucase et ce qui existe de pétrole en Afghanistan, mais ils ne semblent pas prêts à assumer les conséquences physiques, et dans le cas précis humaines, d'une « colonisation ». C'est ainsi qu'il faut comprendre le recours au parapluie onusien lors de l'installation du nouveau régime afghan ainsi que le « tour de table » d'une internationale des riches pour financer la reconstruction.

G.K. : En résumé, les Américains cherchent une alternative au pétrole arabe – l'Asie centrale constitue leur joker –, mais le reste ne les concerne pas.

G.T. : Une *pax romana*, mais sans légions romaines ! Mieux encore : une hellénisation sans Alexandre !

G.K. : Est-ce que ce comportement américain ne renvoie pas à une conception protestante de peuple élu ?

J.L. : La question mérite qu'on s'y arrête. Les États-Unis semblent avoir hérité de cette notion de peuple élu, apte à distribuer la justice, mais une justice sans risque ni règles.

G.T. : Le président Bush a prononcé le mot terrible de « croisade », puis il s'est rendu dans une mosquée de

Washington pour se faire pardonner... Histoire de prouver que les musulmans sont « nos amis », quand ils ne se rendent pas infréquentables comme Ben Laden. Alors on les reçoit à dîner, à un *iftar* à la Maison Blanche. Mais il ne faut pas oublier le protestantisme intégriste prêché par Billy Graham, et tant d'autres depuis, qui répand l'esprit de croisade au sein même de la société américaine.

G. K. : Dans un ouvrage récent, *Géopolitique de la nouvelle Asie centrale*[1], on découvre par ailleurs que les Russes essayaient depuis deux ou trois ans d'inciter les Américains à intervenir en Afghanistan, pour éliminer Ben Laden. Jusqu'au 11 septembre, les Américains hésitaient entre s'allier avec les Russes ou bien les laisser s'associer avec la Chine, autre pays intéressé par l'Afghanistan, qui possède un oléoduc en cours de construction et des intérêts au Kazakhstan et dans les républiques d'Asie centrale. Cette prudence américaine a longtemps influencé la politique du monde occidental.

Depuis trois ans, un nouveau groupe est apparu aux Nations unies : le groupe des « six plus deux » avec, d'un côté, les six républiques d'Asie centrale et, de l'autre, la Russie et l'Amérique. Les tractations actuelles autour du pétrole, du gaz et des oléoducs ne sont pas sans rappeler les accords passés en 1920 entre l'Angleterre et la France, et subsidiairement les États-Unis – le rapport de force ayant évolué depuis. À cela s'ajoute – il ne faut pas l'oublier – une prise de conscience de l'épuisement des ressources pétrolières arabes. Les évaluations les plus pessimistes parlent de dix ans, les autres de vingt-cinq à trente ans.

---

1. Mohammad-Reza Djalili et Thierry Kellner, *Géopolitique ˙ Asie centrale*, Paris, PUF, 2001.

La nécessaire modernisation de l'islam

G.T. : Après la défaite inéluctable de Ben Laden, allons-nous ouvrir la porte à une modernisation de l'islam ? Depuis la Nahda qui était source d'espoirs, nous avons fait fausse route. Les condamnations unanimes du terrorisme augurent-elles de la fin du wahhabisme, des Frères musulmans et des courants intégristes qui ont nourri le terrorisme ?

G.K. : Une nouvelle Nahda est-elle concevable ?

J.L. : On peut envisager l'avenir sous deux formes : la première, optimiste, serait une renaissance critique moderniste, que peut faire espérer un auteur comme Abdelwahab Meddeb [2] ; la seconde, sinistre, découlerait de la « prophétisation » de Ben Laden, d'une religion hystérique fondée sur son martyre. Largement répandue, elle pourrait attirer vers l'islam les plus réactionnaires des courants révolutionnaires, sur le thème du refus radical de l'américanisation du monde, autour d'une sorte de trinité Guevara-Ben Laden-Soka Gakkai [3]. Verra-t-on apparaître, en Amérique latine ou en Asie, d'autres figures plus ou moins « barbues », qui seraient l'expression de colères périphériques prenant actuellement la forme de l'anti-américanisme ? Personnages d'errants crucifiés, dénonciateurs ? Le cadavre étendu gisant sur un rocher afghan de Ben Laden pourrait donner lieu à quelque manifestation de ce type. À partir du 11 septembre peut naître une religion sauvage, féroce, qui ordonnerait des

---

2. Abdelwahab Meddeb, *La Maladie de l'islam*, Paris, Le Seuil, 2002.

3. Soka Gakkai : groupement fondamentaliste et militariste, originaire du Japon, très actif à partir des années 1960.

immolations ici ou là à travers le monde d'ambassadeurs ou d'artistes occidentaux. Le grand boycott sanglant de Michael Johnson, de Bill Gates et des Beatles... Mais on peut espérer que surgisse en même temps la grande critique libérale et la réinvention d'un islam moderniste. Un double mouvement avec, d'une part, un anti-américanisme qui pourrait n'être que partiellement musulman, un culte des « martyrs » de l'Amérique et de l'américanisation et, d'autre part, une réforme islamique en profondeur.

G.T. : Dépasser la christisation de Ben Laden-Che Guevara et d'un troisième barbu est un mouvement tout à fait naturel. Son corollaire rationalisé, quelque chose qui ressemblera au régime militaire du Pakistan, ne pourra venir que d'une victoire de Khatimi contre les « conservatistes », et d'un leadership régional de l'Iran. Khatimi avait déjà amorcé cette contre-révolution dans le cadre du khomeinisme. Il avait dit oui au khomeinisme, mais modernisé, démocratique, libre. Son discours à l'ONU avait consacré ce réformisme. L'expression majeure d'un aspect de sa révolution – la convivialité islamo-chrétienne au sein d'une société plurireligieuse – avait déjà été développée dans la conférence sur le « dialogue des cultures » qu'il avait donnée en arabe, à Beyrouth, le 8 décembre 1996. Il s'agirait d'une république islamique où les non-musulmans auraient un statut « égal ». Mais lequel ?

J.L. : République assez islamique pour être plurielle.

G.T. : Quand nous demandons aux islamistes arabes, si nous, chrétiens arabes, bénéficions d'une égalité totale dans cette république islamique, ils répondent : « Oui vous avez tous les droits. » Mais qu'en est-il des droits politiques ? La question reste sans réponse. Khatimi, lui, en donnait. Il était beaucoup plus serein, et ne s'embourbait pas dans des explications contradictoires : le politique est religieux ; le civil est laïque ; le culturel, convivial. Selon certains reportages dans la presse, en particulier anglaise – les Anglais ont toujours été très curieux des choses iraniennes et assez perspicaces –, des quartiers entiers de Téhéran sont déjà tout à fait modernisés, sans parler du mouvement estudiantin, et surtout des femmes, des intellectuels, etc. Ce sont eux qui ont donné à Khatimi sa victoire aux élections, sans pour autant lui permettre de gouverner vraiment et d'abattre un conservatisme sans avenir. Il existe déjà une modernisation de l'Iran, occultée par Khaménéi et la prépondérance du juridique. Une révolte sourde s'exprime contre Khaménéi, et n'hésite pas à descendre dans la rue, sans parler des affrontements parlementaires. Plus important : des livres sont édités dans divers centres universitaires appelant à la modernité, sans pour autant mettre l'islam en cause. C'est incontestablement le chiisme de l'Iran qui rend possible ce que le sunnisme, même égyptien, tolère à peine et seulement par à-coups. Les manifestations pro-Khatimi révèlent l'image du chef qui, en tant que successeur de Khomeiny, pourrait être en mesure de dire : « Cette révolution islamique peut légitimement tendre de nouveau vers l'État moderne, sans pour autant trahir le fondateur. »

G.K. : Le XXIe siècle amorcerait-il un retour à une critique interne à l'islam, une sorte de retour vers la modernité ?

G.T. : En langage moins courtois et moins académique, je dirais ceci : nous sommes en présence d'un morcellement du monde musulman où le courant anti-américaniste pourrait être le seul phénomène commun. Le second volet, à savoir la formulation d'un système politique cohérent, ne saurait être un processus unique auquel participeraient les différents

« mondes musulmans », car ils sont multiples, et n'ont ni les mêmes structures socio-économiques ni les mêmes préoccupations politiques. Cela s'applique surtout à l'Extrême-Orient musulman, l'Indonésie, la Birmanie, la Thaïlande, la Malaisie, Singapour, où la mondialisation économique et son versant politique feront oublier Ben Laden. En sont exclues les Philippines, ancienne colonie, où les Américains ont très vite eu envie d'être impliqués.

J'ai parlé d'un modèle de république islamique qui se profilerait à l'horizon iranien. Le chiisme de l'Iran est cependant une barrière pour la propagation de ce modèle iranien dans les pays d'Extrême-Orient.

À l'horizon sunnite, on aperçoit déjà un leadership turc, dynamisé par l'héritage d'empire, théoriquement laïque, donc déjà modernisé et en partie européen, non complexé par les extrémistes de la question palestinienne, qui ose aller jusqu'à l'alliance militaire avec Israël. Ce régime, issu de la révolution kémaliste − et qui seul avait osé transcrire son Coran en caractères latins −, n'est pas à l'abri de l'intégrisme puisqu'il ne doit la survie de son fonctionnement constitutionnel, théoriquement démocratique, qu'au rôle occulte de l'armée.

G.K. : Les Arabes sont-ils dans l'incapacité de concevoir une forme de modernité ?

G.T. : Je répondrais à la fois par oui et par non. Oui, si nous continuons à être empêtrés dans une « Question palestinienne » qui risque de dégénérer, de plus en plus, en une guerre de cent ans. Dans cette perspective, d'ailleurs, je ne suis pas sûr que l'Iran demeurera étranger aux développements, spectateur sérénissime, ni même la Turquie. Une guerre au Moyen-Orient, c'est une frappe contre l'Irak, qui deviendra le signal d'un retour vers une situation similaire à

1918-1920 : une « réfection » de la géographie suivant le modèle, cette fois balkanique, où les Kurdes voudront leur État indépendant. Donc une implication et de la Turquie et de l'Iran.

La restructuration des frontières arabes *stricto sensu* est une thèse très en vogue. Elle sera rendue quasi automatique si le « plan de transfert des Palestiniens » d'Ariel Sharon suit son cours. Ce plan est une réédition d'un vieux rêve israélien, le « plan Dalet », révélé par Walid Khalidi en 1961. Le transfert, commencé par les massacres de 1947-1948, en particulier Deir Yassine, aboutirait à la négation de l'État palestinien, au « bénéfice » de la Jordanie qui hériterait, ainsi que le Liban, la Syrie, et peut-être même l'Irak, du surplus démographique des Palestiniens.

De cette « géographie torturée », que pourra-t-il naître ? Ce sera – pourquoi pas ? – l'environnement révolutionnaire qui fera naître les idées nouvelles. Le monde arabe de la Méditerranée du Nord vivra une nouvelle Nahda, une reprise où l'on repensera les identités nationales, les échelles des valeurs, les systèmes de gouvernement, etc. Il faudra faire confiance aux nouvelles classes, aux forces vives qui refusent de plus en plus de s'identifier avec les modes de gouvernement sclérosés et les politiques corrompues, et de plus surannées, hérités des convulsions de 1948, donc des « Arabes de la défaite », des coups d'État militaires, et des sociétés tribales et claniques.

La première leçon à retenir, telle que l'énonce Edward W. Said dans son plus récent écrit[4], est que la « solution militaire » à la défaite de 1948 a échoué. En effet, pendant plus

---

4. Postface d'Edward W. Said, in Eugene L. ROGAN et Avi SHLAIM (éd.), *The War of Palestine. Rewriting the History of 1948*, Cambridge University Press, 2001.

d'un demi-siècle nous avons, souvent bien malgré nous, fait confiance aux chefs militaires qui devaient pouvoir venger les défaites qu'ils disaient ne pas être les leurs. Résultat : d'autres défaites, d'autres débâcles, et des gouvernements oppressifs qui ont failli à la mission de développer des sociétés libres, modernes, inventives et prospères. On ne peut pas faire une « démocratie sans démocrates », comme prétendent pouvoir le faire certains penseurs américains.

Le temps sera aux syndromes révolutionnaires. Mais les révolutions ne s'annoncent jamais. Les leviers seront là : les nouveaux Palestiniens, les chrétiens et autres minoritaires des sociétés plurielles, les intellectuels d'Égypte et d'Irak, le Liban comme entité distincte, dont la raison d'être est la convivialité historique, enfin toutes les classes montantes et frustrées des pays du pétrole. Là, le rôle de la rive européenne de la Méditerranée sera de première importance. Bien au-delà d'un académique dialogue des cultures, ou d'un choc présumé des civilisations.

Mais faut-il encore qu'Israël soit arrêté, empêché d'aller jusqu'au bout de sa guerre, jusqu'à un nouveau Massada, cette fois nucléaire. Le risque est réel, car la « folie historique » n'a jamais de limite.

J.L. : Tout cela nous conduit à un diagnostic assez sinistre sur l'état actuel du monde arabe, à l'image de l'Égypte humiliée par les États-Unis à propos de la Palestine. Anouar el-Sadate, lui, avait su poser le problème palestinien au moment où il faisait sa paix avec Israël, dût-il se faire rabrouer par Begin en abordant la question palestinienne. Apparemment l'Égypte n'en est même plus là, tenue en laisse par le donateur...

G.T. : Begin avait signé, à Camp David, une sorte d'annexe au traité de paix, le « document palestinien », qui stipulait qu'il y aurait un État palestinien cinq ans après la paix avec l'Égypte et le commencement d'un processus de négociations avec les Palestiniens. Les Palestiniens ont rejeté Camp David. Pour attendre, plusieurs années, un Oslo qui leur concédait beaucoup moins que Camp David.

G.K. : On voit, dans les territoires palestiniens, certains candidats au martyre arborer l'inscription « Jihad islamique» en arabe. Comment ces foyers peuvent-ils s'éteindre sans un règlement de la question palestinienne, vers laquelle on ne s'oriente pas ?

G.T. : Éliminer la question palestinienne du jeu est impossible, elle doit être résolue, mais dans quelles conditions, la question reste entière. Il ne faut pas cependant être prophète pour prédire une escalade, qui s'arrêtera au moment où elle menacera de déborder les frontières d'Israël et de la Palestine, et de provoquer une guerre régionale. Sera-t-elle résolue pour le meilleur ou le pire? Je crois, pour ma part, qu'elle sera résolue pour le pire.

J.L. : Quelle forme peut prendre ce « pire » ?

G.T. : Le pire, c'est une solution imposée avec un Israël seul, sécurisé, mais isolé, et une « Palestine-en-Jordanie ». Sans une paix, même transitoire, c'est la non-solution, c'est-à-dire le scénario catastrophe que souhaite Sharon et qui déboucherait sur ce que j'ai déjà exposé : la réfection de la carte d'un Levant balkanisé. D'où naîtrait, tôt ou tard, une nouvelle guerre. Le « mieux » n'est pas nécessairement meilleur. C'est une intervention américaine, peut-être à partir de l'Irak, qui provoquerait une réaction arabe à l'escalade. Dans un style néo-kissingerien, au vu des «faits nouveaux», Washington interviendra ou fera intervenir l'ONU pour une conférence de paix, accompagnée d'un cessez-le-feu avec intervention militaire à la manière yougoslave. C'est-à-dire après beaucoup de morts, de destructions et de... « transferts de populations » !

J.L. : Peut-on imaginer la Palestine comme la Tchétchénie du Sud, avec un prurit terroriste permettant aux généraux israéliens de justifier la guerre perpétuelle ?

TERRORISME ET NIHILISME

G.T. : Que signifie la thèse américaine de vouloir mettre fin au terrorisme ? Cela veut dire, éventuellement, détruire l'arsenal biologique de Saddam Hussein, détruire le Hamas, et même le Hezbollah, qui tantôt figure sur la liste, et tantôt pas.

J.L. : La formule de « l'antiterrorisme » justifie n'importe quoi : « l'axe du mal », etc. On trouvera toujours à un moment ou à un autre, un misérable, asiatique ou américain, pour s'attacher une grenade sur le ventre et se faire sauter. C'est rigoureusement sans antidote.

G.K. : Malheureusement le problème du terrorisme se pose depuis longtemps. Après l'attentat contre Louis Barthou et le roi de Serbie à Marseille, la France avait obtenu de la Société des nations à Genève la rédaction d'une Convention pour la prévention et la répression du terrorisme en date du 16 novembre 1937, dont l'article 1 stipule : «1. Les hautes parties contractantes, réaffirmant le principe du droit international d'après lequel il est du devoir de tout État de s'abstenir lui-même de tout fait destiné à favoriser les activités terroristes dirigées contre un autre État et d'empêcher les actes par lesquels elles se manifestent, s'engagent, dans les termes ci-après exprimés, à prévenir et à réprimer les activités de ce genre et à se prêter mutuellement leur concours. 2. Dans la présente Convention, l'expression "actes de terrorisme" s'entend des faits criminels dirigés contre un État et dont le but est de provoquer la terreur chez des personnalités déterminées, des groupes de personnes ou dans le public. »

G.T. : Je constate simplement que parmi les recommandations de la Convention, l'article premier stipule qu'« il est du devoir de tout État de s'abstenir lui-même de tout fait destiné à favoriser les activités terroristes dirigées contre un autre État ». Aujourd'hui, beaucoup d'États − je songe à Israël − ne seraient-ils pas concernés par cet avertissement ?

J.L. : Certainement, mais il nous faudrait étudier cette convention plus en détails. Je reviens donc au problème palestinien. Ai-je bien compris que dans votre esprit l'ère Arafat est terminée ? Peut-on considérer qu'Arafat a joué ses cartes, rempli son rôle historique, c'est-à-dire à la fois la réinvention de la nation palestinienne et l'ouverture d'un dialogue avec Israël ?

G.T. : Arafat aurait dû terminer sa carrière hier avant de se voir sommé de choisir entre deux issues également impossibles. J'ai été très impressionné par une émission de télévision présentant le témoignage *post mortem* d'un kamikaze. Il était ému, transpirait et était visiblement conscient du sens de son dernier acte en déclarant : « Je tiens à ce qu'Israël le sache, il y en a des dizaines qui attendent d'avoir le privilège de me rejoindre au ciel. » Dans l'éventualité même d'une « paix » à partir d'une défaite arabe, le terrorisme de la colère restera une réalité.

G.K. : C'est ce que j'évoquais en vous disant qu'il y avait des martyrs potentiels en blanc avec le bandeau du Jihad islamique. Ce qui me frappe, c'est qu'aussi bien dans le monde occidental qu'au Proche-Orient, il y a de plus en plus des cultures de la mort, au détriment des cultures de la vie. L'élément de préoccupation majeur de cette surpuissance américaine n'est-il pas le refus de la mort, le système du « zéro mort » ? S'il y a malaise dans l'islam, il y a aussi un malaise dans la démocratie et dans la civilisation occidentale, et c'est très préoccupant.

J.L. : La croix, Massada, Samson : ça remonte loin ! Pendant quelques décennies la violence a été rationalisée, sinon canalisée par le marxisme. Et elle n'a jamais cessé. J'en reviens toujours à cette formule de Claude Roy au lendemain de la chute du mur de Berlin : « Maintenant qui est-ce qui va faire peur aux riches ? » C'est le poseur de bombes, la révolution rationnelle ayant échoué. Au Politburo succède l'acte individuel. On revient à la terreur élémentaire du cyclope. Il y a ceux, à l'intérieur, qui croient en Dieu et pensent qu'en accomplissant leur geste ils vont dans les bras de Dieu. Pour eux, souffrir quelques instants, même intensément, ne fait que précéder l'entrée au paradis. Mais, il y a aussi ceux qui ne croient en rien. Le nihiliste qui fait sauter le tsar n'a lui qu'un pourboire. Le Tchen de Malraux veut faire sauter Tchang Kai Chek avec sa bombe, et il ne croit rien du tout. Alors que Felton, qui tue Buckingham dans *Les Trois Mousquetaires*, pense qu'il ira aussi dans les bras de Dieu… Chacun a une « bonne raison ». La réserve de *thanatos* est riche.

G. K : Nous avons commencé avec votre interrogation sur la pauvreté et l'injustice qui pourraient être à l'origine des attentats du 11 septembre, et nous terminons avec le sentiment de l'impossibilité d'un monde moins violent, moins mortifère.

J.L. : L'histoire est tissée par la violence qui prend tantôt les formes rationnelles de type léniniste, tantôt celles irrationnelles, du terrorisme, pour ne pas parler du *lock-out* capitaliste… Et n'oublions pas que la Terreur prit elle-même une forme rationnelle dans la France issue des Lumières.

G.T. : Le résultat de cette nouvelle forme de violence est bien formulé par ce ce que Giap, héros de la guerre vietnamienne, a dit : l'Amérique est devenue vulnérable. Et c'est révélateur.

J.L. : L'article de Jean Baudrillard dans *Le Monde*, « L'Esprit du terrorisme », posait quelques questions importantes sur cette vulnérabilité. L'acte dont Ben Laden a assumé la responsabilité ne relève pas d'un terrorisme tel que l'ont interprété Camus ou Dostoïevski, tel que l'ont rêvé les surréalistes. On a voulu y voir du nihilisme.

G.K. : Il ne s'agit pas, me semble-t-il, en ce qui concerne Ben Laden, de nihilisme mais de destructivité. N'utilise-t-on pas aujourd'hui l'explication par le nihilisme pour occulter le rôle de l'Amérique, faisant de ce nihilisme un bouc émissaire pour masquer ses responsabilités ?

J.L. : Évoquer ici Dostoïevski ou Camus me paraît un contresens. Il s'agit moins de « Possédés » que de « Dépossédés ».

G.T. : Chez Dostoïevski, dans *Les Possédés* en particulier, le nihilisme marque le désarroi de l'homme face à l'absence de Dieu, son incapacité à le remplacer. C'est de là que naît la destruction. Ce cas de figure ne s'applique pas aux acteurs de l'attentat du 11 septembre. Ils ont certes choisi la destruction sous sa forme absolue, mais leur entreprise n'est pas nihiliste, en ceci qu'elle s'appuie sur une confiscation de Dieu et non pas sur son absence. Et si dévoyée soit-elle, cette croyance n'en est pas moins vécue par un bon nombre d'entre eux comme une foi ou du moins comme une idolâtrie. Dire qu'ils ne projettent l'avenir du monde que dans l'au-delà n'est pas exact. Il ne faut pas oublier l'énorme différence qu'il y a entre un exécutant et un commanditaire dans une opération suicide de cette envergure. On a bien vu que les décideurs étaient nullement pressés de mourir! Ce qui complique la compréhension de l'événement, c'est l'invisibilité de son projet politique. Invisibilité n'est pas synonyme d'inexistence.

L'utopie de Ben Laden et des siens est informulée, mais elle existe, et si monstrueuse soit la forme qu'elle revêt, elle n'en est pas moins rattachée à l'histoire. L'en sortir et l'appréhender comme un phénomène « extérieur » à la marche du monde, c'est passer à côté de ce qu'elle veut dire. C'est ignorer qu'elle est d'abord et avant tout le rejeton morbide d'un siècle d'échecs et d'impasses à répétition, avec toutes les frustrations et les humiliations dont nous avons parlé. Pour ces gens-là, il s'est agi, entre autres, d'affirmer un refus en bloc de toute la donne. Ils ont en quelque sorte voulu mettre un coup de frein à la marche du monde. Alors, quelle est la part de folie au sens propre du terme, au sens de délire et de divorce d'avec la réalité, et quelle est la part de l'action politique, de vengeance et de tentative de retourner le rapport de forces? Je ne crois pas que l'on puisse départager. Peut-être sommes-nous au point où le délire recouvre le politique. Il est vrai que leur discours ne véhicule pas une conception du monde susceptible de remplacer l'ordre qu'ils diabolisent, mais rien ne dit qu'ils n'en ont pas une en réserve, c'est-à-dire *en rêve*, qui relèverait précisément de l'*utopie*.

En ce sens, l'extrémisme religieux juif entretient lui aussi des confusions entre mythe et réalité, s'octroyant également le droit de mêler Dieu au gouvernement des hommes. Rappelons ici que l'impunité de la politique discriminatoire d'Israël a largement contribué à la poussée de la violence islamiste. Et ce que l'administration américaine a du mal à comprendre, c'est que, loin de protéger l'État juif, cette impunité et ce régime d'exception alimentent gravement les menaces qui pèsent sur son avenir et du même coup sur l'équilibre de toute la région. La guerre contre l'Irak a, elle aussi, dangereusement participé à cet état d'impuissance et de haine populaire qui n'engendre jamais que de la rage. Il me semble, par ailleurs, que le phénomène qui consiste à détruire des vies en sacrifiant la sienne appelle un mode de réflexion qui va bien au-delà du seul jugement moral. D'abord pour établir une différence fondamentale entre les actes que peuvent commettre des réseaux tel que celui d'Al-Qaida et des actes de guerre tels que les opérations suicides palestiniennes, qui, si horrifiantes soient-elles sur le plan humain, n'en sont pas moins du point de vue de leurs auteurs le dernier recours dont ils disposent pour s'insurger contre le viol de leurs droits.

Ces attentats sont, pour finir, la figure même du mal qui les engendre : l'écrasement. Ils révèlent aussi les limites d'une politique qui ne repose, au mépris du droit, que sur la loi du plus fort. Les gouvernants israéliens s'obstinent à ne pas admettre que rien n'est plus dangereux qu'un ennemi qui n'a plus rien à perdre. Or, ces jeunes gens, ces porteurs de mort qui se vivent en « martyrs » sont d'abord et avant tout dépossédés. Ayant tout perdu, il ne leur reste que la vie, et cette vie-là ils n'en veulent plus. Il faut par ailleurs se souvenir que le premier acte de terrorisme aveugle contre des civils – celui qui a en quelque sorte fait sauter le verrou de l'interdit et « initié » la méthode – fut perpétré par un Israélien. Je veux parler de Baruch Goldstein, le militant d'extrême droite qui, en février 1994, tua vingt-neuf personnes en tirant à bout portant sur des musulmans rassemblés pour la prière dans le Caveau des patriarches à

Hébron. Il nous reste à espérer que la jeune génération palestinienne saura renoncer à cet engrenage infernal et inventer de nouveaux moyens de résistance et de libération, de ceux qui frappent les consciences sans attenter aux vies.

Enfin, et ce point n'est pas mineur, il convient désormais d'élargir notre champ de vision pour comprendre le phénomène terroriste, c'est-à-dire de faire le lien entre cette forme d'affirmation de soi ou d'une cause par la mort, et les cas de plus en plus nombreux de suicides criminels tels qu'ils apparaissent sous la rubrique des faits divers en Occident. Cette mort que l'on se donne en la donnant à d'autres n'est plus un phénomène isolable sous le seul label de la folie, elle est devenue une sorte de langage ultime et elle est, à ce titre, symptomatique d'une dégradation de la vie, à l'échelle de la planète. Je dis bien à l'échelle de la planète et non pas, comme veulent le croire un certain nombre d'intellectuels ou de politiciens occidentaux, à l'échelle d'une partie du monde et moins encore d'une religion. Les instances et les autorités musulmanes ont condamné de par le monde les attentats du 11 septembre ainsi que le discours prétendument islamique dont ils se réclament. L'islam est certes confronté, nous l'avons dit, à la nécessité d'un examen intérieur. Mais le défi de la modernité – qui implique notamment de repenser le politique – se pose à tous. Qui veut penser le monde au-delà de la notion simplificatrice du bien et du mal ne peut faire l'économie d'un premier constat : il y a danger là où il y a toute-puissance, d'où qu'elle vienne et quel qu'en soit le détenteur. Il en résulte qu'une politique strictement sécuritaire ne peut s'en prendre, au mieux, qu'aux tiges du mal et non à ses racines qui sont partout, y compris chez les champions de l'éradication.

(Entretien du 6 décembre 2001, Paris)

Chronologie

1805-1848   Règne de Mohammed Ali en Égypte. Ses longues années de pouvoir sont marquées par les réformes économiques les plus audacieuses. Il s'efforce d'impulser la modernisation en prenant l'Europe pour modèle. Il sera considéré par les générations futures comme l'initiateur de toutes les tendances modernistes ultérieures en Égypte et dans le monde arabe, le précurseur du réformisme, du nationalisme et de la « renaissance » arabe, la Nahda.

1831-1840   Ibrahim Pacha, fils de Mohammed Ali, occupe la Syrie et le Liban.

1839-1856   Au cœur de l'Empire ottoman, et sous l'influence européenne, c'est l'ère des Tanzimat, période de réformes libérales dans les domaines législatif, administratif et scolaire, ainsi qu'en ce qui concerne le statut des minorités. Cette politique réformatrice est menée par le sultan Abdul-Mejid.

1854-1855	Guerre de Crimée. La Turquie et ses alliés, la France et la Grande-Bretagne, se battent contre la Russie et remportent la victoire de Sébastopol. Ferdinand de Lesseps obtient l'autorisation de creuser le canal de Suez.
1858	Première réforme agraire en Palestine, province de l'Empire turc.
1860	Le conflit armé entre les chrétiens maronites et les Druzes au Liban – représailles, massacres réciproques qui s'étendent jusqu'à Damas, provoquant la mort de très nombreux chrétiens et l'incendie de plusieurs consulats européens – conduit à une intervention de la France, avec l'accord du concert européen.
16 août	Arrivée du général Beaufort d'Hautpoul et du corps expéditionnaire français.
1861 10 juin	Instauration par Firman de la *moutassarifiya* ou gouvernorat autonome qui assure l'autonomie du Mont-Liban. Début du règne du Khédive Ismaïl en Égypte.
1867	En Palestine, une nouvelle réforme fiscale et territoriale ottomane modifie la loi sur la propriété de la terre.
1869 17 novembre	Ouverture du canal de Suez.

1871	Jamal Eddine al-Afghani s'établit au Caire. Il prône un *aggiornamento* radical de l'Islam, dans le sens d'une modernisation s'inspirant de l'Occident, tout en se dégageant de sa domination. Il pousse également vers l'unification des peuples islamiques et leur affranchissement de l'absolutisme.
1875	En Égypte, la banqueroute oblige le Khédive Ismaïl à vendre des parts du canal de Suez à la Grande-Bretagne, permettant à celle-ci de contrôler la route maritime vers l'Inde.
1876	Début du règne du sultan Abdulhamid II, qui dote l'Empire ottoman d'une constitution de type occidental.
1878	Le sultan Abdulhamid II dissout le parlement et abolit la Constitution de 1876 Cela correspond à la perte d'influence du mouvement des Jeunes Ottomans, promoteurs des Tanzimat, ces réformes commencées en 1839.
1879	Fin du règne du Khédive Ismaïl en Égypte, remplacé par son fils Tawfik à l'instigation d'officiers égyptiens souhaitant empêcher le contrôle du canal de Suez par les Anglais et les Français.
1881	Surgissement en Égypte du colonel Arabi Pacha. Le pays connaît alors une vague

de luttes anti-occidentales. S'appuyant sur l'armée et soutenu par les oulémas, Arabi Pacha impose la création d'un parlement et devient ministre de la Guerre en 1881.

1882   La Grande-Bretagne occupe l'Égypte et les troupes anglaises renversent Arabi Pacha. Instauration d'un protectorat anglais durant la Première Guerre mondiale. La présence anglaise en Égypte durera jusqu'en 1954.

1888   Invention du moteur à explosion, ce qui sera à l'origine de l'influence du pétrole dès le tournant du siècle.
Mohammed Abdo est nommé mufti d'Égypte. Ses *fatwas* audacieuses et son œuvre théologique majeure, *Rissâlat al-Tawhîd* (1897), le désignent comme un grand réformateur de l'islam de l'époque moderne.

1899   Signature par l'émir Moubarak d'un pacte avec la Grande-Bretagne faisant du Koweit un protectorat anglais.
Abd al-Rahman al-Kawakibi, musulman syrien, prône le retour du califat aux Arabes, dans une volonté de séparer le spirituel du temporel, le califat devant être pour les musulmans l'équivalent de la papauté pour les catholiques.

1908	Les Jeunes-Turcs du Comité Union et Progrès prennent le pouvoir et déposent le sultan. Rétablissement de la Constitution de 1876. Fin du règne du sultan Abdulhamid II.
1914 août	Les Ottomans entrent en guerre aux côtés de l'Allemagne.
décembre	Établissement du protectorat britannique en Égypte.
1915	Correspondance McMahon-Hussein. Sir Henry McMahon promet l'indépendance arabe si les Hachémites se révoltent contre les Ottomans.
1916	Poussé par les Anglais, le chérif Hussein de La Mecque déclenche la Révolte arabe en juin 1916 contre les Ottomans.
9 mai	Accords Sykes-Picot entre la Grande-Bretagne, la France et la Russie prévoyant le partage des provinces arabes de l'Empire ottoman. Ces accords seront révélés et dénoncés par le pouvoir bolchevique en novembre 1917.
1917 2 novembre	La Déclaration Balfour promet l'installation d'un « foyer national juif » en Palestine.
1919 19 avril	Lettre de Lawrence à Clemenceau (reproduite en annexe, pp. 376-377).

juin et juillet	Enquête de la commission King-Crane dans les territoires occupés par les Français et les Anglais.
28 août	Parmi les différentes conclusions concernant le désir des populations interrogées au moment de la formation des États du Proche-Orient, la commission américaine King-Crane précise qu'un foyer national pour le peuple juif n'est pas équivalent à la transformation de la Palestine en État juif. Elle recommande de limiter l'immigration juive et de renoncer à faire de la Palestine un État juif. L'ensemble des recommandations de ce rapport est rejeté par les Français et les Anglais.

1920 6 janvier	Accord provisoire Faysal-Clemenceau.
février	Premiers mouvements d'opposition des Palestiniens à l'instauration du foyer national juif.
8 mars	Faysal est proclamé roi de Syrie.
24 avril	À San Remo, la Conférence de la Paix confie à la France le mandat sur la Syrie et le Liban et à la Grande-Bretagne celui sur la Palestine et l'Irak.
	Le même jour est signé l'accord Long/Bérenger sur le partage du pétrole entre la France et la Grande-Bretagne. La Turkish Petroleum Company devient l'Irak Petroleum Company ou IPC.
24 juillet	Défaite de l'armée arabe à Mayssaloun face aux troupes françaises du général Gouraud.

Faysal est chassé de Damas.

1er septembre — Le général Gouraud proclame l'indépendance du Grand Liban.

Proclamation des États de Syrie : État de Damas, État d'Alep, Territoires des Alaouites, puis, plus tard, en 1922, l'État du Djebel druze.

1921 — Un groupe de nationalistes égyptiens, avec à leur tête Saad Zaghloul, forment une délégation *(wafd)* pour aller à Londres négocier l'indépendance.

mars — Conférence du Caire sous la présidence de Winston Churchill, et en présence du colonel Lawrence.

23 août — Faysal, fils du chérif Hussein, est couronné roi d'Irak.

1925-1926 — Révolte druze en Syrie.

1929 — Émeutes palestiniennes à Hébron, Safed, Jérusalem et dans d'autres localités entre Palestiniens et Juifs.

1930
30 juin — Traité d'indépendance de l'Irak avec la Grande-Bretagne.

Révolte palestinienne avec de violents incidents à Jérusalem, Haïfa et Jaffa.

Plan de partage britannique proposé par une commission d'enquête envoyée en Palestine et dirigée par lord Peel. Ce plan Peel est refusé par les Palestiniens et accepté avec des réserves par les sionistes.

1941	Accord franco-anglais de Saint-Jean-d'Acre.
28 septembre	Proclamation de l'indépendance de la Syrie à partir de la fin de la guerre.
1943	
22 novembre	Proclamation de l'indépendance du Liban.
7 décembre	Le Pacte national met un terme au mandat français et consacre un double renoncement: celui des chrétiens à toute recherche de protection étrangère, et celui des musulmans à toute recherche d'unité arabe.
1946	Évacuation par les troupes françaises de la Syrie et du Liban.
1947	
29 novembre	Résolution de l'ONU adoptant un plan de partage de la Palestine entre un État arabe et un État juif.
1948	
10 avril	Massacre de 250 habitants du village palestinien de Deir Yassine par les troupes de l'Irgoun de Menahem Begin et du Lehi de Itzhak Shamir, opération condamnée par David Ben Gourion.
14 mai	Proclamation de l'État d'Israël sur une partie de la Palestine par David Ben Gourion.
	Entrée en guerre des États arabes contre Israël qui sort vainqueur du conflit.

1949

29 mars   En Syrie : coup d'État de Husni Zaïm dirigé contre le parti du Bloc national et le président Choukri Kouatly. Zaïm n'exerce le pouvoir que pendant 134 jours !

14 août   Coup d'État pro-irakien du général Sami Hennaoui. Assassinat de Husni Zaïm et de Mohsen Barazi.

19 décembre   Coup d'État d'Adib Chichakly en Syrie.

1950   La rive ouest du Jourdain (la Cisjordanie) est annexée au royaume hachémite de Jordanie et la bande de Gaza passe sous contrôle égyptien.

1952

22 juillet   Coup d'État des « officiers libres » dirigés par Nasser en Égypte, le roi Farouk abdique.

septembre   Au Liban : renversement de Béchara el-Khoury. Coup d'État « blanc ». Élection de Camille Chamoun à la présidence de la République libanaise.

1953   Proclamation de la République égyptienne, présidée par le général Néguib.

1954   Coup d'État à Damas de Faysal Atassi et Moustafa Hamdan, renversant Adib Chichackly.

1955   Choukri Kouatly élu président de la République syrienne.

1956	Gamal Abdel Nasser est élu chef de l'État égyptien.
26 juillet	Nationalisation par Nasser de la Compagnie du canal de Suez. Intervention militaire israélo-franco-anglaise, stoppée par les États-Unis.
1958 février	Création de la République arabe unie (R.A.U. : union entre l'Égypte et la Syrie) qui durera jusqu'en 1961.
mai à septembre	Guerre « civile » au Liban.
juillet	Renversement par les militaires de la monarchie hachémite en Irak et proclamation de la République.
septembre	Fouad Chéhab est élu président de la République libanaise.
1961 28 septembre	Coup d'État en Syrie de Haidar Kouzbari et de Nahlaoui.
1963 7 mars	Coup d'État en Syrie de Ziad Hariri.
8 mars	Le parti Baas prend le pouvoir.
1964 29 mai	Création de l'Organisation de libération de la Palestine (O.L.P.) à Jérusalem, présidée par Ahmed Choukairi.
1967 6 juin	Deuxième guerre entre Israël et ses voisins. L'Égypte est foudroyée d'emblée.

La Syrie et la Jordanie entrent en guerre. En six jours, Israël occupe le Sinaï, le Golan, la Cisjordanie, Gaza et Jérusalem-Est.

22 novembre   Le Conseil de sécurité des Nations unies adopte la résolution 242 qui exige la libération des territoires occupés en juin par Israël, et proclame qu'« aucun territoire ne saurait être acquis par la guerre », ce qui coupe court à la polémique sur « tout » ou « partie » des terres à évacuer.

1969

4 février   Yasser Arafat devient président de l'O.L.P.

2 novembre   Accords du Caire entre la résistance palestinienne et l'État libanais. Les *fedayin* se voient reconnaître le droit d'opérer à partir du Sud-Liban.

1970

juillet   Acceptation par le président égyptien Nasser et le roi Hussein de Jordanie du plan américain Rogers, qui prévoit l'application de la résolution 242, impliquant la reconnaissance d'Israël.

septembre   Affrontements entre l'armée jordanienne et les combattants palestiniens (« Septembre noir »). L'O.L.P. quitte la Jordanie pour se réfugier au Liban.

28 septembre   Mort de Gamal Abdel Nasser.

14 novembre   Le général Hafez el-Assad prend le pouvoir en Syrie.

1973
6 octobre — À l'initiative d'Anouar el-Sadate, offensive des troupes égyptiennes et syriennes pour reconquérir les territoires occupés par Israël. Le jour de Yom Kippour, l'armée égyptienne franchit le canal de Suez et l'armée syrienne pénètre au Golan. Israël est en difficulté. Les États-Unis permettent – par l'envoi de matériel militaire – au général Sharon de rétablir la situation, et imposent l'arrêt des combats dans le but de favoriser un règlement de paix israélo-arabe.

Affrontements entre l'armée libanaise et les combattants palestiniens de l'O.L.P.

1974 — Premier accord égypto-israélien de désengagement militaire.
13 novembre — L'ONU reconnaît le droit des Palestiniens à l'indépendance et à l'autodétermination et donne à l'O.L.P. un statut d'observateur.

1975
13 avril — Début de la guerre au Liban.
Réouverture du canal de Suez.

1976
1er juin — Entrée des troupes syriennes au Liban. Cette entrée est suivie du massacre du camp palestinien de Tall al-Zatar.

1977
19-21 novembre — À Jérusalem, le président Anouar el-Sadate offre la paix à Israël.

1978

14 mars — Première invasion israélienne au Liban, avec occupation du Sud-Liban jusqu'au Litani. Résolution 425 du Conseil de sécurité.

17 septembre — Signature des accords de Camp David entre l'Égypte (Anouar el-Sadate) et Israël (Menahem Begin). L'accord comprend deux volets. Le premier concerne la conclusion d'un traité de paix entre l'Égypte et Israël, le deuxième fixe un cadre de la paix au Proche-Orient qui n'est pas mis en œuvre.

1979 — Signature du traité de paix israélo-égyptien, prévoyant la restitution du Sinaï à l'Égypte. Exclusion de l'Égypte de la Ligue des États arabes.
Saddam Hussein accède au pouvoir en Irak.

1980-1988 — Guerre irano-irakienne ou première guerre du Golfe.

1981

juin — Destruction par les Israéliens du réacteur nucléaire *Tamouz*, en Irak.

6 octobre — Assassinat par des officiers islamistes du président Anouar el-Sadate. Hosni Moubarak accède à la présidence de la République en Égypte.

1982

25 avril — Fin de l'évacuation par Israël du Sinaï, restitué à l'Égypte.

6 juin	Invasion israélienne du Liban : opération dite « Paix en Galilée ».
14 septembre	Assassinat de Béchir Gemayel, nouveau président du Liban, avant son entrée en fonctions.
16-17 septembre	Massacre de Palestiniens dans les camps de Sabra et Chatila.

Arafat et l'O.L.P. quittent Beyrouth et se réfugient à Tunis.

Liban : attaque suicide contre la Force multinationale des Nations unies. Mort de plusieurs centaines de soldats américains et français. Les États-Unis se désengagent.

1984   À la suite d'un retrait israélien « sans coordination », une bataille se déclenche dans le Chouf entre chrétiens et Druzes. C'est la « Guerre de la Montagne ».

1987
novembre   Début de l'Intifada palestinienne (la « Révolution des pierres ») à Gaza puis en Cisjordanie, occupées par Israël.

1988
12-15 novembre   Proclamation par l'O.L.P. de l'État de Palestine à Alger par la dix-neuvième session du Conseil national palestinien, et reconnaissance des résolutions 181, 242 et 338 du Conseil de sécurité de l'ONU par l'O.L.P. qui reconnaît ainsi, implicitement, l'État d'Israël.

1989	Réintégration de l'Égypte à la Ligue des États arabes.
	« Accords de Taëf », en Arabie Séoudite, comportant une révision de la constitution libanaise. Élection d'Élias Hraoui à la présidence de la République libanaise.
1990	
2 août	Entrée des troupes irakiennes au Koweit.
1991	
17 janvier	Opération Desert Storm (« Tempête du désert »), coalition internationale contre l'Irak. Deuxième guerre du Golfe.
30 octobre	Conférence de paix de Madrid : premières négociations bilatérales entre Israël et ses voisins arabes, y compris les Palestiniens.
1992	
3 novembre	Nomination de Rafic Hariri comme Premier ministre du Liban.
1993	
9-10 septembre	Les négociations secrètes d'Oslo aboutissent à la reconnaissance mutuelle d'Israël et de l'O.L.P.
13 septembre	Signature à Washington de la déclaration de principe sur le début de l'autonomie dans les territoires occupés (les accords dits d'Oslo).
13 octobre	Entrée en vigueur du texte mettant en place une autorité palestinienne intérimaire autonome pour une période transitoire qui ne doit pas excéder cinq ans

dans l'attente d'un règlement final basé sur les résolutions 242 et 338.

4 mai — Signature au Caire de l'accord « Gaza et Jéricho d'abord » sur les modalités de l'autonomie palestinienne en application de l'accord d'Oslo. Il est suivi du redéploiement de l'armée israélienne dans la bande de Gaza et hors de Jéricho.

1er juillet — Yasser Arafat rentre à Gaza.
Signature du traité de paix entre Israël et la Jordanie.

10 novembre — L'Irak reconnaît le Koweit.

1995

28 septembre — Signature à Washington par Yasser Arafat et Itzhak Rabin des accords sur l'extension de l'autonomie à la Cisjordanie, accord dit de Taba.

4 novembre — Assassinat d'Itzhak Rabin par Yigal Amir, étudiant israélien d'extrême droite. Il est remplacé par Shimon Pérès.

1996

Élection en Israël. Victoire du Likoud et nomination de Benyamin Nétanyahou en tant que Premier ministre.

1998

23 octobre — Accord de Wye River. L'Autorité palestinienne devrait récupérer dans les trois mois 13 % supplémentaires du territoire de la Cisjordanie (dont 1 % en pleine souveraineté et 12 % en souveraineté partagée avec Israël), en échange d'une répression accrue de la part de la police

palestinienne des mouvements hostiles à la paix ; la CIA supervise le plan de « lutte contre le terrorisme ».

1999

février — Décès du roi Hussein de Jordanie remplacé par son fils, qui devient le roi Abdallah II.

17 mai — Élections en Israël : Ehoud Barak est nommé Premier ministre.

septembre — L'Accord de Charm el-Cheik, signé par Yasser Arafat et Ehoud Barak, redéfinit le calendrier d'application des accords de Wye River pour le retrait supplémentaire de l'armée israélienne, l'ouverture de deux « passages sûrs » entre la bande de Gaza et la Cisjordanie, la libération des prisonniers et l'accord définitif sur les questions restées en suspens, qui doit être conclu au plus tard le 13 septembre 2000.

2000

mai — Les troupes israéliennes évacuent le sud du Liban.

10 juin — Décès du président syrien Hafez el-Assad. Son fils Bachar lui succède.

11-24 juillet — Nouveau sommet de Camp David, dont l'objectif est de parvenir à un accord sur le statut final des territoires occupés. Aucun accord n'est trouvé.

28 septembre — Ariel Sharon, président du Likoud et chef de l'opposition au gouvernement travailliste d'Ehoud Barak, se rend sur l'esplanade des Mosquées de Jérusalem, à

Al-Aqsa, lieu saint de l'islam, accompagné de nombreux soldats.

9 décembre	Démission d'Ehoud Barak.

2001

6 février	Élection d'Ariel Sharon comme Premier ministre d'Israël.
27 mars	Premier d'une série d'attentats-suicide palestiniens, dont la multiplication cause la mort d'un grand nombre de civils israéliens.
11 septembre	Attentat contre le World Trade Center et le Pentagone.
octobre/novembre	Convaincu de la responsabilité des talibans de Kaboul, Washington déclenche la guerre en Afghanistan.
3 décembre	Yasser Arafat est assiégé et confiné à Ramallah par l'armée israélienne.

2002

janvier	Écrasement par les forces américaines du régime des talibans.
février	Arafat assiégé à Ramallah.
13 mars	Le Conseil de sécurité des Nations unies adopte la résolution 1397 qui évoque « une région dans laquelle deux États, Israël et la Palestine, vivent côte à côte, à l'intérieur de frontières reconnues et sûres ».
3-13 avril	Attaque et destruction du camp de réfugiés palestiniens de Jénine par l'armée israélienne.
2 mai	Levée du siège de Ramallah. Yasser Arafat peut enfin sortir de son quartier général.

30 juin   À Jérusalem, le ministre israélien de la Défense, Binyamin Ben Eliezer, a officiellement lancé la construction d'un mur destiné à empêcher l'infiltration dans la ville de Palestiniens projetant des attentats.

juillet   Bombardement de Gaza.

Glossaire

ABDEL KADER el-Djazaïri : (1807-1883), émir algérien. Après avoir dirigé la « guerre sainte » contre la France de 1832 à 1847, il est exilé à Damas où il protégera les chrétiens et les étrangers lors des massacres de l'été 1860.

ABDO Mohammed : (1849-1905), disciple de Afghani, grand Mufti d'Égypte en 1899.

Accords du Caire : établis en 1969 entre la résistance palestinienne et l'État libanais, ils octroient aux *fedayin* le droit d'opérer à partir du Sud-Liban.

Alaouites : adeptes en Syrie d'un schisme issu du chiisme.

Amal : « espoir », parti chiite au Liban créé par l'imam Moussa el-Sadr.

ANTONIUS George : (1892-1942), écrivain, nationaliste palestinien.

AOUN Michel : général, leader d'un mouvement anti-syrien, président intérimaire de la République libanaise (1989-1990).

ARAFAT Yasser : alias Abou Amar, président de l'O.L.P. (1969) et de l'Autorité palestinienne (depuis 1996).

ARENS Moshé : ministre israélien de la Défense (1999).

ASSAD Hafez el- : général, président de la République syrienne (1970-2000).

AVERROÈS (Ibn Rushd) : philosophe arabe (1126-1198).

Baas ou Baath : de l'arabe « résurrection » (mot coranique), parti nationaliste arabe (1947).

BALFOUR Arthur James (lord) : Premier ministre (1902-1905) et secrétaire d'État au Foreign Office britannique (1916-1919).

BEGIN Menahem : chef de l'« Irgoun », Premier ministre israélien (1977-1983).

BERRI Nabih : responsable du Amal (depuis 1980) et président de la Chambre au Liban (depuis 1992).

BEN GOURION David : premier chef du gouvernement israélien (1948-1953 et 1955-1963).

BOUSTANY (général) : commandant en chef de l'armée libanaise ; il signe les accords du Caire en novembre 1969.

BUSH George Herbert Walker : président américain (1989-1993).

BUSH George Walker : président américain (élu en 2001).

caïmacamat : répartition territoriale en 1845 de la montagne libanaise en deux gouvernorats distincts, le caïmacamat chrétien et le caïmacamat druze.

CARTER James Earl (dit Jimmy) : président américain (1976-1980).

CHAMOUN Camille : président libanais (1952-1958).

CHÉHAB Béchir (émir) : gouverne le Mont-Liban de 1788 à 1840.

CHÉHAB Fouad : président libanais (1958-1964).

chéhabisme : courant idéologique issu de la politique du président Fouad Chéhab.

CHOUKAIRI Ahmed : premier président de l'O.L.P. (1964-1969).

Commission King-Crane : envoyée par le président Wilson pour sonder l'opinion des populations des territoires ottomans sous occupation militaire française et anglaise, dont le sort était débattu à la Conférence de la Paix et pour connaître leur souhait en matière d'État et d'attribution d'un mandat étranger.

Damour : ville côtière au sud de Beyrouth, siège de massacre de chrétiens en 1976.

DAYAN Moshé : général, ministre israélien de la Défense lors de la guerre des Six Jours, en juin 1967.

DJEMAL Pacha : gouverneur de Syrie, il occupe le Mont-Liban en 1915, abolit la *moutassarifiyya*, et nomme un gouverneur ottoman.

DULLES Allen Welsh : directeur de la CIA (1953-1961), frère de John Foster Dulles.

DULLES John Foster : Secrétaire d'État américain (1953-1959).

EISENHOWER Dwight : président américain (1952-1960).

FAHD Ibn Abdel Aziz : roi d'Arabie Séoudite (depuis 1975).

FAKHR Ed-Dine (1595-1634) : émir druze qui a régné sur la Montagne libanaise, considéré comme le fondateur de l'idée libanaise, de la coexistence entre les communautés et de l'ouverture du Mont-Liban à l'Europe et aux échanges. Sa réussite – notamment ses agrandissements territoriaux – finit par se retourner contre lui, et il fut contraint de partir en exil à Florence. De retour au Mont-Liban, il régna encore un temps avant d'être arrêté par les Ottomans et exécuté.

FAROUK Ier : roi d'Égypte, déposé en 1952.

Fatah ou Fath : initiale arabe du mot conquête.

FAYSAL : un des quatre fils du chérif Hussein, celui qui mène la Révolte arabe assisté de Lawrence d'Arabie. Il est proclamé roi de Syrie le 8 mars 1920, puis roi d'Irak en 1921 (1921-1933).

fedaî (sing.) ou *fedayin* (plur.) : combattants des organisations de résistance palestiniennes.

feddans : mesure de superficie ; l'hectare vaut environ 2,5 *feddans*.

FRANGIÉ Soleiman : président libanais (1970-1976).

Foyer national juif : son instauration en Palestine est recommandée par la Déclaration Balfour de 1917.

GLOSSAIRE

GEMAYEL Amine : président libanais (1982-1989), frère de Béchir.

GEMAYEL Béchir : élu président, assassiné avant son investiture en 1982.

GEMAYEL Pierre : (1905-1984), fondateur des Phalanges libanaises, père d'Amine et de Béchir Gemayel.

GIBRAN Khalil Gibran : (1883-1931), écrivain, poète, et peintre libanais, auteur notamment du *Prophète*.

Haganah : armée juive d'autodéfense, victorieuse de la guerre de 1948.

Hamas : en arabe, acronyme de « mouvement de la résistance islamique » ; organisation palestinienne prônant l'action terroriste.

HARIRI Rafic : Premier ministre libanais (1992-1998 et depuis 2000).

HÉLOU Charles : président libanais (1964-1970).

Histadrout : confédération générale du travail en Israël. Fondée en 1920.

HUSSEIN Ibn Ali : chérif de La Mecque, se fait proclamer roi du Hedjaz en 1916.

HUSSEIN Ibn Talal : roi de Jordanie (1953-1999).

HUSSEIN Saddam : président irakien (depuis 1979).

HUSSEIN Taha (1889-1973) : écrivain ; réformiste et ministre égyptien de l'Éducation.

IBN SÉOUD Abd el-Aziz : (1902-1953), sultan du Nejd.

IBRAHIM PACHA : fils de Mohammed Ali, commandant de l'armée égyptienne. Il occupe la Palestine, le Liban et la province de Damas en 1832.

Intifada : soulèvement, mouvement palestinien qui déclenche la « guerre des pierres ».

Irgoun : milice juive, pratiquant l'action directe.

JAMAL EDDINE al-Afghani : (1839-1897), intellectuel prônant une modernisation de l'islam s'inspirant de l'Occident tout en insistant sur l'unification des peuples islamiques.

jihad : terme arabe (Coran) qui signifie, d'une part, l'effort et l'ascèse individuelle, et, d'autre part, la guerre sainte.

JOUMBLAT Kamal : chef politique de la communauté druze, homme politique libanais. Écrivain et poète. Assassiné en 1977.

JOUMBLAT Walid : fils de Kamal, lui succède en 1977 dans ses fonctions communautaires.

KAWAKIBI Abd al-Rahman : (1849-1903), écrivain syrien, auteur de *Oum al koura*, un des animateurs musulmans de la Nahda.

KHADAFI Mouamar : président libyen depuis 1969.

KHAIL Aba el- : ministre des Finances en Arabie Séoudite de 1982 à 1992.

KHAZEN Youssef el-: (1871-1944), homme de lettres et journaliste libanais. Député du Mont-Liban de 1922 à 1932.

KHOMEINY: ayatollah, inspirateur de la révolution iranienne (1979-1989).

KHOURY Béchara el- : premier président de la République libanaise (1943-1952), établit avec Riad el-Solh et Sélim Takla le Pacte national qui régit la vie politique libanaise jusqu'aux accords de Taëf.

KISSINGER Henry Alfred: Secrétaire d'État américain (1973-1977).

Knesset: parlement israélien.

LAWRENCE Thomas Edward, dit Lawrence d'Arabie: (1888-1935), stratège de la Révolte arabe, auteur des *Sept piliers de la sagesse*.

Ligue arabe: groupement des États arabes créé au Caire en 1945.

Likoud: parti de la droite nationaliste israélienne.

MAÏMONIDE (Moïse): théologien, philosophe et médecin juif (1135-1204).

McMAHON Henry, sir: haut-commissaire britannique en Égypte.

MEIR Golda: Premier ministre israélien (1969-1974).

milla (sing.), *millet* (plur.): terme désignant dans l'Empire ottoman une communauté ethnique ou religieuse, qu'on appelait aussi « nation ».

Mossad : service de renseignement et d'action israélien.

MOUBARAK Hosni : président égyptien (1981).

moutassarifiyya : gouvernorat qui abolit en 1860 les deux *caïmacamat* de 1845. Le Mont-Liban devient alors une province ottomane autonome, avec un Conseil administratif, une gendarmerie et des institutions quasi démocratiques.

Naba'a : ville du Liban à majorité chiite, lieu d'un massacre en 1976.

NAHAS Mustafa : leader du Wafd, Premier ministre égyptien. Il révoque l'accord de 1936 donnant aux Anglais le contrôle du canal de Suez.

NASSER Gamal Abdel : leader des « officiers libres » qui renversèrent Farouk ; président égyptien (1956-1970).

O.L.P. : Organisation de libération de la Palestine.

Oumma : communauté des croyants musulmans.

Pacte national : accord non écrit de 1943 organisant le partage du pouvoir entre chrétiens et musulmans du Liban.

pantouranisme : idée consistant à reconstituer l'empire turco-musulman sur des bases idéologiques modernes, laïques, et selon une conception ethno-nationale de l'identité.

PÉRÈS Shimon : Premier ministre israélien (1984-1986 et 1995-1996) et ministre des Affaires étrangères depuis 2001.

PPS : parti populaire syrien.

RABIN Yitzhak : Premier ministre israélien (1974-1977 et 1992-1995), assassiné en 1995.

RAZEK Abdel : (1888-1966), recteur de l'université égyptienne d'Al-Azhar, auteur de plusieurs ouvrages sur le califat et l'islam.

RIDA Rachid : (1865-1935), intellectuel, un des membres les plus influents de la Nahda, fondateur du Al-Manar, auteur de *Le Califat et l'imamat suprême*.

ROGERS William Pierce : Secrétaire d'État américain (1969-1973), auteur d'un plan de paix israélo-arabe.

ROOSEVELT Franklin Delano : président américain de 1932 jusqu'à sa mort en 1945.

ROULEAU Éric : journaliste, puis diplomate français, auteur de *Les Palestiniens* (1984).

SADATE Anouar el- : président égyptien de 1970 jusqu'à son assassinat en 1981, pionnier de la paix israélo-arabe.

SADR Moussa el- : imam qui galvanise la communauté chiite. Il disparaît mystérieusement en 1978, lors d'un voyage officiel en Libye.

Saïka : organisation palestinienne d'obédience syrienne.

SARKIS Élias : président de la République libanaise (1976-1982).

SHARON Ariel: général israélien, leader du Likoud, Premier ministre depuis 2001, adversaire des accords d'Oslo.

SOLH Riad el-: (1898-1951), Premier ministre libanais, l'un des artisans de l'indépendance.

Tsahal: armée d'Israël.

wahhabisme: doctrine de Muhammad ibn Abd al-Wahhab, qui prescrit le respect littéral du Coran et des Hadith et la stricte application de la *charia*.

WEIZMAN Ezer: général, président israélien (1993-2000).

WEIZMANN Chaïm: président de l'Organisation sioniste mondiale, premier président israélien (1949-1952).

YAMANI Ahmad Zaki: ministre du pétrole d'Arabie Séoudite de 1962 à 1986.

ZAÏM Husni: général, président syrien (mars à août 1949).

ZAYDAN Jurji (Georges): (1861-1914), écrivain et historien libanais.

Cartes

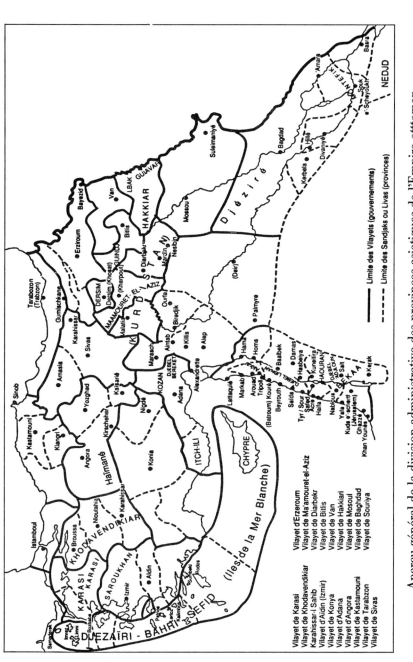

Aperçu général de la division administrative des provinces asiatiques de l'Empire ottoman.
Selon le dénombrement officiel contenu dans le Sâinâmé pour l'armée 1300 de l'hégire (1883-1884),
d'après la carte d'H. Klepert (IGN).

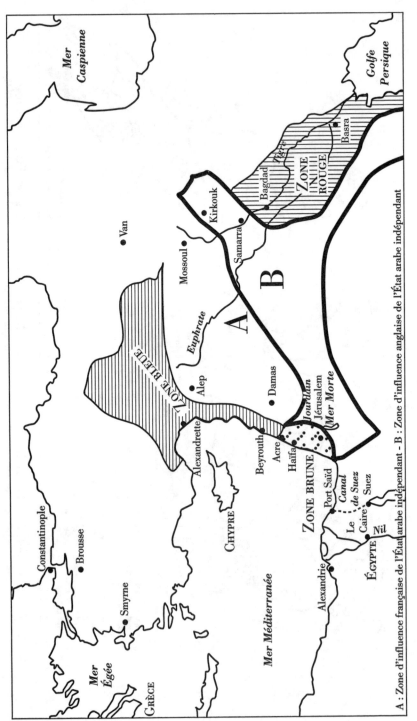

Les accords Sykes-Picot

A : Zone d'influence française de l'État arabe indépendant – B : Zone d'influence anglaise de l'État arabe indépendant

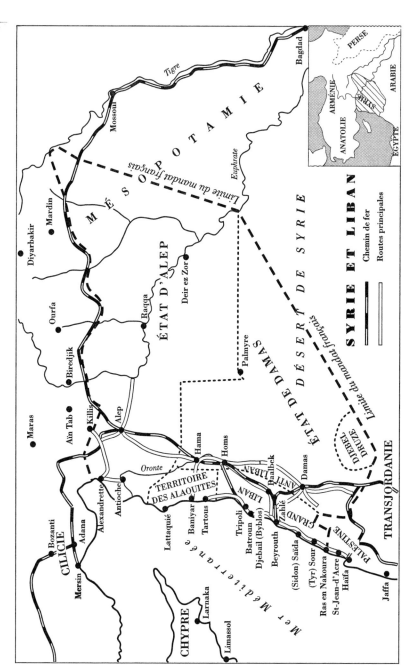

Les États sous mandat français

Le Moyen-Orient après 1920

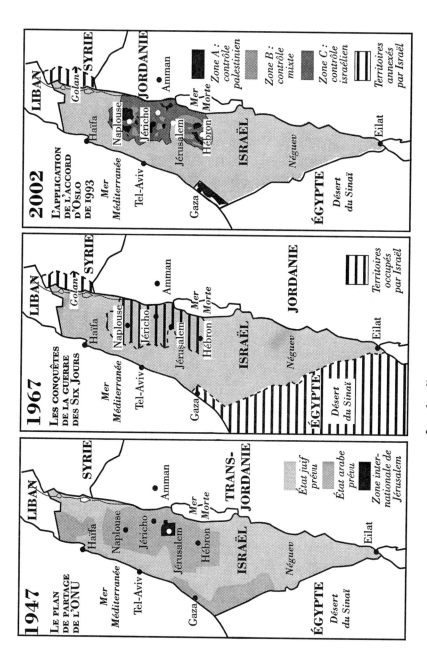

1947
LE PLAN
DE PARTAGE
DE L'ONU

LIBAN
SYRIE
Mer
Méditerranée
Haïfa
Naplouse
Jéricho
Tel-Aviv
Jérusalem
Hébron
Gaza
ISRAËL
TRANS-
JORDANIE
Amman
Mer
Morte
Néguev
ÉGYPTE
Désert
du Sinaï
Eilat

État juif
prévu
État arabe
prévu
Zone inter-
nationale de
Jérusalem

1967
LES CONQUÊTES
DE LA GUERRE
DES SIX JOURS

LIBAN
SYRIE
Golan
Mer
Méditerranée
Haïfa
Naplouse
Jéricho
Tel-Aviv
Jérusalem
Hébron
Gaza
ISRAËL
JORDANIE
Amman
Mer
Morte
Néguev
ÉGYPTE
Désert
du Sinaï
Eilat

Territoires
occupés
par Israël

2002
L'APPLICATION
DE L'ACCORD
D'OSLO
DE 1993

LIBAN
SYRIE
Golan
JORDANIE
Mer
Méditerranée
Haïfa
Naplouse
Jéricho
Tel-Aviv
Jérusalem
Hébron
Gaza
ISRAËL
Amman
Mer
Morte
Néguev
ÉGYPTE
Désert
du Sinaï
Eilat

Zone A :
contrôle
palestinien
Zone B :
contrôle
mixte
Zone C :
contrôle
israélien
Territoires
annexés
par Israël

Israël et l'autonomie palestinienne

19. April
1919.

Dear Monsieur Clemenceau

I saw your letter to Feisal last night- on my return from England, and Feisal's draft reply to you. I cut some of Feisal's reply out-, but- I'm afraid it does not carry on the matter much further.

I hope you will not be annoyed, by my venturing to send you a private note on the affair. If you think I have no right to do so, please read no further.

Feisal and his suite are mad on the word "independence" and if I were in your place I would write him a letter accepting the word: it goes no farther than the declaration of November 1918, and will clear the way for the next step.

This I think should be a promise by Feisal to do all he can (by alliance, treaty, mandate etc.) with France to secure a settlement in Syria satisfactory to both countries.

To strengthen my hand for this I would take over from England the financial support of Feisal's administration: I would appoint a Syrian governor of Beyrout: and give Feisal a summer residence in Lebanon, so that he might be in daily touch with the French adviser in Syria.

[and I would very much like to tell you that you in your Sunday interview with Feisal and du Caix in his talk this week, have undone half the harm that MM. Picism Gout, Picot and Ben Ghabrit have done in the last five months!].

I would try and secure that the chief French adviser in

Lettre du colonel Lawrence à Clemenceau (Coll. privée, D.R.)

Syria should be a man personally grateful to Feisel.

You are premier of France, and Feisel has only a de facto position in Syria. I would instruct my representative in Syria that it was his first duty to support Feisel, and to keep in daily touch with him in all administrative questions. It is fatal to keep one in Beyrout and the other in Damascus. Feisel should be consulted as to who should be governors in Tripoli, Antioch, Ladikia and Sidon: and these should be Syrians with French advisers, not French officers. Under the auspices of the French adviser and with his help Feisel should be encouraged to call a first representative assembly of Syria, with delegates from the French area and from the Arab area together. By this the dual regime would be abolished, and a unified French-adviser system substituted. If it seemed still necessary the exact legal rights of France in Syria could then be taken up — but I think you would find that you were in actual possession of everything you wanted.

I am sure that any manner of proceeding, except by conciliation and recognition of Feisel will be very costly: and that M. Picot can do nothing of what I have suggested, for you.

and please forgive my intruding in a matter that does not concern me. I have not shown this letter to anyone; and you asked me to do what I could!

yours sincerely
T E Lawrence

Table

Cartes

Dans la même collection :

Jean BAUDRILLARD et François L'YVONNET,
D'un fragment l'autre

Pierre HADOT, Jeannie CARLIER et Arnold DAVIDSON,
La Philosophie comme manière de vivre

Le flashage de cet ouvrage
a été réalisé par l'Imprimerie Bussière
l'impression et le brochage ont été effectués
sur presse Cameron dans les ateliers
de Bussière Camedan Imprimeries
à Saint-Amand-Montrond (Cher),
pour le compte des Éditions Albin Michel.

Achevé d'imprimer en novembre 2002.
N° d'édition : 21297. N° d'impression : 025193/4.
Dépôt légal : octobre 2002.
Imprimé en France